高效连铸二冷气雾射流的可视化及传热过程研究

张亚竹　黄　军　著

北　京
冶金工业出版社
2024

内容提要

本书主要针对连铸二冷气雾冷却段的流动和传热进行了深入的研究和讨论，介绍了粒子图像测速仪和激光多普勒测速仪对气雾两相流应用的方法和技术特征，建立了三类体现连铸二冷不同特征的热态实验台，研究其传热特点，为连铸二冷的均匀传热提供良好的冷却条件，同时，详细展开连铸二冷传热过程的静态和动态分析，阐述连铸二冷气雾冷却段传热的特点。

本书可供从事气雾两相流测量和高温静态与动态传热方面研究的科技人员，以及高等院校相关专业的师生阅读参考。

图书在版编目(CIP)数据

高效连铸二冷气雾射流的可视化及传热过程研究/张亚竹，黄军著.—北京：冶金工业出版社，2024.4

ISBN 978-7-5024-9858-0

Ⅰ.①高… Ⅱ.①张… ②黄… Ⅲ.①高效连铸—传热过程—研究 Ⅳ.①TF777

中国国家版本馆 CIP 数据核字(2024)第 087949 号

高效连铸二冷气雾射流的可视化及传热过程研究

出版发行	冶金工业出版社	**电　　话**	(010)64027926
地　　址	北京市东城区嵩祝院北巷 39 号	**邮　　编**	100009
网　　址	www.mip1953.com	**电子信箱**	service@mip1953.com

责任编辑　夏小雪　美术编辑　吕欣童　版式设计　郑小利
责任校对　郑　娟　责任印制　窦　唯
北京建宏印刷有限公司印刷
2024 年 4 月第 1 版，2024 年 4 月第 1 次印刷
710mm×1000mm　1/16；13.5 印张；231 千字；204 页
定价：88.00 元

投稿电话　(010)64027932　投稿信箱　tougao@cnmip.com.cn
营销中心电话　(010)64044283
冶金工业出版社天猫旗舰店　yjgycbs.tmall.com
(本书如有印装质量问题，本社营销中心负责退换)

前　言

钢铁材料是现代社会应用最为广泛的结构材料。在现代钢铁产业中，连铸技术一直是钢铁技术发展的核心。多年的实践证明，连铸技术的不断完善与优化已成为推进钢铁产业大型化和高速化、实现钢铁生产流程连续紧凑、优化钢铁产品质量的核心环节，也是流程向自动化、智能化、低碳化方向发展的重要环节。

在连铸生产工艺过程中，二冷区气雾射流冷却是其中的一个关键环节，二冷区的换热控制是保证连铸坯质量的关键因素。连铸二冷区换热，要求尽快地将铸坯内部热量导出，在有限的条件下尽可能地提高拉速，同时保证铸坯质量。

连铸二冷气雾射流的传热研究是连铸二冷换热研究的核心工作，本书针对现代连铸气雾射流冷却过程，建立了不同特征的高效连铸气雾射流传热实验平台。采用粒子图像测速仪（Particle Image Velocimetry，PIV）、激光多普勒测速仪（Laser Doppler Velometer，LDV）和高速摄像机等现代流动显示设备对气雾射流特征主要参数（速度及粒径）进行深入分析，明确连铸二冷典型喷射条件下的气雾射流特征。基于传热反问题数学模型，研究铸坯表面热流的变化规律，建立气雾射流传热过程的局部沸腾曲线。通过气雾射流作用下的平板换热、圆柱体周期性换热和多喷嘴阵列换热三个方面的传热研究，探索高效连铸气雾冷却的传热机理。

本书主要包括以下几个方面的内容。

（1）针对高效连铸二冷区气雾射流冷却规律和传热条件，自主设计并搭建了高效连铸气雾射流传热实验研究平台。该平台可研究气雾射流喷嘴的雾化特性，同时可实现静止高温表面和周期性换热条件下的过程仿真，另开发多喷嘴阵列式射流铸坯换热实验台，开展接近连铸现场条件下的气雾射流传热研究，不同实验台的搭建为本书研究后续的射流与传热特征，提供了有效及可靠的手段。

(2) 基于光学图像法成功识别气雾射流雾滴粒径，并验证了该方法的准确性和可靠性；使用 PIV 与 LDV 对气雾射流过程雾滴速度进行研究，揭示了气雾射流的雾滴特征，获得了气雾喷嘴雾化效果的准则方程，发现气雾射流速度具有自相似性，且对应工况下的雾滴粒径分布均匀；结合雾滴粒径、雾滴速度及水流密度的结果确定了实验喷嘴的典型操作条件。气雾射流特征研究为连铸二冷雾化喷嘴的设计和使用提供理论支持，同时为喷嘴形成的雾滴粒径的识别提供了有效的方法。

(3) 通过气雾冷却不同表面的传热实验研究，建立了气雾射流作用下的高温表面沸腾传热特性曲线，探索连铸二冷区温度范围内的传热规律。通过静止平板传热揭示气雾射流不同局部射流特征（雾滴速度与大小）下的传热规律，并拟合传热特征方程；通过空心圆柱体旋转而形成的周期性换热实验，再现了连铸二冷富有规律性的气雾射流冷却、强制对流冷却和空气辐射冷却循环交替的周期性换热特征，周期性的换热过程引起圆柱体表面周期性的回热，周期性的边界条件对内部温度影响集中在表层区域；基于典型板坯连铸二冷的喷嘴布置特点，开展阵列喷嘴喷雾射流换热实验获取了能够应用于连铸二冷控制的实验关联式。

本书介绍了 PIV 和 LDV 对气雾两相流应用的方法和技术特征，建立了三类体现连铸二冷不同特征的热态实验台，研究其传热特点，对从事气雾两相流测量和高温静态和动态传热方面研究的科技人员，以及高等院校相关专业的师生均具有一定的参考价值。

本书的研究得到了国家自然科学基金项目“高效连铸气雾冷却过程的动态传热机理研究”（51264030）、内蒙古自治区自然科学基金“基于全尺度物理模拟平台建立的高效连铸二冷气雾冷却传热特性研究”（2017MS0534）、内蒙古自治区自然科学基金“高效连铸气雾冷却过程的动态传热机理研究”（2013MS0723）、高校基本科研业务费项目“工业冷却过程多液滴流撞壁动态特性及传热机制研究”，以及企业课题“连铸二冷气雾射流特性及雾滴传热机理研究”的资助。

本书在撰写过程中，得到了内蒙古科技大学赵增武教授和王宝峰教授的全程关注与指导，并感谢华祺年、周立平、赵立峰、黄博闻、李晨琨、高泽楠、吴亚飞、左市伟、史航、胡强、魏万洪等研究生的协助。书中参考了众多国内外同行的文献，在此一并表示衷心的感谢。

由于作者水平所限，书中难免存在一些不当之处，敬请广大读者批评指正。

张亚竹　黄　军

2023年10月30日

目　　录

1 绪　论

世界钢铁中心20世纪初由英国转移到美国，20世纪60~70年代再从美国转移到日本和韩国，21世纪初来到中国，钢铁行业的科学研究也循序相似路径，随着基础研究的深入进而开发新一代的钢铁技术是钢铁中国时代的要求[1]。2022年全年，全球粗钢产量为18.785亿吨，同比下降4.2%。中国粗钢产量为10.13亿吨，占全球粗钢产量的53.93%[2]。中国广阔的市场为钢铁行业的基础研究与技术进步提供了充分的空间。

最近三十年，高效连铸技术的发展，伴随着钢铁冶金高能效生产需求，连铸机的通钢量已经从80 t/h发展到300 t/h以上，生产效率的提高意味着连铸二冷强度的增大；随着钢种的增多，裂纹敏感性高的钢种对连铸二冷的要求越加严格；发展的连铸二冷区动态控制不仅满足铸坯良好的质量，同时保证短流程工艺的较高出坯温度。目前国内外对连铸二冷的研究主要以数学模型为主，对热边界条件研究较少。

随着二冷控制模型迅速发展，二冷动态配水广泛应用于连铸工艺中，同时铸坯组织及性能预测模型也在快速发展。连铸是一个凝固相变过程，是一个包含多相共存、微观宏观现象相互影响、物理化学过程紧密相连、内部应力和外部作用力共同作用的综合系统，模拟的准确性强烈依赖对物理过程的认识、材料高温属性和热边界条件的获取[3]。实验是认识物理现象，获取连铸热边界条件唯一的方法，是发现特殊现象的重要手段。只有通过科学可靠测量热边界条件及热态模拟，连铸二冷的传热模型才能可靠应用，根本而言，建立连铸二冷的传热实验台，对连铸二冷过程展开传热研究不可或缺[4]。

连铸过程二次冷却的目的是在最小的铸坯表面温度变化条件下，持续冷却铸坯并让其进一步凝固，避免铸坯出现过大的应力应变以防止局部或表面裂纹的产生。连铸二冷目前应用最为广泛的是气雾射流冷却，而其气雾射流特性，如射流速度、喷射角度、雾滴粒径等对气雾射流传热都有影响。气雾射流喷嘴性能测试是优化喷嘴选型与布置的基础，是控制铸坯质量的重要保障[5]。虽然各个商业喷雾设备厂家提供了翔实的选型手册，但是对于气雾射流特征的细节展现还是不够充分。

在连铸二冷区，支撑辊间布置有一排排的喷嘴，水在高压气体作用下破碎成细小的液滴连续冲击到热金属表面上，从而冷却运动的金属铸坯。每一对支撑辊间的射流冷却涉及不同的传热机理，包括：支撑辊接触传热、裸露铸坯表面的辐射和空气对流传热、射流冷却和射流区下方的对流传热[3]，上述整个二冷段传热过程，在铸坯表面周期性出现，多种传热过程的耦合增加了传热过程认识的复杂性。

连铸二冷气雾射流传热研究的核心是连铸坯表面的沸腾传热现象，通过获取气雾射流冷却高温金属表面的沸腾曲线，探寻气雾射流冷却过程中换热界面所处的状态。研究表明，膜态沸腾和过渡沸腾是连铸二冷阶段铸坯表面所处的主要界面沸腾状态，莱顿弗斯特现象对界面换热有着重要的影响，同时研究和总结连铸二冷温度区间铸坯表面的换热规律是连铸精细化生产的要求。

本书针对现代连铸广泛采用的二冷区气雾射流冷却过程展开研究，通过建立高效连铸气雾射流传热实验平台，从气雾射流特性与沸腾传热特点两个方面探讨了气雾射流冷却的传热机理，以提高冷却效率、改善铸坯质量，为现代连铸二冷设备设计与生产实践提供理论支持。

2 连铸二冷气雾射流特性及实验研究

2.1 连铸二冷概述

2.1.1 连铸二冷的作用

连铸作为沟通炼钢和轧钢的重要环节，是现代钢铁生产的核心与关键工序，其具有显著的节省能源、提高钢水收得率、实现机械自动化和降低劳动强度的特点。作为钢铁工业工艺水平重要标志之一的连铸比，根据中国钢铁工业协会数据统计，我国钢铁连铸比已经超过了99%[6]。

连铸的原理如图 2-1 所示，当钢包中的钢水通过大包回转台移动到浇铸位，钢包底部的移动滑板打开，钢水以受控的速率流入中间包，钢液流经中间包通过浸入式水口流入到单个或多个结晶器中。钢水在结晶器内通过水冷铜模进行“一次冷却”，当钢水凝固坯壳达到一定厚度足以支撑内部的液态钢液时，凝固坯壳被从结晶器内拉出，继续通过气水雾化冷却方式冷却坯壳直到铸坯完全凝固，其被称为“二次冷却”。

通常所说的“二次冷却”区，又称“二冷区”，即在结晶器的下方，凝固坯壳与来自喷嘴的冷却介质，水或者水-空气混合物直接接触来进行热传递，后者也被称为气雾冷却，其可以在更宽的区域提供更为均匀的冷却速率，在目前的连铸过程中已有大量使用，特别是适用于对裂纹敏感的高品质钢种。同时连铸支撑辊、尤其是带有内部冷却的支撑辊也会带走大量热量，支撑辊针对不同的连铸坯型，一般采用单辊或者分段设计。

现代连铸机需要生产各种钢种，从超低碳、低碳到高碳钢等各种等级，生产不同等级钢种需要连铸机保持操作和维护的灵活性以便可以为每个钢种保持最佳的铸造参数，这就要求二次冷却系统保持较好的灵活性，能够及时调整冷却区域、冷却强度等。

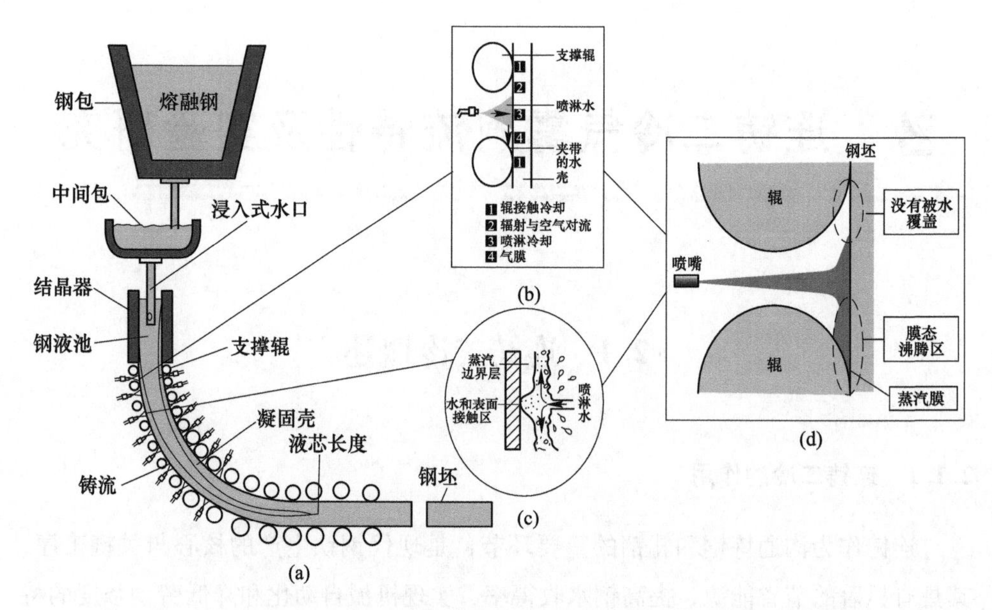

图 2-1　高效连铸工艺及二冷传热示意图[3,7-10]

（a）连铸过程；（b）二冷喷雾冷却；（c）表面沸腾传热；（d）气雾冷却典型传热特征

在钢的连铸二冷过程中，需要通过水来冷却凝固坯壳，水冷却铸造坯壳的特点是复杂的沸腾换热现象。水冷却的效率对铸坯表面温度有很强的依赖性，随着铸坯冷却，表面温度的变化会带来传热效率的显著变化。不受控的冷却可能引起铸坯温度梯度的波动，最终可能导致铸坯出现裂纹等缺陷，因此，连铸二冷过程对铸坯质量有很大影响。各种内部裂纹、表面裂纹、缩孔、疏松、偏析等缺陷都和连铸二冷过程密切相关，例如由于传热速率的突然降低或增加所形成的固态金属壳内温度梯度的变化会产生不同程度的热膨胀，并导致高的热应力和应变，这些应力和应变最终导致铸坯内部裂纹或表面裂纹，严重降低铸坯质量[11-12]。二次冷却过程是在保证连铸机产量的前提下，铸坯无缺陷倾向的精确与受控条件下的均匀冷却，可通过选择不同类型的喷嘴和合理的喷嘴布置方式及冷却水量来实现。

2.1.2　连铸二冷控制要求

根据连铸机的生产能力及铸坯质量要求，对连铸坯二次冷却过程有如下准则性要求[13-15]。

（1）冷却强度要求。由于连铸机设计之初，对钢水凝固过程的长度有正确的评估，其冶金长度或者铸坯液芯长度是有限制的，连铸二冷必须在一定的冶金长度下将铸坯完全凝固。对冷却强度的要求是铸坯的凝固点距离切割点前至少2~5 m。

（2）表面冷却速度要求。铸坯表面冷却速度过快，会使铸坯局部处于高应力状态，容易让已经成型的铸坯产生裂纹，一般铸坯表面最大冷却温降速率应限制在 200 ℃/m 之内。

（3）局部温度限制。某些钢种在某些温度区间的延展性较差，通过立弯式或者弧形连铸机生产时，应该避免在这些钢种的脆性转变区。各种研究表明，钢一般有三个脆性温度区，在三个温度范围内延展性较低，它们位于接近固相线温度的地方、温度为 900~1200 ℃、温度为 700~900 ℃，这些范围和严重程度取决于连铸钢种。如果这些区域很宽，那么这种钢连铸过程中容易产生裂纹，对于一般钢种连铸过程，都应该尽量避开脆性温度区。

（4）表面温度限制。为了能使连铸支撑辊能够支撑住铸坯，其产生的鼓肚量尽可能小，必须把带液芯的铸坯表面温度限制在一定水平之下，以免因温度过高使得铸坯强度降低，引起较大鼓肚，加重缺陷的产生，一般情况下，带液芯的铸坯表面温度不宜超过 1100 ℃。

（5）表面回温限制。连铸二冷过程中，在气雾射流冷却间隙的空冷辐射区，其热流相对于相变换热要低得多，导致铸坯表面温度呈现周期性的回升，由于温度回升导致铸坯坯壳膨胀，在铸坯凝固前沿形成拉应力，当这种应力超过钢的高温下的抗拉强度时，会产生内部裂纹，连铸坯表面的这种周期性的温度变化会导致表面反复的拉压应力状态，容易产生裂纹缺陷。故需控制铸坯沿拉坯方向上的回温率，一般把回温率控制在 100 ℃/m 之内[16]。

上述这些对铸坯温度的要求，都是在对铸坯温度精确控制下才能实现，对二次冷却过程传热边界条件的定量认识是铸坯精确温度控制的前提。

2.2 连铸二冷传热过程

2.2.1 连铸二冷区铸坯的热交换

在整个连铸过程中，有结晶器内一次冷却、二冷区射流冷却和随后的辐射与空气冷却三个过程，二冷区射流冷却是其中的一个关键环节。在二冷区，支撑辊间布置的射流喷嘴将液滴或气雾连续冲击到热金属表面上，从而冷却运动的铸坯。

钢水注入结晶器后，钢水的热焓首先由结晶器冷却水带走一部分，其次部分热量在二冷区释放，红热的铸坯在完全凝固及矫直后，定尺切割，后续红热铸坯在环境中继续冷却。据热平衡计算，200 mm×1215 mm 板坯连铸过程的热释放[17]见表 2-1。

表 2-1　连铸过程的热释放

热量传输		热量/kJ · kg^{-1}	占总热量/%
钢水总热量		1398	100
结晶器带走热量		84	6.0
二冷区	冷却水	335	30.9
	辐射热	33	
	支撑辊传出	63	
剩余物理热（红铸坯）		883	63.0

由表 2-1 可知，对于板坯连铸过程，钢水 60%以上的物理热被切割后红热的铸坯带走，二冷区带走热量占铸坯总热量的 30%，在二冷区冷却水带走的热量为 77.7%，辐射热带走的热量为 7.7%，支撑辊传出的热量为 14.6%。连铸过程必然会朝着节能、低碳的方向发展，如何有效利用铸坯的剩余物理热是当前连铸工序节能的关键环节，铸坯热装热送已发展成为较成熟的一项技术。

对于连铸二冷区热传输过程，其中被冷却水带走的热量占比最大，连铸二冷冷却水的相变换热研究是连铸二冷换热研究的核心工作，铸坯表面接受水或气-水冷却，在坯壳中存在较大的温度梯度，铸坯内的热量逐渐从内部传递到表面，持续对铸坯表面进行冷却，铸坯才能全部凝固[13]。在连铸二冷区，主要的传热过程如图 2-1(d) 所示，主要由三部分组成，铸坯表面辐射热，铸坯与支撑辊接触传导热和冷却水加热及蒸发带走的热量。

在空冷辐射区，喷淋水不能直接覆盖的区域。在该区内坯壳主要以辐射形式向外散热，另外还与空气进行对流换热。在该区的热流密度可按式（2-1）计算：

$$q_k = \varepsilon\sigma(T_s^4 - T_g^4) + h_k(T_s - T_g) \tag{2-1}$$

式中　q_k ——空冷辐射区铸坯壳表面热流密度，W/m^2；

ε ——坯壳表面黑度；

σ ——斯忒藩-玻尔兹曼常数，5.67×10^{-8} W/(m^2 · K^4)；

T_s——坯壳表面温度，K；

T_g——周围空气温度，K；

h_k——空冷区对流换热系数，W/(m^2·K)。

在支撑辊接触传热区，由于坯壳的鼓肚变形，支撑辊与坯壳表面不是线接触而是面接触，在该区内坯壳以接触导热的形式向支撑辊散热。

$$q_g = K\Delta T \tag{2-2}$$

式中 q_g——坯壳接触传热的热流密度，W/m^2；

K——导辊传热系数，W/(m^2·K)；

ΔT——铸坯和导辊的温差，℃

在有水覆盖的喷淋区，由于发生水的相变换热及强制对流换热，情况较为复杂。在该区内一部分冷却水被汽化，由于汽化吸热量很大，每 1 kg 水可吸收 2257 kJ 的热量，从而使铸坯表面大量散热，另一部分水流经铸坯表面，未发生相变，产生强制对流的换热效果。综合上述三种传热方式，其总的换热过程的换热热流表示如下：

$$q = h_l(T_s - T_w) + \sigma\varepsilon(T_s^4 - T_g^4) + K\Delta T + h_k(T_s - T_g) \tag{2-3}$$

式中 q——二冷区铸坯表面综合热流，W/m^2；

h_l——二冷喷淋区综合传热系数，W/(m^2·K)；

σ——斯忒藩-玻尔兹曼常数，5.67×10^{-8}W/(m^2·K^4)；

ε——坯壳表面黑度；

T_s——坯壳表面温度，K；

T_w——冷却水温度，K；

ΔT——铸坯和导辊的温差，℃。

在上述三种传热过程，由于辐射过程涉及空间角系数、各种水雾条件下的辐射介质等，精确认识是较为复杂的；对于接触传热，支撑辊与坯壳表面的接触面积和连铸钢种、表面温度、接触应力等相关，准确的接触面积也是难以定量化的。对于涉及气雾射流的相变换热而言，由于气雾冷却的传热系数与铸坯特征、喷嘴形式、铸坯表面氧化、冷却水的压力和流量有关，上述三种传热方式耦合在一起，导致很多研究者的研究结果差别较大。因此针对具体问题，只能根据实际情况研究相应的传热过程。

为了综合上述传热过程，研究者通常将二冷区域的传热过程综合成一个传热系数 h ，在连铸二冷区，热量在所有三种传热方式（传导，对流和辐射）中传递，传热的特征在于综合传热系数的不同，将二冷区表面的综合热流用式（2-4）表示：

$$q = h(T_s - T_w) \tag{2-4}$$

式中　h——连铸坯的表面综合传热系数；

T_s——坯壳表面温度，K；

T_w——冷却水的温度，K。

二冷区传热系数 h 表示了铸坯表面与二冷区冷却水之间的传热效率，h 大则传热效率高，它与喷水量、水流密度、喷水面积、喷水压力、喷水距离、喷嘴结构、铸坯表面温度和水温等因素有关。为保证铸坯质量且提高二冷区冷却效率就需要提高传热系数 h 值和在二冷各段 h 值的合理分布。在实际生产过程中，铸坯表面综合换热系数和铸坯表面接收到的水量（水流密度）有一定关系，即：

$$h = BW^n \tag{2-5}$$

式中　B——经验系数；

W——水流密度，$L/(m^2 \cdot s)$；

n——经验系数。

在生产条件下测定 h 与 W 的关系很困难，一般是在实验室内用传热模拟装置测定气雾射流与铸坯的传热系数，经过统计后利用经验公式表示。研究者[10]汇总了众多经验公式，典型经验公式如下：

$$h = 0.423W^{0.556} \quad (1<W<7, 627\ ℃<T_s<927\ ℃) \tag{2-6}$$

$$h = 0.36W^{0.556} \quad (0.8<W<2.5, 727\ ℃<T_s<1027\ ℃) \tag{2-7}$$

对于连铸二冷段，确定铸坯冷却过程的边界条件为传热系数，传热系数必须和连铸实际过程中的冷却过程参数相匹配。一般测量这种界面相变传热过程都是通过实验室实验来完成，也可以直接测量铸坯表面温度来完成。连铸生产现场使用的公式都是依赖上述两种方法推导出来的，然而，这些公式仅适用于特定类型的连铸机、钢种和冷却条件，它们不能简单地直接转移到其他连铸机上。连铸设计及工艺过程中，铸坯表面的换热系数必须通过可靠的实验取得或者通过实验验证才能使用。

2.2.2　连铸二冷气雾冷却概述

对于连铸二冷传热过程，铸坯表面辐射和与支撑辊接触带走的热量是一定的，影响二次冷却效率关键就是看喷雾水滴与高温铸坯之间的传热效果，为此研究和了解喷雾冷却的传热机理及气雾射流冷却系统的传热特性就显得非常必要。

气雾射流冷却是指通过喷嘴喷出的水雾冲击热物体的表面从而带走物体热量的一种冷却方式。由于它能够非常快速有效的提取热表面中的热量，其独特的换热方式受到工程和学术界的不断重视，随着研究手段和研究方法发展，国内外学者进行了大量的研究，从定性的认识到定量的分析，从单液滴的冲击冷却[18-24]到喷雾过程的射流冷却[25-29]，从单喷嘴发展到多喷嘴。

许多应用场景需要高效的冷却技术，如微电子技术、核能发电、大功率激光器和冶金工艺。一些学者[30-35]实验证明了气雾冷却在冷却的过程中表现出惊人的冷却能力，当高压空气和水进行混合时，高压空气将水打碎成小液滴，通过喷嘴喷射到空间中形成气雾射流，与普通的水射流相比，喷雾冷却能够展示其惊人的释热能力，这种强烈的冷却能力，大约是池态沸腾效率的 10 倍，比传统的风扇制冷，即空气冷却的效率要高出 100 多倍，故使得气雾冷却成为冷却方法的最佳方法之一。

在公开的一些关于工业喷嘴研究文献[36-40]中，研究人员大多是采用商业锥形喷嘴或扁平喷嘴，以及其他流量的喷嘴进行研究。对于任何给定的喷嘴，测得的传热过程是一个关于局部喷雾流量、液滴速度和规模、壁面温度和流体温度的函数。虽然大部分研究表明，传热系数是水流量的线性函数，但是涉及不同的气雾参数导致这些结果的差异非常大。

对于涉及连铸二冷应用的气雾射流研究，相对于一般的工业过程，第一，冷却对象温度高，连铸二冷表面温度一般在 800~1100 ℃温度范围；第二，对于板坯连铸二冷过程，往往是多个喷嘴组成阵列进行铸坯冷却；第三，对于连铸过程往往要求喷嘴水量可调节的范围大，喷水流量大。针对连铸二冷气雾冷却过程，近年来也出现了大量的研究报道，详见表 2-2，研究多采用钢试样在受控的实验室条件下测量水冷传热系数并建立沸腾曲线，也有文献对钢铁企业连铸生产过程的二冷效果进行测试。这些研究大多关注喷雾对传热速率的宏观影响，或者侧重喷雾对表面冲击过程中的传热过程。

表 2-2 连铸二冷气雾冷却国内外研究概述

年份	学者	研 究 重 点
1978	S. Nishio[41-42]	明确连铸二冷的喷雾传热曲线分四个区域
1997	文光华[43]	建立喷嘴的水流密度分布特性和传热系数的函数关系式
1999	陈永[44]	建立二冷段各冷却区的平均换热系数与水量的关系式

续表 2-2

年份	学者	研 究 重 点
2002	H. M. AL-Ahmadi[46]	预测不同流量、喷雾类型和表面温度的热流量
2004	梅国晖[47]	二冷段的传热都处于膜沸腾状态
2005	Horsky[49]	建立了喷雾冷却表面传热的实验方法和数值模型
2008	C. I. Hernandez[50]	用 PIV 对气/水雾化喷嘴流场进行了测试
2008	R. J. J. Montes[51]	调整气、水体积比可以有效提高连铸生产率
2009	宋会江[52-53]	明确连铸气雾喷嘴的水流量、气流量、传热、打击力分布及液滴颗粒度特性
2011	Ito[8]	建立气雾的水压和流量对冷却强度的影响
2011	J. I. Minchaca[54]	研究连铸二冷雾滴速度和粒径对传热的影响
2011	M. O. EL-Bealy[55]	研究气雾喷嘴冷却条件的均匀性对连铸板坯质量的改善程度
2011	R. Moravec[56]	测量单喷嘴或喷嘴阵列条件下气雾射流冷却铸坯表面，传热过程并获得不同气雾参数对铸坯表面对流换热系数的影响
2013	B. G. Thomas[57-58]	测量连铸二冷水量和传热的关系
2013	F. Ramstorfer[59]	明确喷雾冷却下金属表面的对流换热系数
2018	K. Tsutsumi[60]	比较了水、气体和气雾三种冷却介质的冷却强度

在不同的沸腾换热条件下，热流密度和换热系数的改变是多种因素造成的。1978 年，S. Nishio 等人[41-42]通过实验方法测定连铸二冷的喷雾传热曲线有四个区域：无沸腾、核态沸腾、过渡沸腾、膜态沸腾，如图 2-2 所示。其中温度被认为是防止板坯内部裂纹和实现强化冷却的最重要的二次冷却因素。连铸板坯表面温度范围为 1073～1273 K，在这一温度区，热流在莱顿弗罗斯特点（Leidenfrost point）处最小。

1997 年，重庆大学文光华等人[43]对国内某超低头板坯连铸机使用的两种喷嘴进行了冷态和热态性能测定，获得了这两种喷嘴的水流密度分布特性和传热系数的函数关系式，为进一步研究二冷传热机理和设计合理二冷工艺制度及喷嘴最佳布置方式打下了基础。

1999 年，攀枝花钢铁研究院陈永等人[44]通过建立板坯连铸二维非稳态传热数学模型，并对攀钢板坯连铸二冷工艺参数的实测数据进行分析后，推算并验证了二冷段各冷却区的平均换热系数与水量的关系式。

2002 年和 2008 年，卡内基梅隆大学的 H. M. AL-Ahmadi 等人[45]和 M. Hamed 等人[46]使用高流量工业喷雾（美国喷雾公司）对高温金属进行喷雾冷却，并对

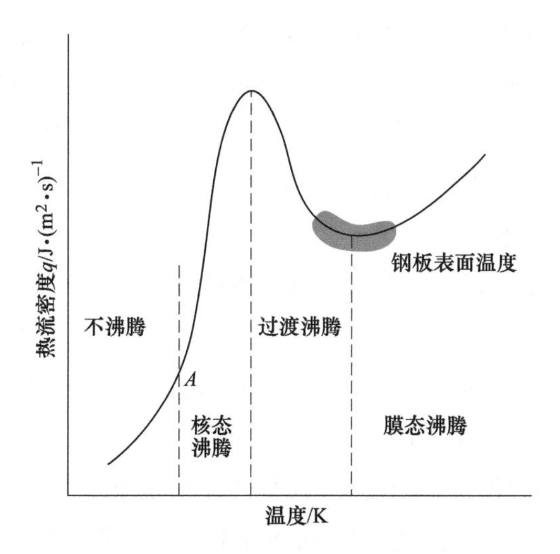

图 2-2 热流和钢板表面的温度关系

得到的数据进行分析。研究结果有助于钢铁行业中对不同流量、喷雾类型和表面温度的冷却过程的热流量进行良好的预测，以达到更好控制产品质量的目的。

2004 年，东北大学梅国晖等人[47]认为在连铸二冷区的传热过程都处于膜沸腾状态，因其铸坯表面的温度通常高于 900 ℃，大于莱顿弗罗斯特点，所以，通过控制液滴穿过蒸汽膜的数量，可以控制铸坯表面换热量的大小，即控制连铸二冷表面的冷却强度[48]。

2005 年，捷克布尔诺理工大学 J. Horsky 等人[49]建立了喷雾冷却表面传热的实验方法和数值模型，讨论了喷雾冷却过程中的传热和冷却过程的优化。

2008 年，墨西哥 C. I. Hernandez 等人[50]对连铸二冷区气雾冷却的流体动力学特性进行了细致研究，用 PIV 对气/水雾化喷嘴流场进行了测试，研究了水流密度、压力和气水比等因素对射流的影响。同年，同实验室 R. J. J. Montes 等人[51]通过工业实验研究发现气雾射流冷却通过调整气、水体积比可以有效提高连铸生产率，并认为沸腾传热位于过渡沸腾区。

2009 年，斯普瑞喷雾系统（上海）有限公司宋会江[52]分析了不同类型的连铸喷嘴水流量、气流量、传热系数、打击力分布与液滴颗粒度特性；结果表明纯水喷嘴的水流量与水压成近似平方根关系，铸坯表面传热系数与喷射距离成四次方关系，与水压成指数关系；气雾喷嘴的水流量和气流量与水压成二次方关系，传热系数与水温成二次方关系，与水压成一次方关系。连铸喷嘴的选型、布置与更换需要考虑这些物理特性。

2011 年，日本 JFE 钢铁公司的 Y. zto 等人[53]还研究了冷却水喷雾的水压和流量对冷却强度的影响，研制了一种高效的高压水喷雾二次冷却系统。

2011 年，墨西哥 J. I. Minchaca 等人[54]对连铸二冷过程中的雾滴速度和粒径开展研究。结果表明传热受水流密度、液滴大小和速度的影响，冷却效果主要来自水滴蒸发所带走的热。

2011 年，英国皇家理工学院 M. O. EL-Bealy 等人[55]研究了气雾喷嘴冷却条件的均匀性对连铸板坯质量的改善程度。结果表明，冷却条件均匀度的提高与固体壳生长速率成正比，进而与板坯质量的提高成正比。比较和讨论了二次喷雾冷却区不同喷嘴设计对表面和内部质量的影响。

2011 年，布尔诺理工大学传热和流体流动实验室 R. Moravec 等人[56]建立了多种实验装置测量单个喷嘴或喷嘴阵列条件下气雾射流冷却铸坯表面，并获得不同气雾参数对铸坯表面对流换热系数的影响，如图 2-3 所示。

图 2-3　捷克布尔诺理工大学传热和流体流动实验室气雾射流冷却实验

2013 年，美国伊利诺斯大学 B. G. Thomas 等人[57-58]对高温金属表面喷雾冷却过程中的水流动和传热进行了实验室测量。其钢表面测试温度范围为 1200～200 ℃，热通量能够达到超过 10 MW/m^{2}的值。

2013 年，奥地利西门子奥钢联钢铁科技有限公司 F. Ramstorfer 等人[59]开发了一个动态喷雾冷却实验平台，他们使用实验装置测量了喷雾冷却下金属表面的对流换热系数，其中喷雾冷却的表面温度达到 1250 ℃。

2018 年，日本 JFE 钢铁公司 K. Tsutsumi 等人[60]在冷、热模型实验中，对纯水喷淋冷却、气体冷却以及气雾冷却三种冷却方式进行了研究，估算二次冷却过程的冷却能力，并对连铸机的喷淋厚度和碰撞压力的影响进行了定量的阐明，为对流换热系数提出了一个考虑喷雾厚度和碰撞压力的关系式。

2.2.3 沸腾曲线及莱顿弗罗斯特现象

由于连铸二冷气雾射流温度一般为20~40 ℃，其相对水的沸点（标准大气压下为100 ℃），存在一定过冷度，当水接触到温度高达1000 ℃左右的红热铸坯表面时，气泡就会形成，并可能在冷流体中凝结。这种沸腾类型被归类为过冷沸腾，并提供了极高峰值热流的潜力。

1934年，日本东北帝国大学S. Nukiyama教授[61]是第一位使用沸腾曲线描述沸腾传热现象的研究者。在沸腾曲线中，冷却水从热表面提取的热流量通常与壁面温度或壁面过热度有关。根据曲线的拐点可以识别出膜态沸腾、过渡沸腾、核态沸腾和自然对流四种不同的状态。

在膜态沸腾中，蒸汽膜在冷却对象热表面形成，防止水和热表面直接接触，导致膜态沸腾开始时的传热效率相对较低，这是由于蒸汽膜的热阻比较大，而在更高过热度时，其表面热流随着过热度增大而增大。当壁面过热度减少时，热流会减少，直到达到最小热流量，标志着过渡沸腾状态的开始。莱顿弗罗斯特是第一个报告这一点存在的人，后来被命名为莱顿弗罗斯特点。

过渡沸腾是一种介于膜态沸腾和核态沸腾之间的中间状态，这时候，蒸汽膜是不稳定的，并被分解成几个部分，其中气泡可能从热表面分离。随着表面温度的降低，热通量达到峰值，这个最大热通量被称为临界热流密度（Critical Heat Flux，CHF），标志着过渡沸腾的结束。整个热表面由大量气泡覆盖。在核态沸腾过程中，随着温度的降低，热表面热流急剧下降。点A被称为核态沸腾的开始点（Onset of Nucleate Boiling，ONB），这意味着在冷却过程中核化停止，气泡消失。当温度持续下降时，核态沸腾结束，强制对流发生，这时候水带走的冷却表面并不依赖相变换热。

连铸二冷传热研究的核心是沸腾现象，进而对射流冷却传热机理进行探讨。连铸二冷区射流冷却的沸腾现象主要是膜态沸腾，一般认为，膜态沸腾对连铸二冷过程是有益的，这样可以避免核态沸腾或过渡沸腾现象产生的不稳定表面温度或者表面热流，防止出现过大的应力应变所造成的防止局部或表面裂纹的产生。但文献［61］指出气雾冷却条件下沸腾传热也可能处于过渡沸腾区，但试样初始温度仅为500~600 ℃，与连铸二冷区铸坯温度有明显不同。B. G. Thomas等人[3]对连铸二冷和沸腾曲线等相关文献报道从传热系数、沸腾传热机理、射流对传热的影响等方面进行了较为详细的总结。在R. Moravec[56]的工作中，研究了喷雾水压力和空气压力对莱顿弗罗斯特温度的影响。当冷却表面温度达到莱顿弗罗斯特温度时，传热系数变化了十倍。

众所周知，铸坯随着冷却表面温度的降低，达到临界值（莱顿弗罗斯特点），热传递的机理从膜态沸腾转变为过渡沸腾。在较高的温度下，铸坯表面传热系数相对于表面温度（在膜沸腾条件下）相对不敏感，在莱顿弗罗斯特温度以上，表面温度足够热，产生蒸汽层，水滴难以通过该蒸汽层接触到冷却表面。随着温度的降低，在表面上发生沸腾时，发生了传热机理的变化，沸腾现象演变成过渡沸腾状态，传热效率增加。莱顿弗罗斯温度取决于冷却表面的质量、水的流量等。对于连铸二冷过程，铸坯表面温度处于 1000 ℃左右，铸坯表面产生气膜的几率较大，认识莱顿弗罗斯效应是非常重要的，在钢的连铸过程中，确定传热系数与冷却参数之间的关系时应考虑到该效应。

2.3 毫米/微米级液滴流撞击金属热表面的研究

2.3.1 热表面特征对液滴撞击金属热表面的研究

喷雾冷却虽具有较好的散热能力和均匀性，但由于喷雾冷却物理变量的巨大性、工质雾化以及流动的复杂性，尽管与液滴撞击热表面有相似之处，但液滴密度的变大、撞击的不连贯、液滴撞击时轨迹的不确定性以及各个因素之间相互耦合都是喷雾冷却的难点，加深了研究的未知性。无论是定性的分析还是定量的实验结果都存在很大的差异，这给实际的工程应用带来一定的困难，导致这项研究还不完善。因此将喷雾冷却的一个微观单元——单液滴束分离，改变不同的影响因素来研究单液滴束撞击金属界面的形貌变化，不仅能够更加了解自由表面流动问题的本质，又可以对喷雾冷却的本质原理有更进一步的揭示。

当液滴撞击热表面时，由于液滴与热表面之间存在着复杂的相互作用，而对于液滴撞壁实验中的热固体表面，热表面的材质，表面温度，表面粗糙度和亲疏水性等对液滴在热表面的动力学行为和传热特性也有重要的影响。因此，热表面特征对液滴在热表面上的动力学行为的影响也成为众多研究者关注的重点之一，研究者们通常为了理解其潜在的热效应而仔细观察。表 2-3 中总结了热表面特征对液滴撞击热表面形貌变化影响的重点综述。

表 2-3 热表面特征对液滴撞击热表面形貌行为研究重点综述

年份	学者	研 究 重 点
1997	Bernardin 等人[62]	根据表面温度的不同定义了液滴在热表面膜沸腾，过渡沸腾，核沸腾，核沸腾蒸发沸腾模式
2000	闵敬春等人[63]	采用高速摄像机对液滴撞击热表面进行实验研究，讨论了 Leidenfrost 现象的机理
2011	奉若涛等人[64]	采用光刻法对热表面进行制备，并使用动态接触角对液滴表面湿润性与表面温度进行表征
2013	Negeed 等人[65-66]	使用高速摄像机对热表面的氧化层对液滴撞击过程行为影响进行分析
2015	Mitsutake 等人[68]	对乙醇液滴撞击镍热表面后瞬态沸腾表面的过程进行观察分析
2017	Mitrakusuma 等人[69]	在中等韦伯数下对液滴撞击三种湿润性不同的热表面的影响进行实验研究
2018	Deendarlianto 等人[70]	对微小液滴撞击倾斜热表面的动力学行为进行研究，洞察接触角的动态行为和重要参数在不同的表面温度的依赖性
2019	S. Jowkar 等人[71]	对液滴撞击平面和半圆柱形凹面后的最大弹跳高度进行实验研究

1997 年，Bernardin 等人[62]运用高速摄像技术记录了液滴撞击热表面的行为，根据表面温度的不同定义了膜沸腾、过渡沸腾、核沸腾、核沸腾蒸发以及其相对应的传热状态。随着热表面温度的升高，液滴在热表上出现了蒸发、核态沸腾、过渡沸腾和膜态沸腾四种沸腾模式。由于在膜态沸腾状态下，液滴发生 Leidenfrost 现象，在液滴与热表面之间产生气膜，致使液滴与热表面之间不能直接接触，形成了高热阻，降低了传热特性，液滴在热表面上所需的蒸发时间也更长。

2000 年，闵敬春等人[63]利用高速摄像机研究了热表面的传热特性和初始温度等对液滴撞击的动力学行为的影响，并对液滴撞击热表面的最大扩散直径和驻留时间进行理论分析，讨论了 Leidenfrost 现象的机理。

随后 2011 年，奉若涛等人[64]使用动态接触角设备对液滴撞击表面湿润性与表面温度进行表征。研究发现，液滴的 Leidenfrost 温度随其环境温度的升高而降低，而撞击表面织构化表面轮廓形成的正交矩形波波长和微柱体体积的增大会使液滴的 Leidenfrost 温度升高。

Negeed 等人[65]在 2013 年使用高速摄影机研究热表面上的氧化层对单液滴撞击热表面行为的影响。结果表明，液滴尺寸，液滴速度和表面过热度，表面氧化层对液滴在热表面上的最大铺展直径和热固液接触润湿时间有影响，并提出了单个液滴撞击受热表面的流体力学特性的经验关联式。2014 年，Negeed 等人[66]对表面过热度和液滴尺寸对微尺度单液滴撞击具有超亲水涂层的热表面的动力学行为的影响进行研究，并用经验关联式对单个液滴撞击加热表面的流体动力学特性及其影响参数进行描述。同年，Fukuda 等人[67]对液滴直径、表面粗糙度和撞击速度对液滴撞击热表面行为的影响进行了实验研究。结果表明，液滴的扩散面积随着撞击速度的增加而减小，液滴与热表面的接触时间随着表面粗糙度的增加而增加；液滴的冷却速率随着表面的粗糙度的增加、撞击速度增加、液滴直径的减小而增加，并且液滴的最大扩散面积随着表面粗糙度的增加而减小。

2015 年，Mitsutake 等人[68]对乙醇液滴撞击镍热表面后的瞬态沸腾表面的过程进行观察分析。结果表明，初始润湿表面的干燥机理分为三种类型，分别为液膜破裂和液膜破碎成球状液滴、成核气泡聚结形成气膜，以及通过自发成核快速生成气膜。

通过改变热表面湿润性，Mitrakusuma 等人[69]2017 年对在中等韦伯数下的液滴撞击热表面的影响进行实验研究。实验采取了三种湿润性不同的加热表面，分别是不锈钢、TiO_2 涂层的不锈钢和具有 TiO_2 涂层紫外线辐射的不锈钢。结果发现在中等韦伯数下，表面润湿性对液滴在热固体表面上的扩散和蒸发时间有重要影响。撞击表面的润湿性越高，液滴在热表面的扩散就越大，其蒸发时间就越短。

随着研究的深入，有学者发现，改变热表面的形状，倾斜角度等同样会使液滴在撞击热表面过程中产生不同的动力学行为。在 2018 年，Deendarlianto 等人[70]对微小液滴撞击倾斜热表面的动力学行为进行研究，洞察接触角的动态行为和重要参数在不同的表面温度的依赖性。结果表明，液滴的蒸发及其弹跳过程对液滴脱离倾斜表面的机理起着重要的作用。2019 年，S. Jowkar 等人[71]对液滴撞击平面和半圆柱形凹面后的最大弹跳高度，特别是在表面温度方面进行研究。实验研究表明，在较大的冲击韦伯数和表面温度范围内，液滴对凹表面的冲击都能消除热雾化中间层。

由以上文献综述可以了解到，液滴撞击热表面的研究发展较早，而且较为成熟。热表面特征对于液滴撞击热表面的动力学行为和传热具有很深远的影响，但由于液滴撞击热表面行为的复杂性，影响液滴在热表面上形貌变化因素众多，研究者们关于热表面特征的影响研究还不够完善，有待进一步深化热表面特征对液滴撞击热表面形貌影响机理的研究，进而为喷雾冷却机理的研究提供理论依据。

2.3.2 液滴参数对液滴撞击热表面影响的研究

由于液滴与热表面相互作用影响因素众多，除了表面温度、表面粗糙度等热表面特征会对液滴在热表面上形貌变化产生影响外，对于液滴自身来说，液滴的性质、液滴温度、液滴尺寸、表面张力、韦伯数、接触角、碰撞速度、几何形状等都会对液滴在热表面上的形貌特征和传热特性产生影响。因此，众多的研究者致力于通过改变液滴参数，对液滴撞击热表面的行为进行研究分析。表 2-4 和以下文献重点综述液滴参数对液滴撞击热表面行为的影响研究。早在 1996 年，Ko，Chung[72]对正癸烷液滴撞击热表面时液滴的破碎特性进行研究，研究表明：冲击的表面温度、液滴的初始直径、撞击速度和液滴的撞击角度都会对液滴的破碎特性产生影响。Jia 和 Qiu[73]利用干涉条纹散射法的光学方法研究了乙醇和水液滴在热表面上的蒸发行为，测量了热表面上蒸发液滴的接触直径、轮廓和体积。Abu-Zaid[74]研究了燃油乳化液滴撞击热表面的蒸发方式，并测量了其蒸发时间，获得了其在不锈钢和铝表面上的蒸发时间与表面温度的关系。

表 2-4 液滴参数对撞击热表面形貌行为研究重点

年份	学者	研 究 重 点
1996	Ko，Chung[72]	研究撞击表面温度、液滴的初始直径、撞击速度和撞击角度等因素下的正癸烷液滴撞击热表面时液滴的破碎特性
2001	Cui 等人[75-77]	实验研究在液滴中溶解固体盐对液滴沸腾中气泡的生成和传热的影响
2005	Takashima 等人[79]	通过改变水和乳化液滴直径，对其蒸发特性进行实验研究。结果表明：膜沸腾区，乳化液滴的直径比水滴小
2006	王晓东等人[80]	采用高速摄像机对液滴在不同热表面上的蒸发和核化过程进行实验研究，并对液滴在热表面上的高度，湿润半径和接触角的动态变化进行测量
2009	陆规等人[81]	对液滴在不同温度热表面上的蒸发和相变特性进行实验研究，结果表明：液滴的尺寸和热表面特性对其沸腾传热有很大影响
2010	Ranjeet 等人[82]	研究了液滴与热表面之间在不同沸腾状态下的相互作用，和初始液滴直径、液滴速度与表面张力对其的影响
2012	Tran 等人[83]	对不同韦伯数液滴撞击热表面沸腾模式进行研究
2015	郭亚丽等人[84]	对盐水液滴与纯水液滴撞击固体表面现象进行对比分析研究
2019	Mohapatra 等人[85]	对苏打水在热表面上的蒸发和薄膜沸腾进行实验研究，并揭示了影响换热的传热机理
2020	Hnizdil 等人[86]	在对液滴在热表面上的行为的实验研究中，发现水冲击密度是最重要的参数

2001 年，Cui 等人[75-77]开始在液滴中溶解气体和固体盐，对液滴撞击热表面进行实验研究，研究液滴中溶解盐对液滴沸腾中气泡的生成和传热的影响，在液滴中溶解了氯化钠、硫酸钠、硫酸镁三种不同的盐，拍摄并记录了液滴的蒸发过程和时间，发现这三种盐降低了水的蒸汽压，进而降低了水的蒸发速率。同时，将这三种盐的其中一种溶解在液滴中进行喷水实验，对其沸腾现象进行观察，发现溶解的氯化钠或硫酸钠增加了核沸腾传热，但对过渡沸腾影响不大。随后，Bertola[78]将稀释的聚氧化乙烯水溶液液滴与纯水液滴进行比较，对韦伯数为 20~220，热表面温度为 120~180 ℃的水滴撞击热表面的影响进行实验研究，发现添加剂可抑制液滴飞溅、二次液滴喷射和雾形成。

通过改变水滴和乳化液滴的直径，Takashima 等人[79]在 2014 年对其蒸发特性进行实验研究。结果表明，膜沸腾区，乳化液滴的直径比水滴小。

2015 年，国内王晓东等人[80]采用高速摄像机对液滴在温度为 50~112 ℃的铜、铝、不锈钢表面上的蒸发和核化过程进行实验研究，并对液滴在热表面上的高度、湿润半径和接触角的动态变化进行测量。

2009 年，陆规等人[81]对液滴在不同温度热表面上的蒸发和相变特性进行实验研究，讨论其局部相变行为对热表面温度变化的影响，实验结果表明，液滴的尺寸和热表面特性对液滴热表面沸腾传热有很大影响。Negeed 等人[65-66]用高速摄像机拍摄分析了液滴碰撞热表面过程中的行为，将不锈钢、铝、黄铜制成的具有不同表面粗糙度的圆柱形试块作为热表面，对热表面的热性质、液滴韦伯数、液滴速度、液滴尺寸、热表面条件的影响进行分析，并对表面过热度和表面粗糙度对固液接触时间和液滴在表面的最大铺展的影响进行研究。

Ranjeet 等人[82]在 2010 年研究了液滴与热表面之间在不同沸腾状态下的相互作用，液滴对不同韦伯热表面的冲击和各种参数如初始液滴直径、液滴速度和表面张力的影响。

Tran 等人[83]通过改变液滴的韦伯数，对液滴撞击热表面沸腾模式进行研究，结果发现，随着韦伯数的增加，从接触沸腾区到膜沸腾区的液滴动态 Leidenfrost 温度的转变温度单调增加，并且其转变温度与液膜内的沸腾气泡有关，转变温度随韦伯数的增加而降低。郭亚丽等人[84]对盐水液滴与纯水液滴撞击固体表面现象进行对比分析，并对接触角，铺展系数和无量纲高度等因素对液滴铺展的影响进行分析，分析结果表明，盐水液滴的动态接触角在液滴铺展阶段大于纯水液滴，而在回缩阶段小于纯水液滴，随着液滴盐浓度的增加，液滴的铺展系数减小。

关于改变液滴的种类，在2019年，Mohapatra等人[85]将苏打水作为冷却剂对液滴蒸发和薄膜沸腾进行实验研究，并揭示了影响换热的传热机理。结果表明，液滴换热能力随着纯碱浓度的增加而增加，热通量下降是由于大量气泡的产生和联合抑制了过渡沸腾和膜沸腾。

在对液滴在热表面上的行为研究中，Hnizdil等人[86]在2020年通过实验研究，给出了基于喷雾参数预测莱顿弗罗斯特温度的函数。研究发现，水冲击密度是最重要的参数。这个参数必须与关于液滴大小和速度的信息相结合，才能很好地预测莱顿弗罗斯特温度。

由以上的文献综述可以了解到，液滴参数作为液滴撞击热表面行为的重要影响因素，受到了众多研究者们的研究。但由于液滴参数众多，各影响因素的随机耦合使液滴在热表面上动力学行为复杂多样，液滴粒径，撞击速度等任一参数的变化都会对液滴在热表面上形貌变化产生影响。因此，需要进一步深化液滴参数对液滴在热表面形貌变化的影响研究，对喷雾冷却机理的研究具有指导意义。

2.3.3　液滴流撞击热表面的研究

由于大多数学者的多年来对单液滴撞击热表面的深入研究，使其相关研究发展得较为成熟，但喷雾冷却是由液体产生大量的小液滴，其中研究必然会涉及多个液滴的耦合，因此对多液滴的研究不能忽略。近年来，对双液滴，多液滴，甚至液滴流的撞击热表面的研究逐渐增多。表2-5总结了关于液滴流撞击热表面的研究重点。

表2-5　液滴流撞击热表面的研究重点

年份	学者	研究重点
2012	Fabris等人[87]	对单分散液滴流撞击热表面进行实验研究。结果表明，热流密度与冷却质量流量成正比
2015	Lu等人[88]	对液滴流撞击高温铜表面现象进行观察分析。发现液滴的扩散速度随着表面温度的变化而改变
2016	Qiu等人[89]	在对液滴流撞击热表面进行实验研究，分析了液滴速度、液滴频率和冲击角度对两种转变的影响
2016	Wiranata等人[90]	采用可视化方法对多液滴撞击热表面的动态行为特征进行研究。发现韦伯数与液滴形态有较强的相关性
2016	Deendarlianto等人[91]	对多液滴撞击不同粗糙度的倾斜热表面的动力学行为和传热现象的影响进行研究

续表 2-5

年份	学者	研究重点
2018	Hakim 等人[92]	通过高速摄像机观察了表面粗糙度对多液滴撞击热表面的动态行为的影响
2020	Karna 等人[93]	在高质量流中加入葡萄糖，实验探究其对传热速率的影响

在 2012 年，Fabris 等人[87]进行了单分散液滴流撞击热表面实验研究，揭示了热表面散热热流及与液膜厚度、表面过热和冷却质量流量的关系，热流密度与冷却质量流量成正比。

2015 年，Lu 等人[88]对液滴流撞击高温铜表面现象进行观察分析。结果发现，当表面温度小于沸腾温度时，表面温度对扩散速度没有明显影响，但在较高的表面温度时，表面温度显著提高了扩散速度。

2016 年，Qiu 等人[89]在对液滴流撞击热表面进行观察分析时，在扩散直径和稳定飞溅角上观察到两种过渡现象，并分析了液滴速度、液滴频率和冲击角度对两种转变的影响。同年，对于多液滴撞击热表面的实验研究，Wiranata 等人[90]采用可视化方法对多液滴撞击热表面的动态行为特征进行研究。研究结果表明，韦伯数与液滴形态有较强的相关性。

随着多液滴撞击热表面研究的深入，学者们通过改变热表面粗糙度对多液滴撞壁影响进行研究分析。Deendarlianto 等人[91]在 2016 年通过改变热表面的粗糙度，对多液滴撞击倾斜热表面的动力学行为和传热现象的影响进行研究。结果表明，在喷淋冷却过程中，表面粗糙度对传热过程有很大影响。表面粗糙度越高，传热速率越大。随着表面粗糙度的增加，固液接触时间随之增加，液滴的扩散直径增大。

在 2018 年，Hakim 等人[92]通过高速摄像机观察了表面粗糙度对多液滴撞击热表面的动态行为的影响。结果表明，在表面温度低于 140 ℃时，表面粗糙度的增加导致了液滴铺展直径的增加。而在表面温度高于 140 ℃时，液滴在表面不完全润湿，铺展因子随着表面粗糙度的增加而减小。

在 2020 年，Karna 等人[93]在高质量流中加入葡萄糖，研究其对传热速率的影响进行实验研究。研究发现，由于冷却剂温度降低，葡萄糖水溶液和氧气之间的放热反应释放的能量增加了蒸发液滴的内能，使葡萄糖在水中的存在显著地增强了喷雾冷却。

由以上研究可以了解到，随着众多学者们对液滴撞击热表面的深入研究，对于液滴流的研究开始逐渐受到更多的关注。但由于液滴之间耦合的复杂性，大多数学者对液滴流的研究还处于发展阶段，对其影响因素的研究尚不完善。因此，对于液滴流撞击热表面的研究将成为喷雾冷却研究的重点研究对象。

2.4 连铸二冷气雾射流特征研究

冶金物理模拟是通过实验室物理实验模拟真实冶金物理过程的方法。将实际物理模型缩小或等比进行研究，在满足基本相似条件（包括几何、运动、热力、动力和边界条件相似）的基础上，模拟真实过程的主要特征，如空气动力规律、钢液运动规律，连铸二冷气雾液滴的喷射特性等。物理模拟实验与现场实验相比条件易控制、重复，且省人力、物力，可进行较全面和规律性实验，是研究冶金过程的重要手段。

冶金物理模拟研究的主要内容之一为冶金反应工程中的流动问题，其本质为揭示冶金反应过程中的流体动力学，即通过有效的仪器设备（例如流动显示仪器或设备）洞穿物理本质，揭示冶金过程的复杂流动现象，为建立新概念和数学模型提供科学依据。

正如世界著名流体力学大师德国科学家普朗特（Ludwig Prandtl，1875—1953年）所说的那样，“我只是在相信自己对物理本质已经有深入了解以后，才想到数学方程。方程的用处是说出量的大小，这是直观得不到的，同时它也证明结论是否正确”。流动显示技术本身也是解决实际工程问题的主要手段。

2.4.1 流动显示技术

流动显示技术是将看不见或者看不清的流动现象观测记录下来的方法。流场可视化提供了整个流场的信息，无需数据处理即可立即理解。它与其他实验方法的不同之处在于，它将流场的某些特性直接呈现给视觉感知。流动显示技术伴随着流体力学的发展而发展，为流体力学学者提供流动现象和流动结构分析的直观能力，流动现象的观察总是先于流动理论的产生。大多数气体或液体，都是透明的介质，它们的运动在直接观察时肉眼是看不见的。因此，为了能够识别流体的运动，要将复杂的流动现象显示出来，往往需要人为的创造条件，进而形成不同的流动显示技术。

2.4.1.1　流动显示技术发展的大事件

流动显示技术为流体力学研究提供了可靠的可视化物理模型，促进了流体力学的研究发展，可以说，在流体力学发展过程中每一次理论上的突破及其工程中应用，几乎都是从对流动现象的观察开始。而流体力学的发展的每一个进程都可以用一张具有代表性的流动显示照片作为标志。

全能的天才 Leonardo da Vinci 仅仅通过肉眼观察，就能绘制出水流结构非常详细的流线和漩涡[94]，可以说他巧妙地提出了现代流动可视化。同时也是第一位主张利用漂浮在水中的粒子来识别流体的流动过程，这也被视为最早的流动可视化方法。

1883 年 O. Reynol 用染料注入一细长的水平管道中，根据注入体流速的变化，流体呈现了两种不同的形态变化，观察到由层流转捩湍流的现象，提出雷诺数的概念，他主动设计实验，这一发现揭示了重要的流体流动的机理，同时加深了管流不同流态的认识[94]。

1888 年 E. Mach 用纹影仪首次摄取到子弹在空气中的超音速流谱照片，采用光学方法揭示了激波现象。1892 年 E. Mach 的儿子 L. Mach 研制了被后人称之为 Mach-Zehnder 的干涉仪使干涉计量术进入了流动显示的领域，开创了流动显示定量实验技术。

1904 年 L. Prandtl 用微小粒子作示踪物质，获得了一张沿平板的流谱图，并提出了边界层的概念，边界层是高雷诺数绕流中紧贴物面的黏性力不可忽略的流动薄层，又称流动边界层、附面层。边界层的研究成为流体力学中的一个重要课题和领域。

1912 年 V. Karman 对外水槽中圆柱体绕流的观察并提出了卡门涡街，卡门涡街是流体力学中重要的现象，在一定条件下的定常来流绕过某些物体时，物体两侧会周期性地脱落出旋转方向相反、排列规则的双列线涡，经过非线性作用后，形成卡门涡街。卡门涡街的提出对建筑标准的修正有重大影响，这也实现了实验与计算结合应用的开始。

1940 年 Corrsin 和 Townsend 发现湍流场与非湍流场之间存在一个明显的界面（Sharp Interface），该界面后来被 Kovasznay 称之为在边界层中的大涡结构，是最早湍流逆序结构的发现。1967 年 S. J. Kline 用氢气泡显示技术，发现在平板湍流边界层中有近壁低速脉线生成，随后脉线振动、破裂上抛、最后高速流体微团下扫，这一逆序过程可在湍流边界层近壁区重复发生，这一现象称为壁面剪切湍流的有序结构。1971 年 Crow 和 Champagne 发现在自由射流的剪切层中存在有序的涡结构，其特征就像上游的扰动在下游的传播。虽然人们很早就以多种形式观察到流场中的有序结构，但是湍流中的拟序结构这一概念，是 Brown 和 Roshtko 在平面混合层中观察到此现象后，才得以承认并流行开来的。

综上，流动显示技术的发展始于达·芬奇的被动式的记录，随着雷诺的主动的设计，到马赫、普朗特、卡门、克莱恩的创造条件的显示与记录，科学技术发展的历史展示了人们对科学问题逐步认识的过程，流动显示技术用于定量研究已经成为现实并日益发展成为一个具有巨大潜力的新兴方向，无一不是以流动显示和测量结果为基础。近几十年，由于工程实践的迫切需求，以计算机为辅助的近代光学、激光技术、信息处理技术的发展，更为流动显示技术带来了生机和活力，特别是在流动的内部信息的获取和分析处理方面有了巨大的进步，并有望逐渐实现三维、非定常流动定量显示。一方面流动显示可以对流动现象直接观察，获得流场直观、清晰的物理图像，以及流动发展、演化过程的定性和定量信息，是验证新概念、发现新规律的关键。另一方面随着现代科学技术的发展，流动显示技术不仅仅显示，还是发现新的流动现象，建立和改进反映主要流动特征的理论模型的重要手段，揭示流动的内在本质具有决定的作用，并成为一个有巨大潜力的新兴方向。

2.4.1.2 常规的流动显示技术

流动显示是一门应用实验技术，密切联系实际，通过选用合适的方法，解决具体的问题。至今出现的流动显示与测量方法繁多，通常把它们分成常规流动显示技术和计算机辅助流动显示技术两大类。常规的流动显示技术通过一定的显示手段可以获得瞬间流场的可视化及空间或模型表面的整体图像的方法。通过这些瞬态的情况能够获得激波，流动分离及漩涡的位置及特征，而这些信息对于捕捉流动形态有关键的作用。主要的定性流动显示技术如下。

A 染色线法

染色线法的基本原理是在被测的流场中设置若干点，在这些点上不断释放某种颜色的液体，它随流过该点的流体微团一起往下游流去，这样，流经该点的所有流体微团都被染上颜色。这些流体微团组成了可视的染色线，用以显示流动特性。染色线法是显示旋涡运动的流动结构和涡运动中的各种现象的有力方法。

在染色线使用过程中，通常使用高锰酸钾、墨水、苯胺染料或食用颜料等。并配以适当的光源照射，增加染色料的可见度，通过用水稀释或加入牛奶或者乳胶调整染色料的密度，达到良好的示踪流体的目的。

如图 2-4 所示用染色线法显示的卡门涡街[95]，用深色染料显示的正涡度，浅色染料显示的负涡度。

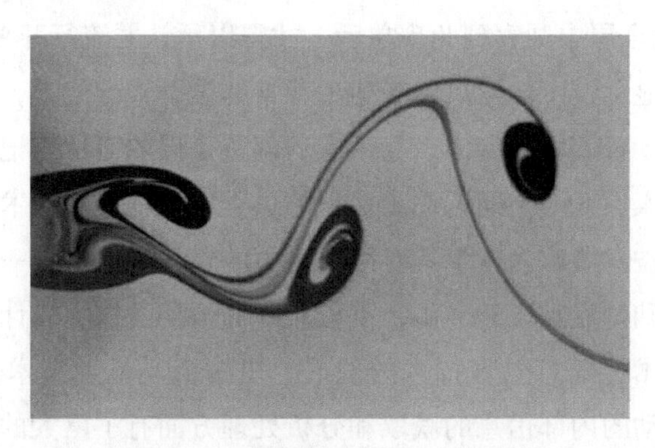

图 2-4　染色线法显示的卡门涡街

B　烟流法

烟流法最早可以追溯到 1893 年，随着其发展，现在烟流法不但能够实现定常流的结构显示，还能够实现非定常流的显示和分析，其测量的速度范围也提高到亚声速、跨声速、超声速，是一种重要的流动显示技术。其原理是用涂油的金属丝上通电，加热而释放烟颗粒来显示绕流图画。烟迹显示的流动图如图 2-5 所示。

图 2-5　烟迹显示的流动图[96]

C　氢气泡法

氢气泡技术最早在 20 世纪 50 年代提出，用细小的气泡作为示踪粒子来显示水模型中的绕流图像的实验方法，随着氢气泡法的发展，不但能够进行直观的显示，还能应用于流场的定量测量。其基本原理是在水槽或者水洞中放入电极电解水，电解后在阴极产生氢气泡，在阳极产生氧气泡，阴极产生的氢气泡比阳极产生的氧气泡小很多，再配以合适的选择阴极材料（钨丝、铂金丝、铜丝或不锈钢丝等），产生足够小的气泡来作为示踪粒子，示踪流体的变化。氢气泡示踪法如图 2-6 所示。

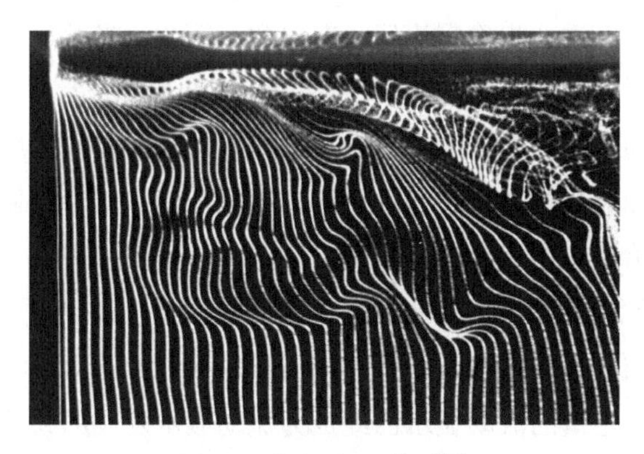

图 2-6 氢气泡示踪法[97]

D 丝线法

丝线法是一种古老的显示方法，即在实验模型的表面区域内固定一簇适当长度的丝线，丝线指示所在位置的流动方向，用此方法来判断附体与分离流动，也可以用来显示空间的集中涡。根据选用的丝线材料、丝线形式和所在的空间布置方法不同，丝线显示技术有一些不同的方法，例如常规丝线法、荧光丝线法、丝线格网法等，可根据试验要求选择不同方法。

E 油流法

表面油流法是一种用于捕捉由于剪切力作用于离散油点在模型上形成的条纹线的技术，表面条纹线清晰地显示了流动分离、再附着、回流区和涡印等流动特征。油流法用于显示物体表面的流动图谱，特别是在有分离流动和旋涡流动的流体中有显著的优势，其主要的原理是将油剂（油与粒度非常小的粉末混合而成的）涂抹在实验物体表面上，注意油膜厚度应小于边界层厚度。

F 升华法

某些物质可以从固态不经过液态而直接转变为气态，该方法是将该物质涂抹在模型上，由于湍流边界层内气流脉动速度大，升华作用比层流边界层内更强烈，因而造成湍流边界层内的涂层比层流区更早的升华而漏出物面颜色，从而在层流边界层和湍流边界层之间形成一道分界线，被称为转捩位置。用此方法可以显示大面积的物面的转捩位置，但是在实施的过程中需要实验时间较长，限制了该方法的应用。

G　光学显示法

光学显示方法的基本原理就是根据光线传播方向的偏离或相位差来确定流场的折射率变化，从而进一步确定流场状态参数，因此，光学显示方法适用于可压缩流动。光学显示方法主要包括阴影法、纹影法和干涉法等。前两者利用了光通过非均匀流场不同部位时波阵面的折转，即光线的折射效应；后者利用不同光线相对的相位移，即通过扰动光和未扰动光的相互干涉，比较它们的相位，从所得到的干涉条纹，给出流动参数的定量结果。

2.4.1.3　计算机辅助流动显示技术

近三十年，随着数字图像、激光技术、计算机技术、电子技术、信息处理技术等的飞速发展，定量的流动显示已经成为流动显示发展的趋势，流动显示与测量同时进行并借助计算机图像和数据处理技术已经成熟。在实验方面，以流动显示和图像设备为基础，通过计算机图像处理系统完成图像显示和数据处理，然后用彩色显示参数的变化，并给出丰富的流场信息和高质量的图像，不但得到直观的流场信息的同时还能洞察流场的内部，将流动图像数值化，可以进一步地获得流动速度场，浓度场，甚至温度场的定量信息。而这些定量的实验结果能够直接与数值结果进行比较，进而修正仿真与设计的结果。计算机辅助流动显示技术不但能够兼有定性显示和定量测量的功能，而且极大地推动了复杂流动的研究进展。

A　多普勒测速技术

激光测速的光谱技术是依赖于被测流场介质组分的吸收谱线频率或荧光发射或散射光谱中的多普勒频移，由于这种方法是直接从分子运动中获取速度，从而避免了由于投放粒子带来的弊病，不仅测速真实，精度较高，而且适用于高速流动的测量。当然有时流体分子的散射光很弱，为了得到足够的强光，必须在流体中散播合适尺寸和浓度的微粒作为示踪粒子（要求示踪粒子完全能够跟踪流体，没有相对速度，有良好的跟随性）。基于多种光学测速技术，最近几十年发展了激光多普勒风速技术（Laser Doppler Anemometer，LDA）、激光多普勒测速技术（Laser Doppler Velometer，LDV）以及相位多普勒技术（Phase Doppler Anemometry，PDA）、声学多普勒流速仪技术（Acoustic Doppler Velocimeter,

ADV)、全场多普勒测速（Doppler Global Velocimetry，DGV）等技术。

PDA 是在 LDV 的基础上发展起来的，它是利用随流体而运动的粒子同时测量流体速度和粒子粒径的泛称，是一种两相流测量仪器。PDA 产生于 20 世纪 80 年代，PDA 的基本原理是利用光线通过球形透明粒子所产生的光散射信号，其测速的基本原理就是利用所测得的信号频率来测量速度。

20 世纪 90 年代出现的 DGA 突破了 LDV 单点测速的局限性，它将散射光的多普勒频移信息变为光强信息，从而可以用于传统的图像处理方法来得到平面中的三维速度信息。受频率分辨率的限制，目前这一技术比较适用于高速流场的测量。

ADV 是利用声波的多普勒效应来测量流体运动速度的，ADV 通过水流中微细的颗粒对发射的超声波的反射来应用多普勒原理，波源与接收器之间不存在相对运动，频移是由于水中粒子的运动产生的，他们所引起的频率变化就是多普勒频移。ADV 对工作环境条件的要求不高，对于不适合光学方法的低浓度浑水测量，往往更有优势。

B 粒子图像测速技术

粒子图像测速技术（PIV）技术，是 20 世纪 80 年代发展起来的一种流动显示和测试技术。它突破了单点测量的局限性，实现全场测试。PIV 技术的基本原理是在流场中投放示踪粒子，用脉冲激光光片照射所测量的流场，通过连续两次或多次曝光，获得 PIV 底片，根据记录设备的不同实现胶片或数字图像的记录，在经过复杂的光学分析技术确定判读区域内粒子的平均位移，由此得到速度从而获得流场的二维速度分布。

PIV 按照示踪粒子的浓度大小可分为粒子跟踪测速技术（PTV）、粒子图像测速技术（PIV）和激光散斑测速技术（LSV）（见图 2-7）。当粒子浓度极低时，可以通过识别、跟踪单个粒子的运动，从记录的粒子图像中直接测得单个粒子的运动，这种低粒子密度模式的图像测速方法即为 PTV 技术；当流场的浓度较高时，以至于粒子图像在成像系统像面上形成激光散斑图案时，这种极粒子密度模式的图像测速方法即为 LSV 技术；PIV 技术则是指粒子浓度为较高成像密度模式，但尚未在成像系统像面上形成散斑图案，仍然是真实的粒子图像测速方法，由于此时众多粒子已经无法单独识别，只能获得一块判读小区中多个粒子位移的统计平均值。

PIV 对流场不产生干扰，并且可以获得瞬态的整场速度矢量值，利用这一特

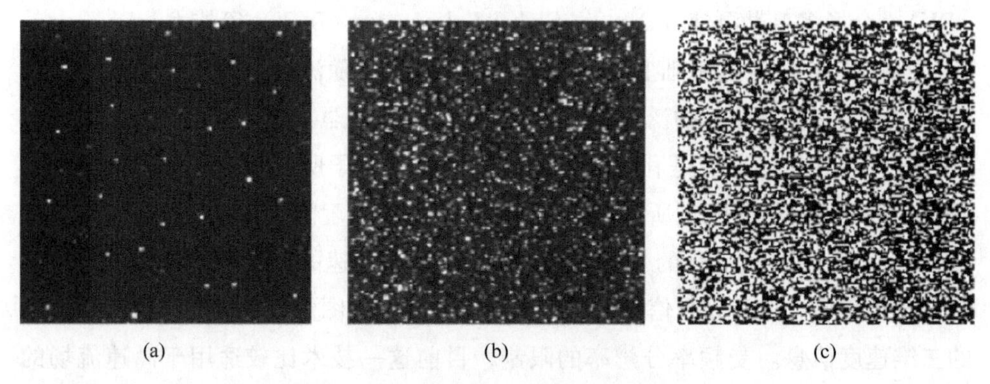

图 2-7　三种典型的粒子浓度图像[98]

（a）PTV；（b）PIV；（c）LSV

点，20 世纪 90 年代末，发展了 Micro-PIV，其特征尺寸可以达到微米级。PIV 已经成为成熟的一种新技术，并且迅速成为测速的标准方法。

C　其他测速技术

（1）压敏涂层测压技术。压敏涂层测压技术（Pressure Sensitive Paint，PSP），是新发展的一种压力测量技术，将压力敏感涂料涂于模型表面，当用适当波长的光照射时，可将其从基态激发到比较高的激发态，涂层发出可见波长的荧光，其亮度与作用在涂层表面空气或任何含氧气体的绝对压力成反比，用 CCD 摄像机记录模型表面的图像，并通过计算机处理，可以给出模型表面的压力分布。

压力涂层测压技术的特点为：非插入式测压技术，测点位置选择、分布及安装方式简便，价格低廉。可提供一个完整且连续的表面压力，有较高的空间分辨率，可进行远距离测试，获取大量的流场信息，缺点要求光源具有足够的亮度和照射的均匀度，对测压环境要求很高，长时间稳定性较差，对模型表面的加工和同一颜色均匀性有很高的要求。

（2）激光诱发荧光流动显示技术。激光诱发荧光流动显示技术（Laser Induce Fluorescent，LIF），是 20 世纪 80 年代发展起来的一种光致发光流动显示技术。这种新的流动显示和测量技术被广泛应用于微流体流动特性的研究，尤其是电渗流流动特性的研究。它不仅可以定性揭示流动的内部结构，而且与数字图像处理技术结合起来，可以进行浓度场、温度场、压力场及速度场的测量，发展前景较为广阔。LIF 技术从用于流动显示开始，已经历了从定性到定量、从气体到液体、从线测量到面测量等不同的发展过程，逐步得到改进和完善。

光致发光流动显示技术是把某些物质（如碘、钠或荧光染料等）溶解或混合于流体中，这些物质的分子在特定波长激光的照射下吸收光子而受激发光。实验时用脉冲激光照射，利用激发出的光不仅能显示流动结构，而且可以利用吸收和发射谱线的多普勒频移效应测量流速。其光强又是受激区气流密度和温度的函数，故可在显示流动结构的同时，用来测量流体的密度、温度、速度、压力和浓度等参数。

（3）激光分子测速技术。激光分子测速技术（Laser Molecule Velocimetry，LMV）的基本原理是通过流场中分子与激光场的相互作用，包括散射、吸收、色散、辐射、解离等过程，利用各种线性和非线性光学效应及光学成像技术把流场的物理参数转变为光学参数，通过光学处理而获得流场信息。它综合了线性和非线性激光光谱学、分子光谱学、激光多普勒效应、光学信息处理及图像处理等学科的知识。

激光分子测速技术是一种分子水平的测量，可以最大限度地获取真实流场信息，适合瞬态和微观过程的研究。激光分子测速技术，不仅可获得流场中空间点的速度、密度、温度、压力、物质的组成、物质浓度等物理参数以及随时间的变化，而且可用于对整个流场的二维或三维结构和各点参数的研究，且有很高的灵敏度和精确性。

粒子投放技术是激光多普勒测速中的关键技术之一。研究表明，即使是微米量级的动态粒子也可能给测量结果带来可观的误差，特别是在流场中存在激波的情况下。一般认为，由于一些与粒子滞后的相关难题，使得以粒子为基础的测速技术不能用于高速、低密度的流场中，因此，近年来以分子为基础的测速技术得以迅速发展。但是其设备昂贵，往往令人望而生畏。

（4）光学相干层析成像。光学相干层析成像（Optical Coherence Tomography，OCT），是 20 世纪 90 年代逐步发展而成的一种新的三维层析成像技术。OCT 基于低相干干涉原理获得深度方向的层析能力，通过扫描可以重构出生物组织或材料内部结构的二维或三维图像，其信号对比度源于生物组织或材料内部光学反射（散射）特性的空间变化。OCT 具有非接触、非侵入、成像速度快（实时动态成像）、探测灵敏度高等优点。目前，OCT 技术已经在临床诊疗与科学研究中获得了广泛的应用。

普通 OCT 技术可以实现组织内部微观形态结构的三维活体成像，通过与

Doppler 技术、光谱技术、偏振技术等结合，可以获得三维空间分辨的生物组织生理功能信息。特别是，通过将 OCT 与动态散射技术结合可以实现无标记三维微血管造影，获得组织内部血流灌注的三维活体成像。

当前，最为引人注目的为声学多普勒仪、多普勒激光全场测速技术和三维粒子图像测速技术。此外，随着粒子图像测速技术的发展，PIV 技术和 LDV 在物理模拟过程的应用越来越广泛。在稳流的情况下，流速的测量一般要求其平均流速场，多次测量取平均；但在紊流的情况下，流速的测量要求能够得到瞬时流速场，PIV 和 LDV 能够满足新的要求。

本书后续主要基于最为普遍最为便利的激光多普勒测速仪（LDV）和粒子图像测速仪（PIV）流动显示方法对连铸二冷气雾射流流场展开研究和分析，希望为从事本方向研究的研究人员提供参考及帮助。

2.4.2　气雾喷嘴性能

具有良好的产品质量和提高连铸机生产率的必要性使人们关注连铸二次冷却系统的有效性。连铸二冷过程冷却强度的灵活性需要更为有效和高效的喷雾冷却来实现。气雾喷嘴利用压缩空气结合水压来雾化二次冷却水，其提供了更宽气雾控制比来满足不同钢种连铸的需要。

气雾冷却通过特殊设计的喷嘴来工作，喷嘴会产生超细水滴，平均尺寸为 50~100 μm。提高气体压力时，可以获得更小的液滴尺寸，小至 5 μm。这样就可以使一升水形成更大的比表面积。较高的表面积有助于水很快蒸发。这些微小的水滴（雾）迅速吸收环境中存在的能量（热量）并蒸发，变成水蒸气（气体），进而冷却环境或对象。

在连铸气雾冷却的情况下，水以特定温度喷射到铸坯表面上时，在铸坯表面和水之间产生薄的蒸气层。研究表明，传热系数很大程度上取决于喷嘴产生的水流密度。当有气体参与时，气体引起水的雾化，产生更细小的水滴，同时对蒸汽薄膜有“破坏”作用，加之强制对流效果，这都有助于铸坯表面的冷却。

不同的工业过程对其相应的冷却过程有着不同的要求，因此工作在各种条件下的喷嘴类型也不尽相同，目前工业领域大量使用的有压力喷嘴和空气雾化喷嘴。压力喷嘴根据其喷雾方式可分为空心锥、实心锥和扁平喷嘴等。空气雾化喷嘴，通常产生更小尺寸和更高速度的液滴，可以根据设计配置分为内部或外部混合，这两者都能够产生锥形和扁平的射流形状。

目前，连铸二冷的喷嘴形式主要有压力水喷嘴和气雾（气水）喷嘴两大类。喷嘴喷出的水雾形状有空心圆锥形、实心圆锥形、矩形、扁平形、长条形等。两类喷嘴的主要特性对比见表 2-6。连铸二冷喷嘴生产企业，国外有斯普瑞公司（Spraying Systems Co.），莱克勒公司（Lechler GmbH），国内有江苏博际喷雾系统股份有限公司等，本书连铸二冷气雾冷却研究过程中，分别使用了斯普瑞公司和江苏博际喷雾系统股份有限公司的气雾扇形喷嘴。

表 2-6　压力水喷嘴与气雾喷嘴性能比较[13,60]

使用性能	水喷嘴	气雾喷嘴
二冷管路结构	简单	较复杂
适用浇铸钢种	一般碳钢、低合金钢	合金钢、裂纹敏感性强钢种
喷雾水滴直径	≥300 μm 占 50%以上	≤260 μm 占 70%以上
喷射角/(°)	60~90	90~160
水量调节范围	小	大
冷却效率	较好	好
水滴喷射速度	低	高
优点	初投资少	防止水口堵塞，且粒径均匀
缺点	容易堵塞水管或喷口	水路和气路两套设备初投资大

由于气雾喷嘴有较宽的调节范围，适应更多的产品品种，是连铸二冷的主要喷嘴形式，特别是针对高附加值的板坯产品。图 2-8 给出了用于方坯连铸的全锥形气雾喷嘴，图 2-9 给出了用于板坯连铸的扁平型喷嘴[99-103]。

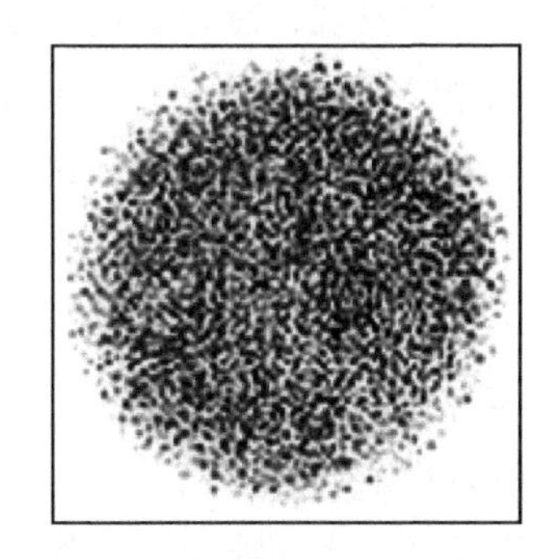

图 2-8　方坯连铸用全锥形气雾喷嘴

现代气雾喷嘴的基本特征是混合室，延伸管，水和空气入口分配器，混合室

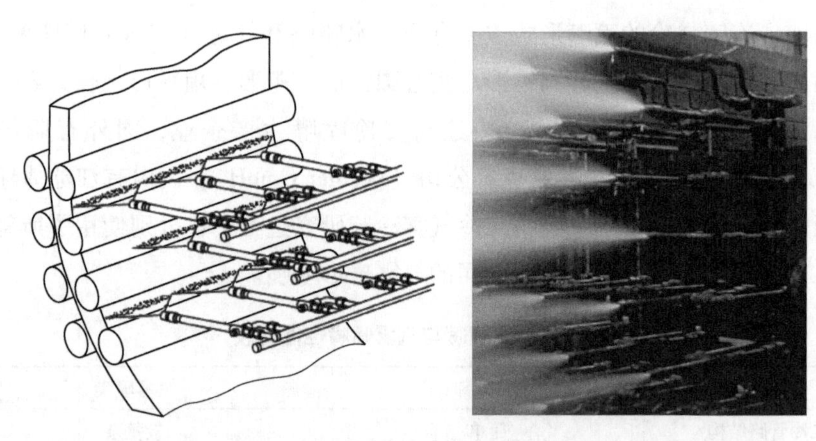

图 2-9 板坯连铸用扇形气雾喷嘴布置示意图及实物图[104]

内部有较复杂的几何形状。这些部件设计精确，以确保非常高的传热系数，稳定的喷射角度和均匀的水分配。喷嘴具有无堵塞特性，并且在空气和水的混合室中没有磨损部件。这些喷嘴的喷射宽度在很宽的水压范围内是稳定的。因此，这些喷嘴具有恒定且均匀的喷雾特性。钢铁企业使用的连铸气雾喷嘴由于液体分布的改善和冷却水流量的减少，减少了表面和角部开裂以及中心裂纹的问题；提高铸造速度和生产能力；由于更宽的调节比和优化的气水比，增强了连铸机的操作条件和扩大了产品品种；由于简单和刚性的喷嘴安装和喷淋管道，显著降低了维护和管道成本；由于喷嘴和喷淋管道的完美对齐以及减少喷嘴堵塞，提高了操作安全性。

气雾喷嘴采用水和压缩空气，从而产生细小的水滴，主要冷却为水蒸发。传热实验发现，冷却水量和冷却强度没有必要的关系，换言之，同一喷嘴和同一喷水量，不同工况下，冷却强度也会不一样，冷却速度不仅受冷却水量影响，而且也与水滴尺寸及速度有关[105]。

喷射与雾化是通过喷嘴来实现的，也是气雾传热分析的重要基础。在大多数工程应用中，喷雾的目的是增强热量的传递。由于气雾喷嘴涉及复杂的气体与液体混合和多相传输机理，每种不同结构的喷嘴射流特性差异明显，气雾射流特性的认识是气雾换热过程认识的先决条件，涉及气雾喷嘴喷雾角度、水流密度、雾滴粒径、雾滴喷射速度等。

2.4.3 气雾射流主要影响参数

气雾射流冷却过程的影响因素众多，包含冷却介质特性、被冷却面特性、环境因素、气雾射流特性等，见表2-7。

表2-7 气雾射流冷却主要影响因素

内容	介质特性	被冷却面特性	环境因素[114-115]	气雾射流特性[118-119]
参数	表面张力	热导率	过冷度[116-117]	喷射角度
	汽化潜热	换热面积	重力影响	喷射距离[109-111]
	过热度	粗糙度[112-113]	环境气体物性	水流密度
	比热容	表面形貌		雾滴粒径
	添加粒子			雾滴速度
	冷却水水质			喷射流量[106-108]

对于某一特定传热过程，如影响因素中的介质特性、被冷却表面特性、环境因素，一般保持不变，视为常数。气雾射流特性是容易改变且易于控制的，也是一般的控制冷却常采用的技术手段，气雾射流特征参数主要有喷嘴的喷射角度、喷射距离、水流密度、雾滴粒径、雾滴速度及喷射流量等。

（1）喷射角度。喷嘴的喷射角度是指喷嘴稳定射流时展开的最大角度，其主要由喷嘴的结构设计决定。

（2）喷射距离。喷射距离可以影响到液滴的撞击效果。喷射距离大，液滴在喷射过程中速度衰减大，导致液滴穿过薄膜的能量变小，从而使传热系数减小；而喷射距离较短，在喷射过程中液滴的速度衰减程度弱，液滴穿过薄膜的机会随之增大，提高了传热系数。但是喷射距离缩短，喷射面变窄，水流分布也变不均匀。改变喷射距离，液滴尺寸的分布情况也随之改变。

（3）水流密度。水流密度是指单位时间单位面积上铸坯所接受的冷却水量，是连铸二冷配水的重要控制参数，也是表征冷却强度的重要指标。由于铸坯表面冷却主要是由于相变换热引起，水流密度越大，一般而言，换热越强，但是，当水流密度过大时，由于蒸汽膜的存在，传热量的增大可能并不明显[120]。

（4）雾滴粒径。雾滴直径是雾化程度的重要标志。雾滴尺寸越小，雾化的雾滴个数就越多，雾化效果就越好，有利于提高传热效率并增加铸坯均匀冷却。

（5）雾滴速度。铸坯表面散热量与喷嘴出口处冷却水滴的速度有很大关系。增加雾滴速度，有效穿透蒸汽膜达到热表面的水滴数增加，进而提高了传热效率[121-126]。

（6）喷射流量。随着喷雾流量增加，液滴的速度和液滴的数目增加[127]。

从传热方面看，气雾射流能够将液滴雾化得很细、又具有较高的射流速度，同时水滴在铸坯表面分布均匀。雾滴尺寸越小，喷雾传热效果越好。

2.4.4　雾滴粒径研究概述

从理论上讲，当二次冷却水量相同时，射流液滴的粒径越小，液滴数目也就越多，则覆盖面积越大而且比较均匀，对钢坯的冷却效果就越好。因此，射流液滴粒径是决定喷嘴射流冷却性能的重要指标之一，也是判断喷嘴优劣的重要指标。快速、准确、经济地测出喷射液滴粒径的大小及其分布，是研究、实验、生产和使用二次冷却喷嘴必不可少的技术。随着人们对铸坯质量所产生问题的极大关注，对喷嘴冷却性能深入的认识，射流液滴尺寸的研究正日益被重视。

气雾射流的液滴几何特征包括液滴的尺寸和形状等，液滴的尺寸及外部形状可以用雾滴的直径来表示。马丁直径、弗雷特直径和投影面积直径是对液滴的投影图像依据不同的测量规则而得到的三种描述液滴粒径大小的方法[128]。马丁直径是把液滴的投影面积分成相等的两部分的所有直线的平均长度；弗雷特直径指与液滴外缘轮廓相切的两条相互平行线之间距离的平均值；投影面积直径指与实际雾滴具有相同的投影面积的圆的直径。由于投影面积在二维平面图像测量方法上具有独特的优势，本研究中的单个雾滴粒径是基于图像测量法下的投影面积法获得的粒径。

对于非球形的雾滴，需要采用人为定义的等效直径来描述雾滴的粒径。常用的等效直径定义方法有三种：等体积当量直径 d_v，等表面积当量直径 d_s，等比表面当量直径，又称为索特尔直径（Sauter Mean Diameter，SMD），用 d_{32} 表示。索特尔粒径是用于实际雾滴具有相同体积比表面积的球形直径表示实际雾滴的尺寸，在两相流领域得到广泛的应用，本研究构建雾化及传热规律时，都采用索特尔直径。

由于气雾射流雾滴粒径并不是单一的，而是在一个区间呈现一定的分布特征，同时一定区间的粒径的个数也不尽相同，所以平均粒径的计算不仅与粒径本身相关，而且和选择的权重系数相关，需要根据权重系数统计平均粒径。对于平均当量粒径的选择需要按照各个粒径范围颗粒数量占总颗粒数量的份额或者占比来计算雾滴群的平均当量直径，即需要按照一定粒径下雾滴数量权重来计算气雾射流平均当量直径。

气雾射流的雾滴粒径研究是伴随着各种雾化液滴尺寸的测量装置、方法和技术的不断改进[129-135]，常用的测量方法有图像法，油膜法，激光多普勒相移动法（Phase Doppler Anemometer，PDA），激光衍射法等，涉及连铸二冷喷雾过程雾滴粒径的测量方法汇总于表 2-8。

表 2-8 雾滴粒径测量法概述

年份	学者	研 究 重 点
1986	陈水仔等人[136]	用水雾染色显微摄影法测定连铸二冷雾滴直径
1990	毛靖儒等人[137]	用油膜法测得雾滴粒径
1995	Glover 等人[138]	激光全息法测量雾滴粒径
1999	陈永等人[139]	用激光粒度仪给出连铸二冷气雾液滴直径主要分布为 20~140 μm
2002	文光华等人[141]	用激光粒度仪给出连铸二冷气雾液滴的最佳粒径范围为 20~80 μm
2002	王喜世等人[142-143]	基于图像校正法，用 PIV 测得大颗粒液滴的粒径
2008	C. A. Hernandez-B 等人[46,57-58]	用图像法测得气雾液滴粒径
2018	S. Zhanbo 等人[144]	粒子图像分析（PIA）光学诊断方法，研究了索特尔平均直径（SMD）和液滴速度分量

1986 年，上钢一厂钢研所陈水仔等人[136]用水雾染色显微摄影法测定连铸二冷雾滴直径。

1990 年，西安交通大学的毛靖儒等人[137]使用油膜采样离线测量法测得液滴的直径。该方法是一种较为便捷的测量粒径的方法，这种方法虽不如激光粒度测试仪快捷，但大大降低了实验成本。实验的准确完全由油膜接收到的水雾是否为真实的水雾粒径所决定。由于介质的选择、雾滴的汇聚与碰撞等原因，可能测量精度不高。

1995 年，英国利兹大学 Glover 等人[138]发展了激光全息法测量液雾尺寸的激光测量技术。具有不干扰流场、速度快、分辨率高等特点，它可以测量尺寸范围从微米到毫米的喷雾雾滴，被广泛应用于气雾射流研究。

1999 年，攀枝花钢铁研究院陈永等人[139]采用激光粒度仪测试气水喷嘴雾化水滴的直径，结果表明：喷嘴结构一定时，雾化水滴的大小由气压、水压和喷射距离决定。液滴直径大小是雾化程度的标志，同时，表明液滴大小直接影响冷却水在铸坯表面的蒸发速度，从而影响冷却效果。液滴直径较大时，喷射水蒸发速度较慢，冷却效果差；液滴直径较小时，单位体积内的液滴数量就越多，接触面积大幅度增加，有利于均匀地冷却铸坯，蒸发速度显著加快，相应地使冷却效果增加。后期管鹏[140]使用 LSA-Ⅱ激光粒度仪也进行雾滴粒径的测试和研究。

2002 年，重庆大学的文光华等人[141]指出，气雾喷嘴的最佳粒径范围为 20~80 μm。同年，中国科学技术大学王喜世等人[142-143]基于图像校正法，以 PIV 为手段，对于压力喷嘴的流场进行了检测。实验中图像判别阈值[108]选择是关键，其检测对象粒径较大，精度较低。

2008 年，墨西哥 C. A. Hernandez-B 等人[46,57-58]用光学成像法对连铸二冷气雾射流雾滴进行成像，并用粒子图像识别软件进行判读统计，发现粒径大小和速度是影响钢坯传热最大的影响因素。

2018 年，日本广岛大学的 S. Zhanbo 等人[144]在混合燃料燃烧的过程中，即气液两相流的作用过程中，利用在线粒形分析系统（Particle Imaging Analyzer, PIA）运用光学诊断方法，研究了索特尔平均直径和液滴速度分量分布。

综上，液滴粒径测试用到油膜法、图像法及光衍射法等。油膜法因为液滴有可能会团聚影响测量精度；光衍射法的成本较高，测量值多为某一区域的平均值，且无法直观地看到粒子；最为常用有效的为图像法，但是对于连铸二冷的垂直向下的气雾射流又不具备正向垂直拍摄流场的条件，故此需要一种经济、准确且能够解决拍摄角度的测量方法，降低对操作条件的要求，实现对连铸二冷雾滴的识别并获取单个液滴粒径、喷雾过程的平均当量直径等。

2.4.5　雾滴速度研究概述

随着流动显示技术的发展，目前 PIV 和 LDV 成为当下可靠且信赖的流动显示技术。使用这两种手段先后在液滴或者雾滴的研究中都有涉及，当然，也有研究者尝试将这两种技术（PIV 和 LDV）结合起来进行研究，主要研究列于表 2-9。

1993 年，韩国国立大学 B. J. RHO 等人[145]用实验的方法对两相同轴射流中雾化液滴的湍流特性进行了实验研究。成功测量了液滴的平均速度分布、脉动速度分布、间歇因子。由于测量是在全湍流混合区进行的，所以平均速度分布曲线具有很好的相似性，与单相射流的半经验曲线吻合较好。

1994 年，清华大学的沈熊等人[146-147]将 LDV 同 PIV 结合起来测量波动过程的粒子速度，得到了波槽中规则波的速度振幅剖面和二维空间速度分量分布。实验表明，LDV 和 PIV 技术两者虽都采用示踪粒子作为散射体，但效果是不一样的，LDV 使用的粒子尺寸在微米量级，因此，在自然流体中比较容易获得连续的信号输出。这对于需要实时信息的研究比较合适。由于受激光功率的限制，PIV 采用的粒子尺寸通常都在几十微米量级，导致测得结果是有些差异的。因此，将这两种技术结合起来运用，可以更有效、更深刻地探索复杂的流动现象。

表 2-9 PIV/LDV 对比或在雾滴的研究对象概述

年份	学者	研 究 重 点
1993	B. J. RHO 等人[145]	用 LDV 测量两相同轴射流湍流特性
1994	沈熊等人[146-147]	用 PIV 和 LDV 测量波动过程的粒子速度
2000	E. NAVED[148]	用 PIV 测量了喷雾射流液滴速度，发现液滴速度对临界热流密度有很大的影响
2000	T. SAGA 等人[150]	用 PIV 和 LDV 对自感流体的旋流流场对比研究
2005	M. Raudensky 等人[151]	用 PIV 测量速度，发现射流速度极大的影响传热
2008	E. A. H. Casterillejos 等人[126]	用 PIV 对连铸二冷测量气水雾化喷嘴流场
2010	李广年等人[152]	用 PIV 和 LDV 对比螺旋桨尾流场
2010	D. Marx 等人[153]	用 PIV 和 LDV 对旋涡结构测试，发现两种手段有差异
2011	J. I. Minchaca 等人[54]	用 PIV 和 PDA 具体的揭示了连铸二冷气雾射流的水滴大小和速度特性
2013	B. G. Thomas 等人[58]	采用颗粒/液滴图像分析方法同时测定不同位置的液滴大小和速度分布

2000 年，美国中佛罗里达大学 E. NAVED[148] 测量了喷雾射流冷却过程中的液滴速度，发现液滴速度对临界热流密度有很大的影响。同年，日本东京大学 T. SAGA 等人[150] 在一个透明的矩形槽中，用 PIV 和 LDV 对自感流体产生的旋流进行了测量，速度结果具有一致性，但具体数值上存在差异。结果表明，在平均速度和速度波动方面，二者吻合良好，差异在 3%以内，差异较大部分出现在具有较高剪切力的区域，分析原因在于，两者空间与时间分辨率及帧数的不同。

2005 年，布尔诺理工大学 M. Raudensky 和 J. Horsky[150] 表明射流的传热不仅仅受到水流密度的影响，同时也强烈的受到射流速度和粒径的影响。铸坯的传热系数受铸坯速度的影响，热表面的运动对铸坯上液体的流动和冲击射流前后蒸汽形成有一定的影响。

2008 年，墨西哥的 E. A. H. Casterillejos 等人[126] 研究了连铸二冷冷态下的气水雾化喷嘴流场，给出了气/水雾化水滴的最大直径范围并且模拟出了相关条件下的二冷区的流场特性。其组员 J. I. Minchaca[54] 在 2011 年，分别用 PIV 和 PDA 具体的揭示了连铸二冷气雾射流的水滴大小和速度特性。

2010 年，浙江海洋学院的李广年等人[152] 针对同一螺旋桨，在同一工况，同一时段，对螺旋桨尾流场开展了 PIV 和 LDV 比对测试研究。实验结果表明：两种测试技术在流场宏观量显示上得到了比较一致的结果。PIV 数据均值与 LDV 有 2%～3%的偏差。

2010 年，D. Marx 等人[153]将 PIV 和 LDV 两种测试手段联合起来使用并进行对比研究，发现在测试的过程中高剪切区存在较大的差异。

2013 年，B. G. Thomas 等人[58]采用颗粒/液滴图像分析方法同时对连铸二冷气雾射流，测定其不同位置的液滴大小和速度分布，测试其射流结构。为了获得统计上有意义的样本，每个位置至少分析 6000 滴。

综上，二冷传热直接依赖于液滴直径和射流冲击速度[47]，大部分国内外的学者对连铸二冷气雾射流出口速度的研究均采用 PIV 来进行测量，特别是对同一喷嘴内不同工况下的速度分布优化问题。由于雾滴速度对钢的冷却强度和均匀性有较大的影响，因此需要一种更有效的方法来精确的优化速度特性。LDV 和 PIV 是当下两种有效的测速技术，但 LDV 技术仅适用于单点测量，相比之下，PIV 可以得到整个流场中颗粒速度的空间分布。

2.5　连铸二冷气雾射流实验研究

连铸二冷沸腾换热的实质是一个界面相变传热的过程。尽管外界的气雾射流参数对铸坯换热过程有重要影响，但实质仍是外界的水在铸坯表面形成气化核心、吸收铸坯热量、气化核心长大然后水蒸气排出的过程，进而把铸坯表面的热量带走。因其影响因素太多，目前还没有成熟的理论模型来获得表面的传热规律，所以要想获得界面的传热系数，几乎唯一的手段就是实验方法。大多数研究人员研究连铸二次冷却过程，都是通过调节操作参数（水流量、初始温度、气压和水压等），获取不同的传热过程进而总结传热规律。

直接测量冷却表面的能量传递，即热流，只限于稳态条件，通常采用恒定的热流或者恒定的壁温。冷却条件下，稳定的热流或者温度控制往往难以实现，因此，在铸坯冷却过程中，很少采用直接测量热流的方法来测量热流。目前，常用的测量方式是将热电偶插入或焊接到测试对象内部，然后将测试对象预热到所需要的初始温度，移动到冷却系统进行冷却，将测量对象的温度作为导热反问题的输入项，通过反传热程序获取冷却表面的温度和热流。

传热实验过程中，被冷却对象和气雾射流的空间位置大部分不变，但也有极少的模拟连铸的动态过程，用实验方法实现两者的空间位置随时间的变换，本书汇总了国内外对连铸二冷实验过程的研究方法，详见表 2-10。

表 2-10 国内外实验室研究连铸二冷实验方法概述

年份	学者	试样加热方式	实验方法	是否有相对运动
1982	R. Jeschar[154]	管式炉加热/电阻加热	稳态法/非稳态法	否
1998	文光华等人[155-156]	电加热平板，垂直放置	非稳态法	否
2004	K. Tanner[157]	马弗炉加热面积小的铸坯试样	非稳态法	否
2005	J. Horsky 等人[158]	电加热，水平放置，用移动的喷嘴和支撑辊模拟连铸二冷	非稳态法	是
2010	B. G. Thomas 等人[159-160]	感应加热的方式加热被冷却面	非稳态法	否
2011	F. Ramstorfer 等人[161]	电加热加热平板，水平放置，用移动的气雾喷嘴冷却表面	非稳态法	是
2012	刘兵等人[162]	烧嘴单侧加热钢板	稳态法	否
2018	J. Kominek 等人[165]	电炉加热钢板	非稳态法	有

1982 年，R. Jeschar[154]使用管式炉加热试样采用稳态传热的方法研究，另用电阻加热的方式对 20 mm×20 mm×6 mm 的试样进行非稳态传热研究。两者都是用规格较小的试样进行传热实验。

1998 年，重庆大学文光华等人[155-156]利用一个静态的垂直平板，研究其 1100~700 ℃的降温过程，系统地对攀钢板坯连铸机上使用的喷嘴进行了热态性能的测定，获得了这些喷嘴在不同水量和气量下传热系数随铸坯表面温度的变化关系。

2004 年，美国喷雾系统公司 Kristy Tanner 等人[157]利用马弗炉加热面积较小的铸坯试样，分析高于莱顿弗罗斯特温度过程中，气雾射流的冲击压力，速度及粒径对其冷却的传热曲线，近距离观察膜态沸腾状态，观察冲击速度是如何影响局部冷却的。

2005 年，布尔诺理工大学 J. Horsky 等人[45,158]利用移动的小车上布置气雾喷嘴及支撑辊，模拟连铸二冷的冷却过程，实验实现了 1250 ℃的表面温度，在实验数据的基础上，建立了气雾喷雾的传热关系式，以描述不同工况下的传热效果对喷雾冷却换热系数的影响。

2010 年，美国伊利诺伊大学 B. G. Thomas 等人[159-160]用感应加热的方式加热被冷却表面，使得被冷却表面的温度控制在 200～1200 ℃范围内，用气雾喷嘴进行冷却达到和连铸二冷钢坯一致的工况操作条件，提出了测量金属表面稳态热流密度的方法，该方法的核心是平衡金属的感应加热与沸腾换热之间的关系。

2011 年，奥地利西门子奥钢联钢铁科技有限公司 F. Ramstorfer 等人[161]在布尔诺理工大学建立热态测试平台，该冷却面是一个 600 mm×320 mm×30 mm 的测试板，18 个热电偶被嵌入测试板，距离测试面为 2.5 mm。测试板的顶部是绝热的材料，底部是气雾冷却喷嘴，喷嘴安装在一个可移动的小车上，小车由电机控制，达到移动喷嘴进而分析动态传热的目的。

2012 年，郑州大学的刘兵等人[162]利用天然气并配以空气助燃作为热源，对大钢坯试样一侧加热使其温度达到实际连铸二冷区板坯温度，在试样另一侧进行喷水冷却的实验方法，模拟连铸二冷区喷嘴喷水对板坯的冷却过程。实验结果表明：无论哪种形式的喷嘴，随着喷水压力的增大，传热系数都在增大，也有部分研究者[163-164]利用烧嘴单面加热的方式来研究连铸二冷局部传热过程。

2018 年，布尔诺理工大学传热和流体流动实验室 J. Kominek 等人[165]将测试板一侧布置热电偶，另外一侧用移动的气雾喷嘴进行冷却。实验研究了冷、热两阶段冷却强度分布的均匀性。在第一阶段（冷实验），使用透明容器观察水流和水的分布。第二阶段（热实验）采用钢板进行冷却实验。利用红外摄像机记录了样品非冷却侧的温度分布，研究了冷却均匀性。

综上，连铸二冷喷嘴热态传热性能实验的加热装置主要有燃气加热、感应加热、电阻加热和红外加热。其中，感应加热会干扰喷水冷却，需要充分的考虑试样的大小；电阻加热需将试样直接通入电流，在稳态加热的情况下不安全；红外加热一般最高温度为 850 ℃，低于生产中二冷段的温度；燃气加热[166-167]不仅污染环境，而且能源使用效率极低。所以在实验过程中，要充分考虑试样的大小及所选用的实验方法（稳态法和非稳态法），才能达到实验目的。

对于气雾射流的换热研究最多的还是静止表面的冷却，即研究的冷却表面为固定不变的，而实际连铸二冷的铸坯热表面是运动的，即随着时间的变化，空间位置是变化的，铸坯边界条件是周期性变化的，目前，对于周期性冷却过程国内外研究较少，周期性换热带来的传热影响目前还未有人研究。同时，在实验室研究中使用了较薄的或者具有较短冷却时间的冷却试样，导致冷却对象在高温范围内测量的数据量短缺。由于测量数据较少，测量误差变大，使用较厚的样品并更接近实际冷却条件变得至关重要。

对于连铸二冷过程的气雾射流传热，必须通过传热实验来获取实验结论来预测喷雾冷却的传热效果。然而，由于铸坯温度非常高，符合连铸喷雾冷却过程的实验数据往往是十分稀缺的。本书针对现代连铸广泛采用的二冷区气雾射流冷却传热过程展开研究，建立高效连铸气雾射流传热实验平台，从沸腾传热效果来探讨气雾射流冷却的传热机理。

2.6 主要研究的内容及创新点

2.6.1 研究内容

为了实现高效连铸二冷区气雾射流冷却规律和传热机理的认识，本书分别应用和开发了大量分析方法和实验技术。着眼于定量获取连铸二冷的热边界条件角度出发，建立满足不同测试要求的气雾冷却传热测试平台。通过对气雾射流参数和涉及喷射雾滴参数的表达，定量认识连铸二冷喷嘴的气雾特性。随后将在不同实验台获取的冷却试样温度测量数据和导热反问题算法相结合，计算获取测试对象表面的热流密度，将试样表面的热流密度表示为表面温度的函数来确定气雾射流冷却热表面的沸腾曲线。通过改变不同气雾射流参数，进而获取冷却表面的准则数方程，建立射流参数和热边界条件的对应关系，进而定量认识并设计连铸二冷传热过程。本书将从以下几个方面展开研究。

第 1 章和第 2 章为绪论和文献综述，主要介绍课题的研究背景、目的、内容和意义。通过对连铸二冷、气雾射流和宏观与微观铸坯表面的沸腾传热特性曲线等方面的文献充分调研的基础上确定了本书的主要研究内容。

第 3 章为高效连铸气雾射流传热实验平台的设计与建立过程。本书中介绍了自主设计并搭建的高效连铸气雾射流传热实验平台，基于气雾射流参数研究、周期性换热研究、连铸二冷实际过程的连铸阵列喷射冷却研究，开展三类不同实验平台的设计与组织。本书建立的实验平台具有较广泛的适用性，建立的喷嘴测试平台完全满足不同类型喷嘴的测试需要。利用导热反问题数学模型，基于接触式测温满足不同类型热表面的边界条件测量。

第 4 章气雾射流特征研究。气雾射流特性的研究是气雾换热过程认识的先决条件。本书介绍了利用 PIV、LDV 和高速相机等手段对气雾喷嘴特性、喷雾角度、雾滴粒径、水流密度和雾滴喷射速度等气雾射流参数研究的结果。用图像校正法对雾滴粒子的直径和分布进行有效的识别和统计。

第 5 章雾滴沸腾形貌研究。基于可视化的方法，揭示了液滴参数和表面参数对毫米/微米级单液滴和液滴流在撞击金属热表面上形貌变化和液滴动态 Leidenfrost 温度的变化规律，最后通过建立传热数学模型计算液滴撞击热表面的传热变化。为后续研究提供理论依据，对进一步掌握喷雾冷却机理具有积极的意义。

第 6 章主要涉及导热反问题的建模及验证。本书利用埋入式浅表层热电偶测量的温度历程，采用导热反问题模型计算表面热流。基于实验平台不同的实验对象，构建平板与空心圆柱体传热反问题数学模型。通过再现已知模型的热流，对导热反问题模型的精度进行了评估和验证。

第 7 章气雾射流作用下铸坯传热特性研究。开展平板、周期性换热和连铸二冷阵列喷嘴的实验室模型研究，构建了气雾喷射特征与铸坯温度场边界条件的定量关系，为连铸二冷过程设计及动态控制的准确性、可靠性，及运行的稳定性提供支撑。

第 8 章为全书总结与展望，该部分论述了全书主要结论。

2.6.2　创新点

本书创新点有：

（1）根据高效连铸二冷传热特点，建立高效连铸气雾射流动态传热实验平台，并实现平台设计的科学性、合理性。建成该领域先进的连铸二冷过程模拟实验平台，为连铸的技术创新提供科学的实验支撑。

（2）基于先进的测量手段对气雾射流过程的喷射速度及粒径分别进行了不同工况的对比研究，将其对气雾喷嘴冷态特性的理解带入到传热实验中，并通过实验予以证实并展现出来，为国内钢铁行业中气雾射流传热的应用提供详细的参考。

（3）通过对实验对象静止、周期性换热过程及连铸喷嘴阵列的换热过程的实验，获取不同气雾射流特征的传热规律及准则数方程。

2.7 本章小结

本章首先介绍了连铸发展的趋势，连铸二冷的重要作用以及连铸二冷过程中的控制要求，进而引出对温度控制的关注，其次分析概述了连铸二冷传热过程，气雾冷却的优点，指明气雾特性对传热的重要影响作用，随后，对气雾射流特性进行概述，总结了目前对气雾射流重要参数（粒径和速度）的分析手段，最后阐明目前对连铸二冷传热研究的实验方法。综上，提出了本书的研究内容及创新点。

3 高效连铸气雾射流传热实验平台的设计与建立

由于在连铸机上直接进行气雾射流传热实验研究，具有成本高，操作复杂且有些不可操作性等特点，所以在实验室进行物理模拟，搭建实验台有着突出的优点和意义。根据连铸气雾冷却的工业过程特点，建立高效连铸气雾传热的平台。平台由气雾射流管路系统、气雾射流测试系统、雾滴沸腾形态捕捉系统和气雾射流作用下铸坯热过程模拟与测试系统四部分构成，各部分组成及相互关系如图3-1所示。气雾射流管路系统保证气雾射流的产生和运行状态；气雾射流测试系统则对所产生的气雾射流进行雾滴粒径、速度及其分布的测试，以及相应喷嘴特性参数的测试研究；雾滴沸腾形态捕捉系统主要开展单液滴或液滴束撞击热平板的沸腾形貌研究；气雾射流作用下铸坯热过程模拟与测试系统，一方面模拟气雾射流冷却条件下铸坯热过程，另一方面进行铸坯传热特性测试和研究，这是实验研究平台的核心，根据实验对象的几何结构及其运动状态不同，先后设计制作了平板热过程模拟与测试系统、模拟铸坯周期性换热过程的旋转空心圆柱体热过程模拟与测试系统和阵列式排布的多喷嘴换热研究系统。本书分别对气雾射流作用下静止平板内部热过程和旋转柱体内部热过程进行表征和研究，探讨连铸二冷区铸坯在气雾射流冷却条件下的传热特性和机理；多喷嘴阵列冷却系统是一个相对独立的系统，主要是基于铸机喷雾系统设计开展多喷嘴的传热实验研究。

3.1 气雾射流管路系统

气雾射流管路系统如图3-1（a）所示，实物照片详见图3-2，该系统主要由水路系统和气路系统两部分组成。

水路系统主要包括：水泵（满足流量和扬程要求的单级漩涡水泵）、变频器、水箱、质量流量计（JHLWGYB-10-25F 智能型涡轮流量计，范围 0.2～1.2 m^3/h，精度±0.5%）和水压表（耐震压力表，范围 0～1.20 MPa）组成。

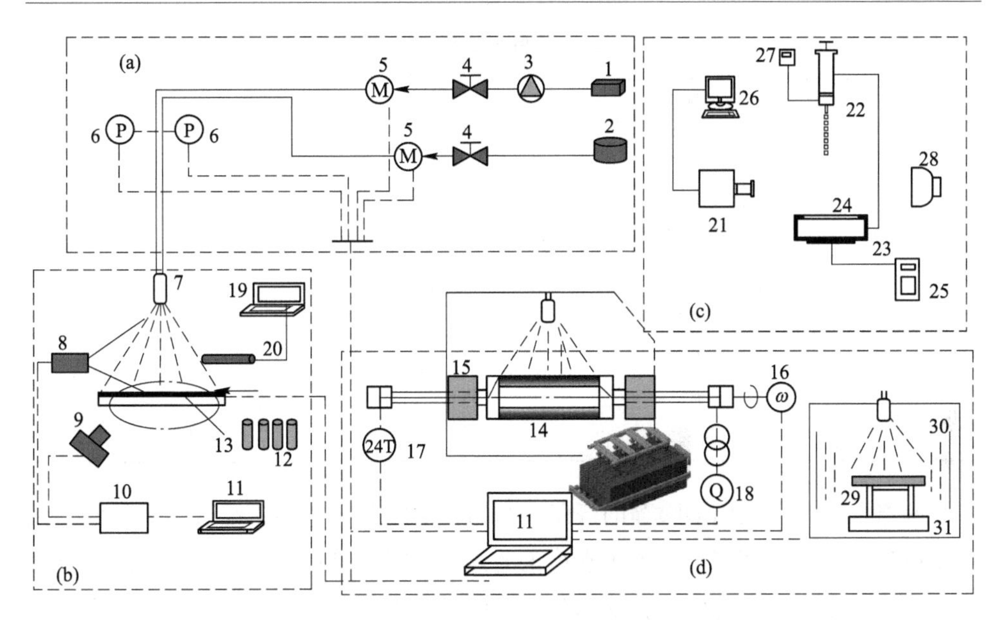

图 3-1 高效连铸气雾射流传热实验研究平台构成示意图

（a）气雾射流管路系统；（b）气雾射流测试系统；（c）雾滴沸腾形态捕捉系统；（d）气雾射流作用下铸坯热过程模拟与测试系统

1—水箱；2—气源；3—水泵；4—调节阀；5—流量计；6—压力表；7—喷嘴；8—激光发射装置（PIV）；9—CCD 相机（PIV）；10—同步器（PIV）；11—计算机（PIV）；12—雾滴收集器；13—测试平面；14—热模拟介质；15—支承辊；16—旋转装置；17—热电偶；18—加热功率控制器；19—计算机（LDV）；20—LDV；21—高速摄像机；22—雾滴生成器；23—加热平台；24—热金属表面；25—温度控制显示仪；26—计算机；27—流量监控器；28—LED 冷光源；29—冷却平板；30—电阻炉；31—耐热支架

气路系统主要包括：空气压缩机（参数见表 3-1）、稳压罐（具体参数见表 3-2）、质量流量计（JHLWQ-25 智能涡轮流量计，范围 0. 175～17. 5 m^3/h，标态）和气压表组成。

表 3-1 空气压缩机参数表

参数名称	参 数 值
排量/$m^3 \cdot min^{-1}$	0. 97
转速/$r \cdot min^{-1}$	960
额定排气压力/MPa	0. 80
匹配功率/kW	7. 5
外形尺寸/mm×mm×mm	1450×500×1000
重量/kg	180

表 3-2 储气罐参数表

参数名称	参数值
设计压力/MPa	0.70
耐压实验压力/MPa	1.00
最高设计压力/MPa	0.70
容积/m^3	3
设计温度/℃	100
主体材料	Q245R
工作介质	空气
容器净重/kg	655

两路系统分别接扇形喷嘴的气路和水路，两路系统作用后经过 1.2 m 混匀段经喷口喷出。将该喷嘴垂直置于水箱正上方，气雾液滴喷入水箱，再用水泵将过滤后的水打到水路系统中，如此循环。在此过程中，为保持水压平衡，在水路系统设置旁通管。需要注意的是，在气雾射流流场测速过程中，为了避免液滴撞击水面反弹，防止液滴形成负向速度影响流场，在水箱中部敷设两层细网阻碍液滴反弹。

气体、液体输送管道使用不锈钢管连接，然后用 DN25 三通波纹管连接水箱和水泵。在气体流量计和液体流量计的出口处安装止回阀，防止水倒流损坏质量流量计。在水箱循环水泵入口设置过滤网避免杂质的进入。

本实验平台选取了国内板坯连铸机常用的工业用扁平气雾喷嘴，图 3-2（c）和（d）为该气雾喷嘴的外部尺寸，喷嘴主要技术参数见表 3-3。

表 3-3 气雾扁平喷嘴技术参数

参数名称	参数值
最大的进水压力/MPa	0.60
最大进气量/$L \cdot min^{-1}$	7.45
最大进口压力/MPa	0.30
喷射角度/(°)	90
喷嘴口内孔的长度尺寸/mm	11.4
喷嘴口外孔的长度尺寸/mm	18.7
喷嘴口内孔的宽度尺寸/mm	2.0
喷嘴口外孔的宽度尺寸/mm	3.4

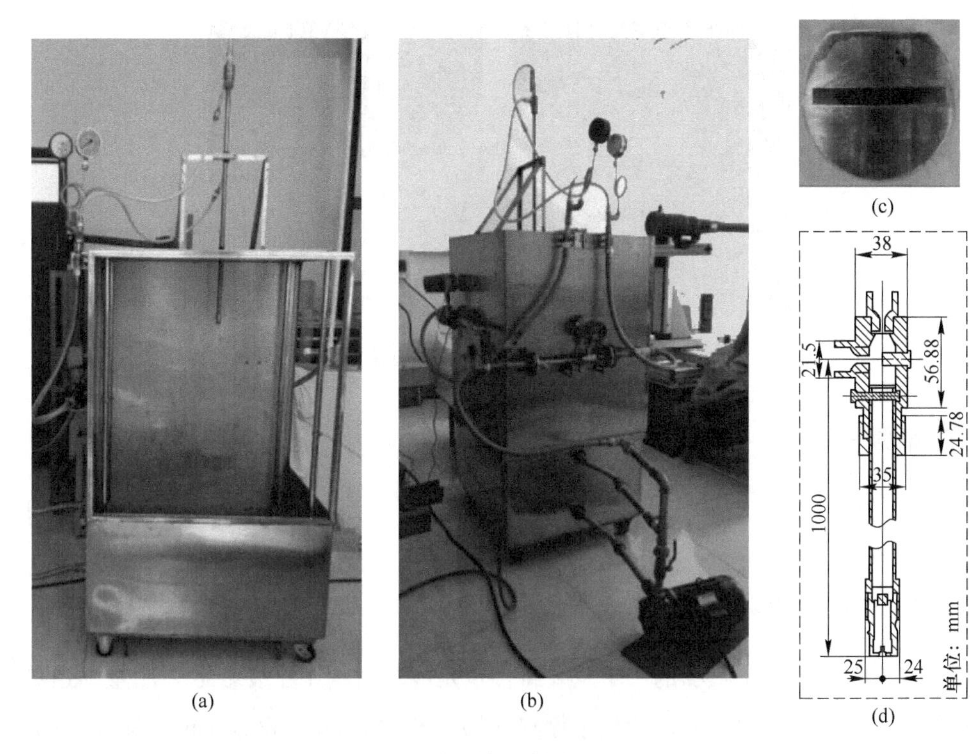

图 3-2　气雾射流管路系统图

（a）气雾射流管路系统主视图；（b）气雾射流管路系统侧视图；（c）喷嘴的剖面图；（d）喷口正视图

3.2　气雾射流特性测试系统

影响气水雾化效果的因素，主要由两个方面决定，一方面是喷嘴内部结构决定的，不同内部结构的喷嘴射流效果不同；另一方面由充入喷嘴的气压水压、气流量、水流量以及喷射距离等因素决定。这些因素通过雾滴速度、雾滴粒径、喷射角度和流量分布等表现出来，进而这些因素影响热表面换热效果。所以本研究依次对喷雾过程的喷射角度、水流密度、雾滴粒径、雾滴速度分别进行研究。

3.2.1　喷射角度测量方法

喷射角为喷嘴出口处液雾边界切线间的夹角。因实验用喷嘴为扁平扇形喷嘴，且该喷嘴出口为内凹结构，故射流出口处不是射流角度的顶点位置，为计算准确，在计算过程中选取距离喷口高度 H，获取射流覆盖宽度 L，如图 3-3 所示。

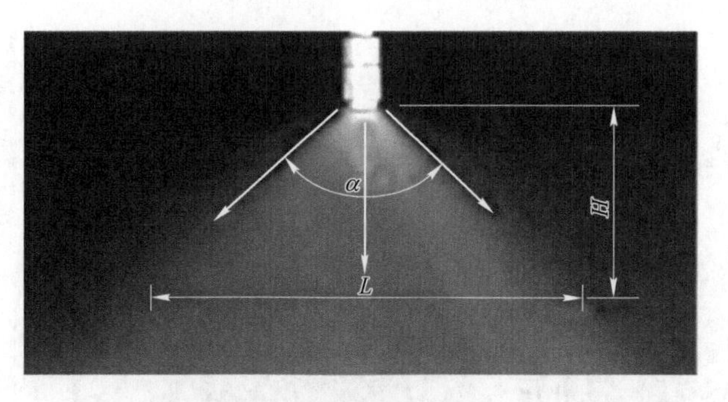

图 3-3　喷射角度测量方法

根据三角关系求得喷射角度 α，即：

$$\alpha = 2\arctan\left(\frac{L}{2H}\right) \tag{3-1}$$

3.2.2　水流密度测试方法

水流密度分布是喷嘴的一个重要特性也是冷却过程中主要参数。测量到达热表面的水流密度，本实验使用格子栅集水槽（长 452 mm、宽 80 mm、高100 mm、每个格子的间距 8 mm、格子厚 2 mm）采集，计算单位时间得到的射流所覆盖的各个格子的平均水流密度，其测试示意图，如图 3-4 所示。实验数值结果使用三次重复实验结果取平均值得到。

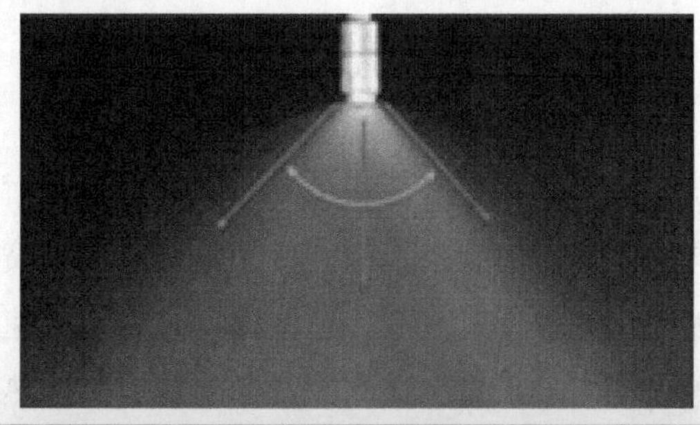

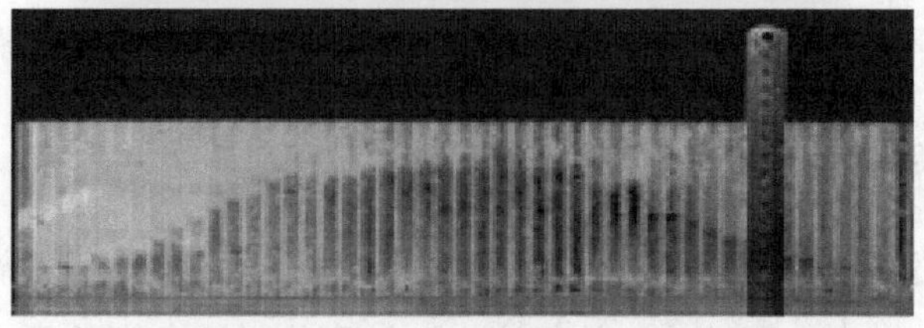

图 3-4　水流密度测试示意图

3.2.3 雾滴粒径检测方法

本书针对连铸二冷气雾射流雾滴粒径的检测，提出了光学成像法。该方法以图像校正为基础，构建了雾滴畸变图片的自动校正方法，有效地解决了图像法在拍摄时正投影方向难以确定的问题。通过用 Matlab 编写图像处理程序，用几何校正、二值化、中值滤波等方法对图片进行处理，并对雾滴粒径进行识别。同时，使用已知粒径的单液滴发生器检验了此方法在拍摄和处理图片时的精确性和可靠性。该方法实现了连铸二冷气雾液滴粒径分布和不同工况下平均粒径的检测。

该方法的基本原理主要包括两个部分：一部分通过 CCD 相机对激光照亮区域内颗粒进行成像，获得颗粒图像；另一部分对颗粒图像进行分析，得图片分块并二值化，基于标准靶盘图像，计算投影矩阵，几何校正、图像平滑和去噪处理，得到颗粒图像的尺寸分布。

雾滴粒径测量实验装置如图 3-5 所示，由气雾发生系统、激光发生系统、图像采集与处理系统三个系统组成。其中，气雾发生系统在 3.1 节已论述；激光发生系统由功率为 120 mJ/Pulse，脉冲持续时间 3~5 ns 的激光发射器和透镜组成，最终产生厚度为 2 mm 的扇形激光光片；图像采集与处理系统由高速摄像机、定焦镜头和一台电脑组成，其中高速摄像机，型号：HISPEC-5，像素为 1696×1730，单位单元尺寸为 12.8 μm×12.8 μm，快门速度为 1/5000~1/20000 s，为了增大单位单元尺寸，减小查询区域，配尼康微距 200 mm f/4D IF-ED 镜头（直径为 76 mm，镜头长度为 193 mm，重量为 1190 g）。本实验测量系统的观测区域大约为 25 mm×25 mm，焦距和视场根据需要实时调节。

上述雾滴的检测原理和方法需要用已知粒径的对象对其进行检测。方法一：选用已知粒径范围的空心玻璃珠，在水中投放，用上述方法进行检测；方法二：用已知粒径的单液滴发生器进行检测，如图 3-6 所示。

图 3-6 为单液滴流发生器，型号：MDG100E，能够生成液滴粒径大小一致的单液滴流（50~300 μm）。它利用压电共振理论设计而成，压电陶瓷片输入正弦电压信号产生震动，根据瑞利理论使喷射液柱崩解成均匀的液滴，通过改变流量和频率来改变液滴的直径，发生每个表面波周期分解为单一液滴，常用于基本液滴研究，如蒸发、燃烧、悬浮和表面相互作用，还用于各类仪器的检定和校准检查。

单液滴发生器产生的液滴直径 D 的大小与流量和频率有关，为：

$$D = 317\left(\frac{Q}{f}\right)^{\frac{1}{3}} \tag{3-2}$$

式中　Q——压力泵产生的流量，mL/min；

f——频率发生器频率，kHz。

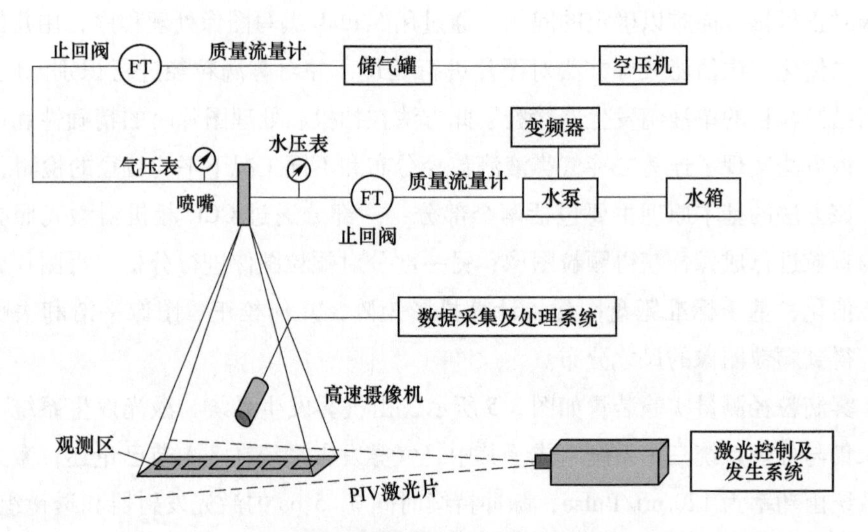

图 3-5　雾滴粒径测量系统示意图

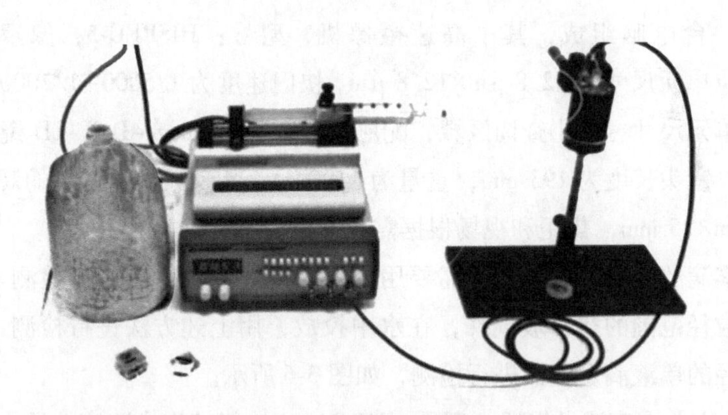

图 3-6　单液滴流发生器

3.2.4　PIV/LDV 测速方法、原理及比较

本研究用粒子图像测速仪（PIV）及激光多普勒测速仪（LDV）两种方式对气雾射流雾滴速度进行研究，气雾射流测速的示意图如图 3-7 所示。PIV 和 LDV 的组成及参数见表 3-4 和表 3-5。

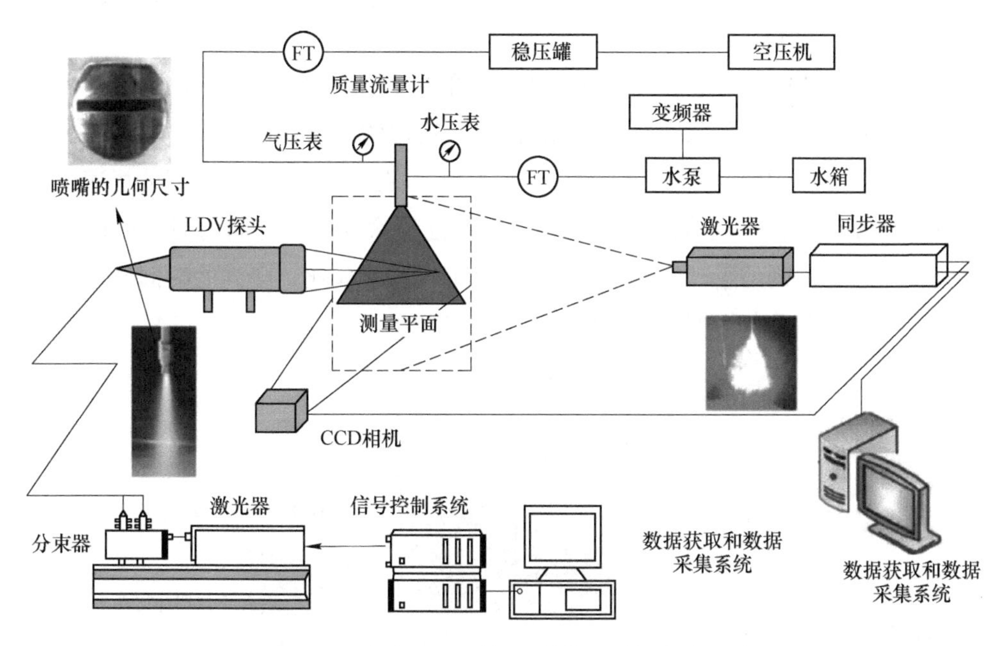

图 3-7 PIV 和 LDV 对气雾射流速度研究示意图

表 3-4 PIV 主要组成及参数

设备	功能及参数
脉冲激光器	采用美国 NewWave 公司的 Solo 系列，Nd：YAG 激光器，波长 532 nm、输出功率 120 mJ/Pulse、脉冲频率 15 Hz、脉冲持续时间 3~5 ns，功率和持续时间可以自主调节
CCD	PowerView 2M 自相关/互相关摄像机，分辨率 1660×1220
同步器	型号：610034，工作方式：计算机控制
图像采集及数据处理软件	软件名称：Insight-5s，软件功能可实现数据的存储、采集、显示，可以在线显示速度场，并可对图像进行矢量处理

表 3-5 LDV 主要组成及参数

设备	功能及参数
氩离子激光器	具有多个波长，其中波长 514.5 nm（绿色）和波长 488 nm（蓝色）的两色最强
多色分束器	包含六个光路耦合器，将激光器发射的一束激光，分成六束激光，两蓝色，两绿色，两紫色。型号：9869-750，焦距：758 mm
三维光纤探头	激光分束后，由探头的不同位置发出，透镜作用后，汇聚在一点
光电接收器、信号处理器	激光测得的多普勒信号，由光电接收器接收，转入信号处理器处理后，得到被测速度
控制软件	Flowsizer
三维坐标架	光纤探头的支撑架，可以三个方向移动，可手动和自动控制，移动平稳精确

3.2.4.1　PIV 原理

PIV 是一种速度测量仪，该技术基于图像中“示踪粒子”的流动信息来获得流场的信息。在理想的状态下，“示踪粒子”均匀的布散在流场中，能够完全跟随流体的流动，它们的存在不应改变流动性质。在这种情况下，局部流场速度可以通过测量多个颗粒图像的流体位移，并将位移除以曝光之间的时间间隔来测量。为了获得准确的瞬时流速，与流动中的时间尺度相比，曝光的时间间隔设置和 PIV 传感器的空间分辨率应足够小，如图 3-8 所示。

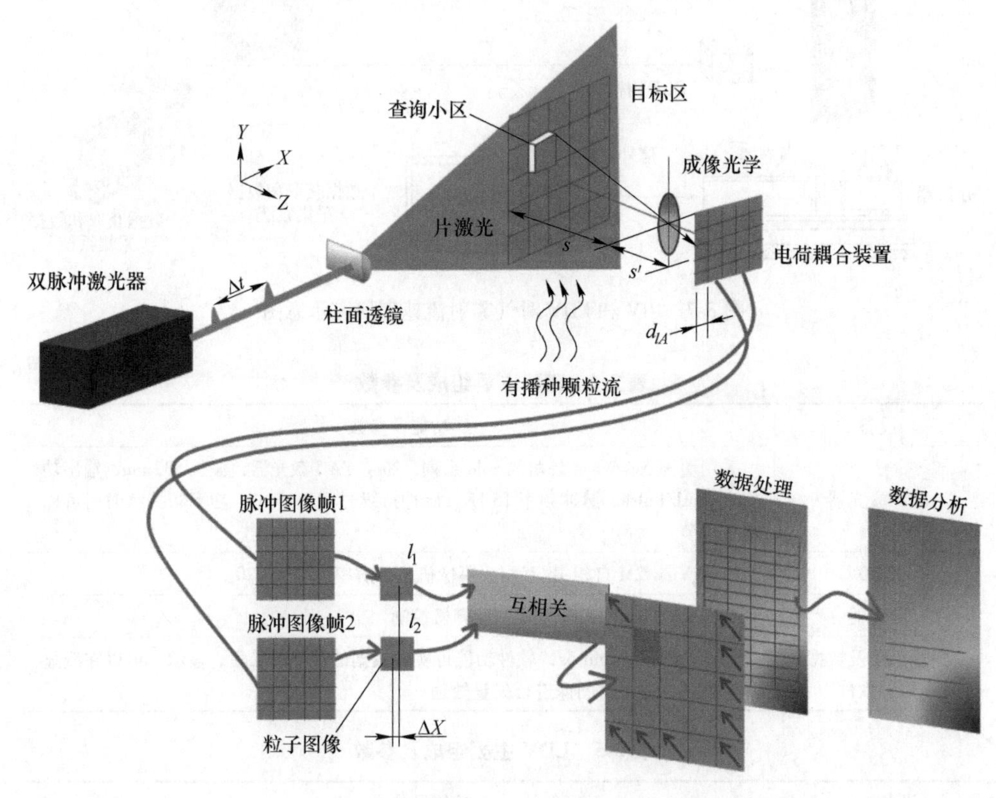

图 3-8　PIV 原理图

通过脉冲光片照亮已加示踪粒子的流场截面，使用垂直于片光源的 CCD 摄像机记录流场中示踪粒子的多个图像，并分析图像中粒子的位移信息。记录下来的图像被分成若干个小的子区域，这些区域的尺寸决定了测量精度的空间分辨率，该子区域称为判读小区。判读小区可以相邻，或者与相邻区域有部分重叠。

PIV 技术中常用的速度提取的算法从原理上可以分为杨氏条纹法、自相关法和互相关法等。其中杨氏条纹法和自相关法在速度方向的判断上存在二义性问题，因此在 PIV 使用的过程中基本采用互相关算法。

PIV 技术可顺序获取两幅或者多幅数字粒子图像，于是，粒子的位移可以从一幅图像到另一幅相对应的图像，经过互相关计算得到。顺序获取的两幅图像中，相同位置的查询小区的函数 $f(x, y)$ 和 $g(x, y)$，他们间的互相关函数如下[168-172]：

$$R_{fg}(\Delta x,\Delta y)=\iint f(x,y)g(x+\Delta x,y+\Delta y)\mathrm{d}x\mathrm{d}y \tag{3-3}$$

式中 Δx，Δy——粒子图像在水平和垂直上的位移。

式（3-3）反映了 $f(x, y)$ 和 $g(x, y)$ 函数间相互匹配的程度。其离散形式如下：

$$R(n,m)=\sum_{x=0}^{M-1}\sum_{y=0}^{N-1}f(X,Y)g(X+n,Y+m) \tag{3-4}$$

式中 n——1，2，3，…，$N-1$；

m——1，2，3，…，$M-1$。

3.2.4.2 LDV 原理

多普勒测速仪的原理，先从多普勒现象出发，当已知频率的激光照射到运动的微粒上，粒子接收到的光波频率与光源频率会有差异，其增减的多少与微粒运动的速度以及照射光与速度方向之间的交角有关。

如果用一个静止的光检测器来接收运动微粒的散射光，那么观察到的光波频率就经历了两次多普勒效应。下面推导多普勒总频移量的关系式，设光源 O，运动微粒 P 和静止的光检测器 S 之间的相对位置如图 3-9 所示。照射光的频率为 f_O，粒子 P 的运动速度为 U。根据相对论变换公式，经多普勒效应后粒子接收到的光波频率为[173-181]：

$$f'=f_O\frac{1-\dfrac{U\times e_O}{c}}{\sqrt{1-\left(\dfrac{U\times e_O}{c}\right)^2}} \tag{3-5}$$

式中 e_O——入射光单位向量；

c——介质中的光速，m/s。

展开式（3-5），当 $U\times e_O$ 远远小于 c 时，可近似式为：

$$f_s=f_O\left(1-\frac{U\times e_O}{c}\right)\left(1+\frac{U\times e_O}{c}\right) \tag{3-6}$$

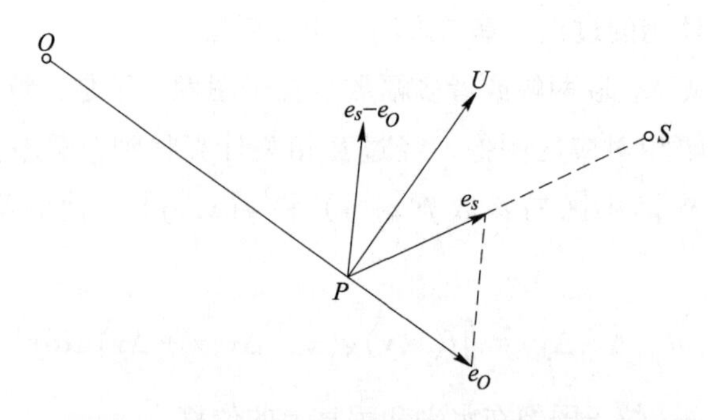

图 3-9　光源、微粒和光检测器之间的相对位置

式（3-6）为静止光源和运动的粒子条件下，经过一次多普勒效应的频率关系式。运动的粒子被静止的光源照射，就如同一个新的光源一样向四周发出散射光。当静止的探测器从某一个方向上观察粒子的散射光时，由于它们之间又有相对运动，接收到的散射光频率又会同粒子接收到的光波频率不同，其大小为：

$$f_s = f_O\left(1 + \frac{U \times e_s}{c}\right) \tag{3-7}$$

式中　e_s——粒子散射光的单位向量。

$\frac{U \times e_s}{c}$ 前取正号是因为选择 e_s 向量由粒子朝向光检测器，将式（3-6）代入到式（3-7）中，在 $|U| \ll c$ 条件下忽略高次项，可得到经历两次多普勒效应后的频率关系式：

$$f_s = f_O\left(1 - \frac{U \times e_O}{c}\right)\left(1 + \frac{U \times e_s}{c}\right) \tag{3-8}$$

$$f_s = f_O\left(1 - \frac{U \times e_O}{c} + \frac{U \times e_s}{c} - \frac{U \times e_O}{c}\frac{U \times e_s}{c}\right) \tag{3-9}$$

$$f_s = f_O\left[1 + \frac{U \times (e_s - e_O)}{\lambda}\right] \tag{3-10}$$

它与光源频率之间的差值称为多普勒频移 f_D，即：

$$f_D = |f_s - f_O| = \frac{1}{\lambda}|U \times (e_s - e_O)| \tag{3-11}$$

式中　λ——介质中的激光波长，如果粒子是在空气中，通常可以用真空中的波长 λ_O 来代替[170-178]。

由式（3-11）可知，如果已知光源，粒子和光检测器三者之间的相对位置，

只能确定速度 U 在 $e_s - e_O$ 方向上的投影大小。显然，单有一种固定的相对位置是不可能确定平面速度的向量的。在多数的情况下，速度的方向常常是已知的。光路的布置很重要，要将入射光、散射光和粒子速度方向布置成如图 3-10 所示，就可以得到最简单的形式的多普勒频移表达式：

$$f_D = \frac{2\sin\theta}{\lambda}|U_y| \tag{3-12}$$

式中　U_y——速度 U 在 y 方向的分量；

　　θ——入射光和散射光向量之间的半角。

只要 θ 和波长 λ 给定，多普勒频移与速度就呈线性关系。

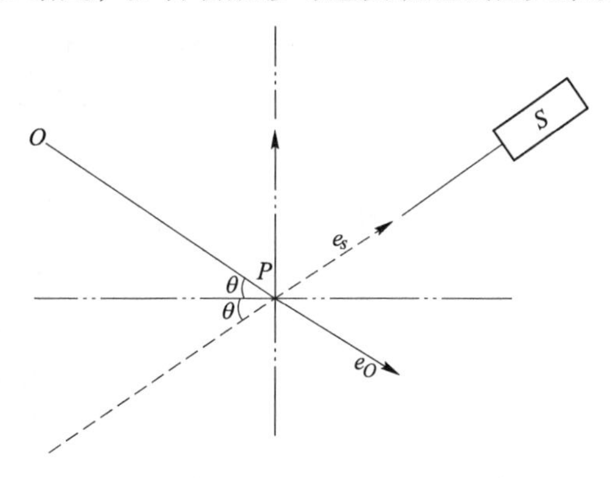

图 3-10　特定的光源、粒子和光检测器的位置

基于以上多普勒原理，即多普勒频移与粒子速度呈线性关系，多普勒测量仪测速的原理就利用这点。以差动多普勒干涉原理为例，如图 3-11 所示。来自激光器的两束照明光由透镜聚焦于一点（测量体上），从测量体即运动微粒发出的光被聚焦到光电检测器上。两部分散射光达到检测器，差拍后得到和两个散射角相对应的多普勒频移。两束光相交的区域存在干涉条纹，当粒子通过干涉条纹时，粒子被明暗交替地照明，光电检测器上就产生了光强的变化[173-181]。

其中 k 为两束入射光夹角的半角，粒子以速度 v 运动；v 与条纹平面法线的夹角为 β。根据光的干涉理论，条纹间距为：

$$d_f = \frac{\lambda}{2\sin k} \tag{3-13}$$

则粒子穿越明暗条纹的频率可以计算：

$$f = \frac{1}{t} = \frac{v\cos\beta}{d_f} = \frac{2\sin k}{\lambda}v\cos\beta \tag{3-14}$$

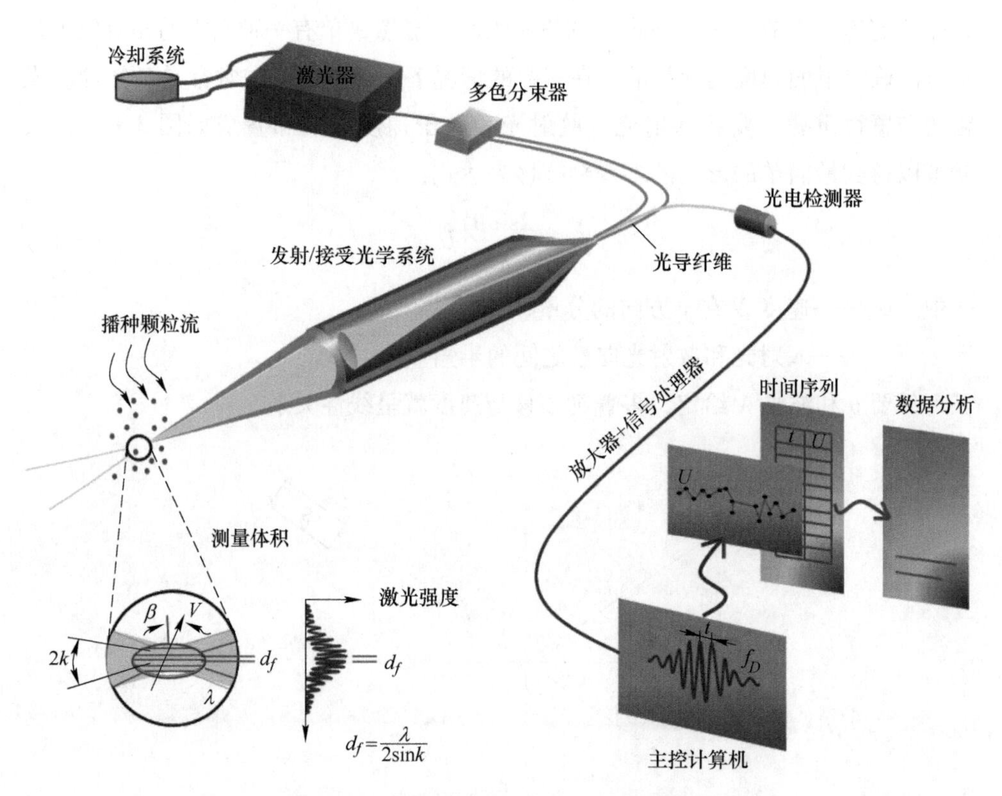

图 3-11　多普勒频移外差检测的基本模式

得到的多普勒频率表达式和式（3-12）具有完全相同的意义。根据式（3-14）可知，差动多普勒技术的多普勒频移只取决于两束入射光的方向，而与散射光的方向无关，这就意味着光接收器可以任意摆放，而且可以用大的立体收集角以提高散射光功率，因而成为差动多普勒技术的一个重要特点和优势，所以目前国际上大多数激光多普勒测速仪都采用这种技术。

对 PIV 和 LDV 的原理及特点进行比较，见表 3-6，本研究充分利用两种测速技术的特点，展开对气雾射流液滴的速度特征的研究。

表 3-6　PIV 和 LDV 原理及特点比较[170-181]

项目	LDV	PIV
输出信号	线性	线性
空间分辨率	典型单点为 100 μm×1 mm，测量统计的尺寸决定了空间分辨率	实现多点测量，分辨率随流场中面积的放大而变化；最大的图像位移给出了空间分辨率

续表 3-6

项目	LDV	PIV
频率失真	具有良好的频率响应	粒子运动在 2 s 内冻结
动态范围；分辨率	选定带宽内多普勒频率的 16 位数字化	取决于亚像素分辨率的粒子位移（典型的 6~8 位）
是否有干扰	否	否
其他参数的影响	否	否
测量方式	时间序列的空间单点测量	在一个瞬时的空间多点测量
速度	时间统计平均	瞬时速度场，或多个速度场平均获得统计平均数据
速度的计算方式	由测量移动已知距离的时间来获得速度	测量已知时间内粒子位移来获得速度
测量优点	测量时间长，实验消耗大	测量时间短，实验消耗小

3.3 雾滴沸腾形态捕捉系统

基于单液滴流撞击表面后的运动过程，设计了如图 3-12 所示的实验平台，更好地实现对单液滴流的下落过程和撞击界面后的形貌变化进行观测，由于单液滴流撞击表面的形貌变化非常迅速，通常为毫秒级，因此实验平台主要由高速摄像机系统、单分散液滴发生器系统、三维坐标架系统和表面材质组成。由单分散液滴发生器系统产生微米级粒径的单液滴流，并通过三维坐标架系统调整单液滴流的下落位置，选取喷雾冷却研究中最广泛的金属表面和目前研究较为匮乏的液膜表面作为表面材质，采用高速摄像机系统记录并分析金属/液膜界面运动和铺展过程的形貌变化。

3.3.1 高速摄像系统

本研究使用的是 HISPEC-5 型号的高速摄像机，为了便于聚焦微米级别的单液滴流，配置尼康 200 mm 的定焦距镜头，如图 3-13 所示。

在使用高速摄像机时要关注拍摄帧率、图像分辨率和曝光时间三个参数。当图像的分辨率提高，拍摄帧率会相应减小，这种情况适合拍摄较大范围的图像；当图像的分辨率较低时，会使拍摄帧率相应提高，曝光时间减小，即相机的进光量减小，此时需要调节定焦距镜头中的光圈变小来补光。曝光时间由补光强度和

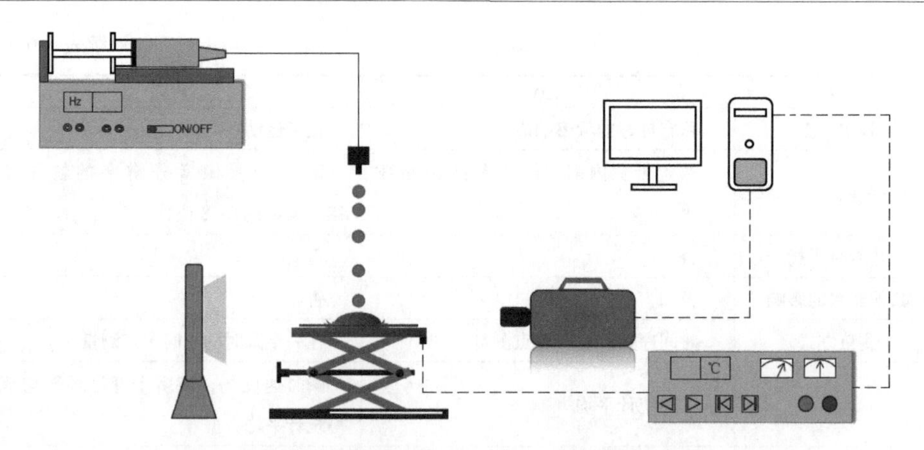

图 3-12　单液滴流撞击金属/液膜实验平台

图 3-13　高速摄像机实物图

液滴速度决定，液滴速度越大，曝光时间越短，需要更强的补光。因此想要获得清晰的图像需要根据拍摄区域和单液滴流的速度不断调整，以达到不同需求的最佳拍摄效果。

图像记录采用高速摄像机的自带软件，图像处理采用 Image-Pro-Plus（IPP）软件。采用此软件进行图像处理具有准确率高、速度快等优点，其功能包括图像灰度处理、图像定量测量、自动批量处理以及自动识别粒子直径并计算其平均粒径等。

3.3.2　液滴发生器系统

本研究使用的是 TSI 公司的单粒度液滴发生器（MDG100E），可以用于测试相位多普勒仪器的运行以及需要单分散液滴的许多其他应用，其工作原理与喷墨打印类似，当液体连续不断地通过微米级小孔来形成射流，以适当频率的方波形式的扰动施加到不稳定射流的逐层，将射流分割成大小均匀的液滴。通过改变激发频率和进口流速产生稳定、均匀的单液滴流。

设备基本参数见表3-7。通过调整液滴发生器的输入频率、压力泵的进口流速以及垫片的孔口直径可以得到相应粒径大小的单液滴流。

表3-7 MDG100E设置参数

液滴直径/μm	孔口直径/μm	进口流速/mL·min^{-1}	输入频率/kHz
52~81	25	0.5	30~110
112~191	50	1.1	5~25
167~241	100	2.2	5~15

单液滴实验时，设备推荐参数见表3-8。

表3-8 单液滴流粒径参数

粒径/μm	进口流量/mL·h^{-1}	频率/kHz
100	66.0	35.04
150	66.0	10.38
200	150.7	10.00
250	133.0	4.51

3.3.3 热表面及液膜的形成系统

液滴冲击热表面是连铸二冷气雾射流冷却铸坯的微观现场，本研究采用金属发热平台来模拟铸坯热表面。本实验采用金属发热平台为TEC700热金属发热平台，该发热平台的最高温度能达到700 ℃，实物图如图3-14所示。该发热平台

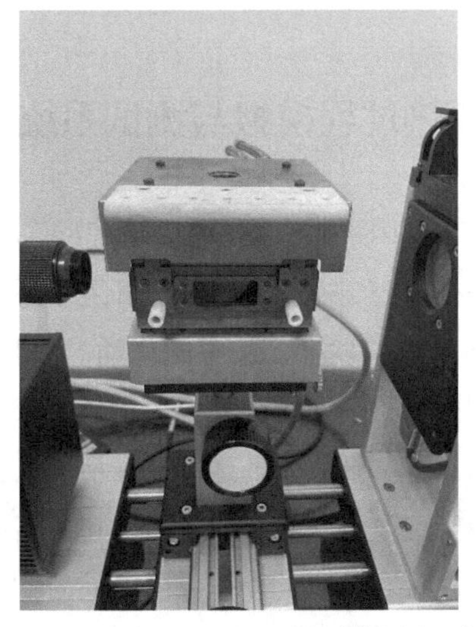

图3-14 金属发热平台

与计算机相连接，可由计算机控制升温，并控制升温速度，最大升温速度可达 1 ℃/s,温控精度可达 0.1 ℃。若需要较高的温度，升温速度过快会出现一定的温度误差。因此，在本实验过程中，在每次设置所需温度之后都会保温 3 min 以上，以确保温控设备显示温度与金属表面实际温度误差达到最小。

经过多次的试验研究发现，不锈钢耐高温，在 LED 冷光源照射下使用高速摄像机能清晰地拍摄到单液滴流的下落和与界面撞击的整个过程。因此，本实验采用抛光的不锈钢金属表面为撞击表面，采用粗糙度 *Ra* 为 0.1~0.8 μm 呈倍数增大粗糙度不同的四种不锈钢板进行试验，实物图如图 3-15 所示，以便观察液滴在不同的粗糙度的金属热表面动力学行为。

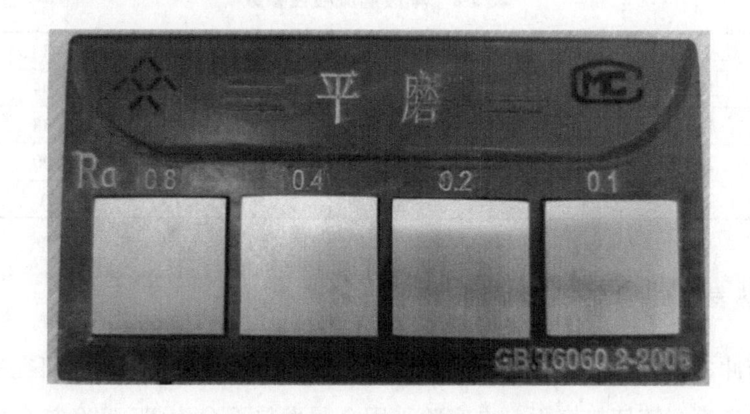

图 3-15　粗糙度不同的表面材质图

3.4　气雾射流作用下铸坯热过程模拟与测试系统

为进一步研究气雾射流参数、操作工艺等因素对连铸二冷区传热的影响，需要对气雾射流冷却过程的传热基本特征进行研究，基于此，组织开展了系列的气雾射流作用下平板传热实验、周期性换热动态实验和多喷嘴阵列动态换热实验。和实际的工业生产相比，实验室物理模型由于不需要中断实际的钢铁生产为其研究带来极大的便利，同时为优化二次冷却工艺和开发新的连铸技术所需的操作参数范围提供了更大的灵活性，把连铸二冷实验过程从液态金属铸造过程转变为实验室冷却高温铸坯过程，有效地避免了使用液态金属的操作风险，同时利用传热反问题对内部测点温度反算，进而展开铸坯界面的传热研究。

3.4.1 气雾射流作用下平板传热实验系统

气雾射流作用下静止平板传热实验装置除上述气雾射流管路系统，还需要铸坯热过程模拟与测试系统。热模拟与测试系统由钢板试样、加热装置、数据采集和炉底自动传动控制装置组成，如图 3-16 所示。

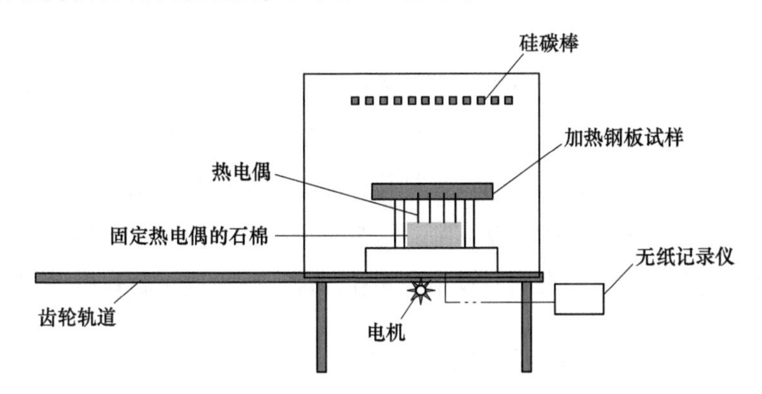

图 3-16 平板传热实验系统示意图

加热装置采用台车式电加热炉（长 1550 mm、宽 1000 mm 和高 1050 mm，电压 380 V，额定功率为 18 kW，额定加热温度为 1300 ℃），炉内加热装置为硅碳棒（12 根，直径为 18 mm，发热段为 400 mm，冷端为 250 mm，热阻 2.3 Ω，有效面积为 226.2 cm^2），用 K 型热电偶测温（镍铬镍硅，测温范围为 0~1300 ℃，单丝直径 0.8 mm，长度 500 mm，补偿导线长度 1200 mm）垂直固定于钢板试样中。实验采用 0Cr18Ni9 不锈钢板材（尺寸为 400 mm×300 mm×16 mm），热电偶布置在接近钢板表面处，从钢板底部钻孔，孔深度均为 14 mm，孔直径为 4 mm，如图 3-17 所示，根据热电偶丝直径选取的陶瓷套管外径为 4 mm。热电偶冷端从炉底经通孔穿出外接无纸记录仪（DMR2100 型无纸记录仪），采集精度为 3‰[219]。钢板试样在电加热炉中加热至设定温度，通过自动传动控制装置，将试样移至喷嘴下，在此过程中钢板覆盖轻质保温棉，直至冷却前移开，在冷却过程中采用挡水装置

图 3-17 热电偶固定方式

用于防护水的飞溅。

在热态实验测试前，应对热电偶的测温误差、测控深度和侧孔位置进行检测：热电偶需要误差检测，采用双极法对热电偶进行检测及校准，送入热电偶检定炉内，同时将控温热电偶从炉口另一端插入，用来实时监测温度场数据。梯级升高炉温，热电偶与炉内温度进行对比，直到准确，才可使用热电偶；热电偶测孔深误差检测：用刚性较强，直径为 2 mm 的钢条，分别标出与热电偶嵌入深度一致的距离，依照三种实验方式，进行依次测量，每个测孔均测量三次，计算其平均值，并记录实验数据；后对实验数据误差进行分析；热电偶测孔位置误差检测：在平板实验过程中，多次测试再打孔；而对于圆筒孔口的位置，由于缸筒车床上加工时严格按照要求的壁厚车削。为减小测孔位置处壁厚之间的差值，在安装热电偶的过程中，需要在壁厚较小的测孔内部，垫设同种材料以增其厚度[182]。

3.4.2　气雾射流作用下铸坯周期性传热实验系统

连铸二冷表面周期的温度回升对铸坯质量有重要影响，其主要原因是铸坯周期性经历气雾射流区、空冷辐射区和接触传热区。如何在实验室里再现这种周期性的传热特征是本研究的一个重要研究内容。本研究忽略高温铸坯与支撑辊间的接触传热，通过转动的高温空心圆筒的局部气雾射流冷却来模拟上述的周期性的传热过程。在前述静止平板传热实验装置的设计与实验基础上，自主设计并制作了周期性热边界条件下铸坯热过程模拟与测试系统，如图 3-18 所示。

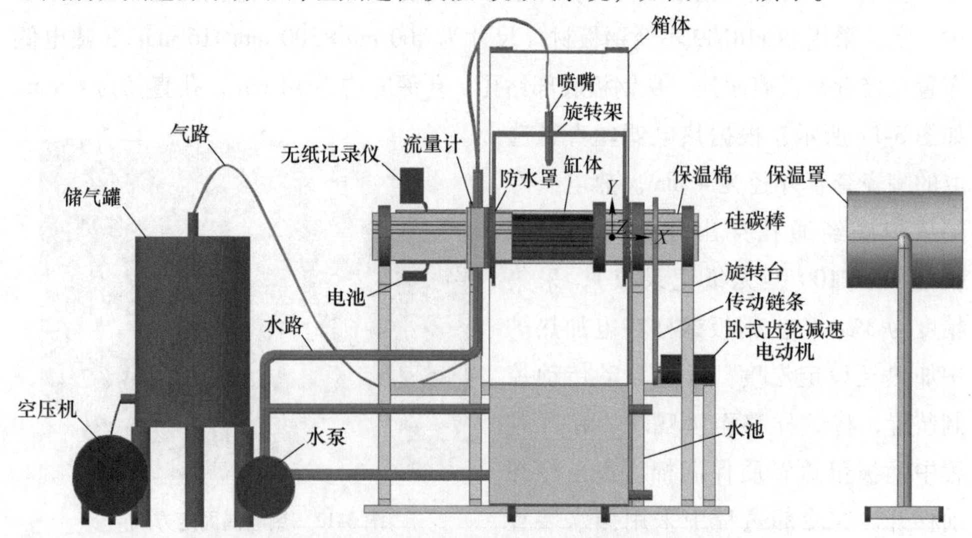

图 3-18　高效连铸气雾射流周期性传热实验研究系统示意图

该系统以空心耐热不锈钢柱体表面为热过程模拟铸坯表面，柱体尺寸长400 mm，内径186 mm，外径216 mm，采用柱体轴心插入的9支硅碳棒（直径为16 mm，发热端长为400 mm，冷端长为250 mm）加热，将其均匀排布于空心圆柱体内部，可保证柱体圆周方向均匀加热。加热柱体的总功率为18 kW，额定加热温度为1300 ℃，温度控制精度±1 ℃；柱体试样材质为奥氏体铬镍不锈钢，在高温下具有很强的耐腐蚀性、抗氧化性、良好的强度和蠕变强度；24支K型快速响应热电偶（测温范围为0~1300 ℃，单丝直径0.8 mm，长度500 mm）沿圆周均匀埋设在柱体中心距外壁面2 mm处（以电火花加工技术，通过侧面打孔到柱体内部，将热电偶安装在距离表面2 mm的位置），柱体24支热电偶的安装位置如图3-19所示；热电偶所采集的温度信号直接输入3台8通道的无纸记录仪中，无纸记录仪最小测量周期为0.1 s，由锂电池直流供电，并将其与空心圆柱体同步转动，保证被测点实时记录温度[183]。

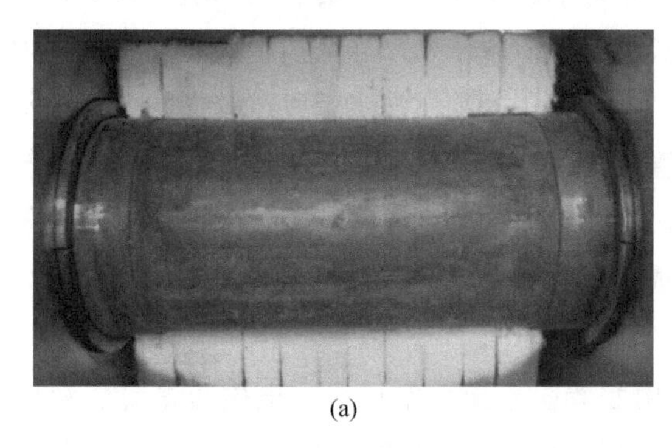
(a)

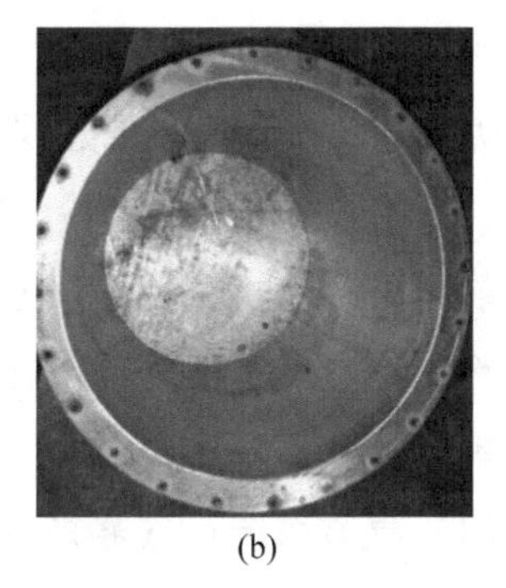
(b)

图3-19　实验柱体及24支热电偶的位置图
（a）实验柱体主视图；（b）热电偶的位置图

加热装置与旋转柱体独立，在柱体旋转时，内部加热装置保持静止。为实现柱体匀速转动，传动装置由链条、驱动柱体、减速电动机、卧式齿轮和调速开关等组成。

通过机械结构与功能设计，将测温系统、加热系统、转动系统和水收集系统集中到一个紧凑的实验平台上，该实验台能够移动，满足快速接入气雾系统，实验周期准备短的特点，适应不同类型喷嘴下周期换热的实验要求[220]，如图3-20所示。

3.4.3　阵列喷嘴射流条件下连铸二冷传热特性实验平台的建立

国内外对气雾冷却的宏观及微观传热过程有较为细致的研究，但是其冷却过程都是基于实验室的缩小平台，忽略了连铸二冷工艺中的喷射阵列的传热影响，

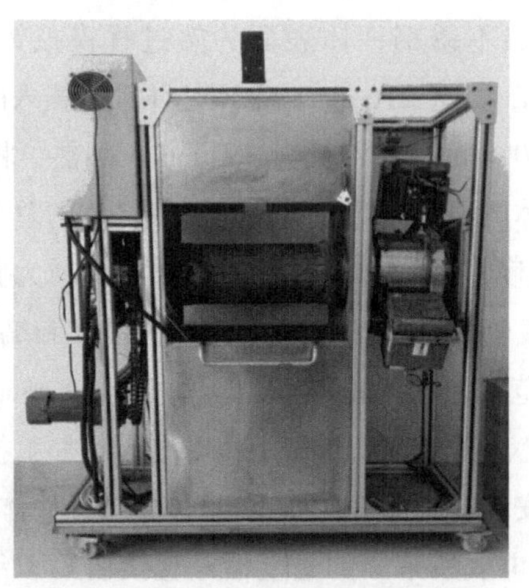

图 3-20　气雾射流周期性传热实验台

同时其气雾射流冷却参数并没有很好的匹配连铸二冷的工艺要求，其研究的手段及目的与实际应用仍有较大距离。本书着眼于未来连铸技术发展，根据国内外专业喷嘴及连铸设备厂家的建议，基于先进的测试技术手段，设计并建立冷却参数可调、通用性好的连铸二冷气雾冷却热态实验台，实现钢坯加热、移动、气雾冷却、数据采集及处理的自动化。连铸二冷区阵列喷嘴射流条件下连铸二冷传热特性实验平台主要由四个部分组成：气雾系统、铸坯加热系统、铸坯冷却系统和数据采集分析显示系统。

（1）气雾系统：气雾系统由水箱、水泵、空压机、电磁流量计、温度变送器、压力变送器、电动调节阀、金属软管和喷淋架等组成。冷却水从水箱中提供给系统，通过阀门来调整所需的流量和压力。用流量计和压力表检测相应参数，并用软件进行控制，如图 3-21 所示。铸坯冷却高压气体与喷淋水参数设定和工艺实现，通过系统控制平台软件完成。

（2）铸坯加热系统：铸坯加热系统由上料小车、电阻加热炉和出料电动推杆等装置组成。200 mm 厚的钢坯试样可以被加热到 1000 ℃以上，然后被设定参数的气雾射流冷却。

（3）铸坯冷却系统：由冷却工位小车、坯料压下装置、往复移动装置、液压站、排水管路、水泵、电磁流量计、温度变送器、压力变送器和排蒸系统等组成。该系统能实现铸坯气雾冷却、模拟铸坯运动、铸坯冷却位置角度调节、冷却水排出和水蒸气排出。

（4）数据采集分析显示系统：由计算机、数据采集箱、K 型热电偶、数据采

图 3-21 连铸二冷气水喷雾系统

集线和数据处理软件包等组成。该系统能够实现铸坯气水工艺参数采集、铸坯待测点温度采集和设备运行参数采集、显示和运算。

连铸二冷传热实验平台设计及现场图如图 3-22 所示，整个系统设计符合如下特征。

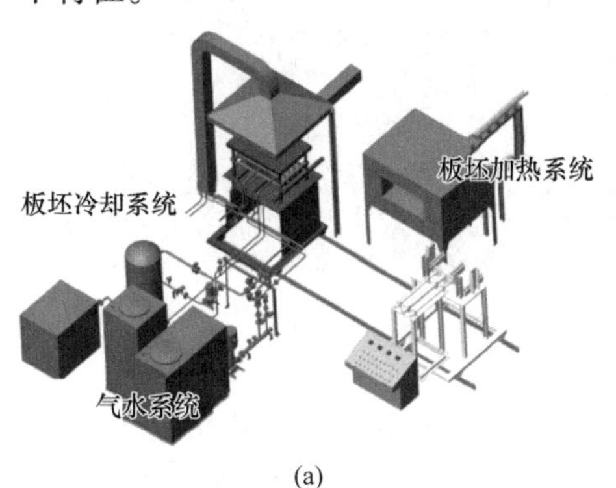

(a)

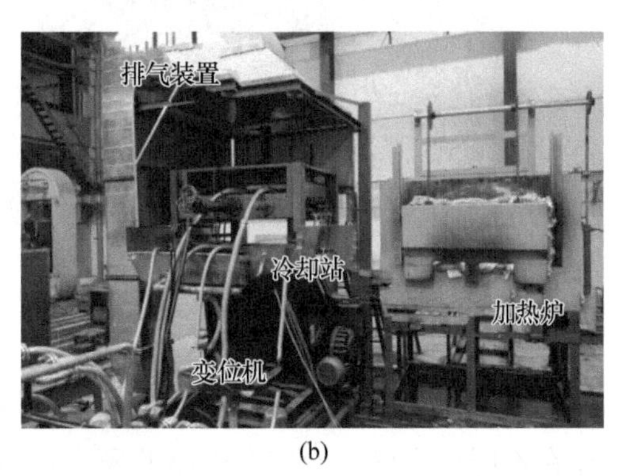

(b)

图 3-22 连铸二冷传热实验平台

(a) 设计图；(b) 现场图

（1）平台的多功能性。平台主要的铸坯加热、冷却及气雾射流系统相对独立，设备的不同功能裁剪可以满足不同传热实验需求。由于连铸坯型的多样性，实验平台可以满足不同厚度、不同尺寸的铸坯、不同喷嘴布置方式、不同拉速、不同铸坯位置等铸坯二冷工艺段特征模拟。

（2）满足二冷区热能评估及新型二冷区设计。二冷水及蒸汽所带走的大量显热及潜热，通过管道直接排出，如何有效地利用二冷过程释放的热量是促进连铸过程低碳发展实现节能过程的关注重点。设计的实验平台能够及时收集水汽，既防止蒸汽外溢对环境造成的影响，又满足实验过程对环境影响可控的要求。

（3）平台的通用性。冷却技术是生产过程中必不可缺的工艺手段，基于导热反问题的传热系数测定是工业过程热理论设计的基础性工作，本实验平台不仅为连铸过程，也可以为热处理及热加工过程中的换热系数进行测定，平台的通用性将为冶金、材料、机械等行业带来新的传热定量认识。

喷嘴的工艺参数及布置是影响连铸二冷换热的决定性条件，本实验系统设计满足不同喷嘴和不同工艺参数下的喷嘴布置，图 3-23 所示为三排四列喷嘴的顶面和侧面冷却过程，其中喷嘴型号为 HPZ5. 0-120B5，喷射角度为 120°。为了更精确满足连铸二冷传热过程，设计有四个直径为 120 mm，间距 160 mm 的铸坯夹持辊，可以满足厚度 150~350 mm 的铸坯夹持，气雾喷嘴通过夹持辊的间隙对铸坯进行气雾冷却，如图 3-24 所示，其为未夹持状态。

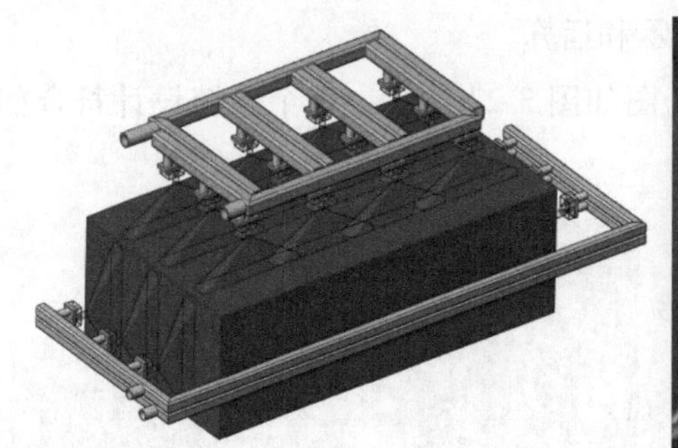

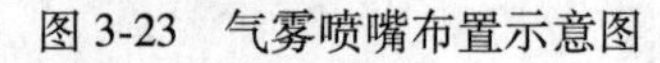

图 3-23　气雾喷嘴布置示意图

图 3-24　铸坯夹持辊位置示意图

由于连铸二冷段为一个连续的弧形段，其起始位置和终了位置相差 90°，铸坯在不同扇形段，冷却有微小差异。在实验平台设计中，将冷却台架放置于一个可以 0°~90°倾动的变位机上，满足冷却实验过程中，铸坯倾斜角度的变化。为了模拟铸坯运动，设置铸坯往复机构，运动速度在 0. 1~2. 0 m/min 连续可调，运动行程在 0~200 mm 变化。

操作具体的过程如下，首先对测试铸坯打孔，将若干支 K 型热电偶预埋进铸坯一定深度，然后将带热电偶的铸坯推入加热炉内加热，当加热到规定温度后，利用推钢机将加热后的铸坯推入到冷却小车上，然后通过轨道运行到冷却工位上，模拟铸坯在二冷段的运动过程。通过计算机设定气雾冷却参数，启动气雾冷却系统，对热状态的铸坯进行单面或多面的喷雾冷却。利用预埋的热电偶测量测点的温度变化，再通过导热反问题计算出铸坯表面的综合换热系数。

3.5 本章小结

本研究自主设计并搭建了服务于不同测试要求的研究平台，可满足从气雾射流产生、射流特性测试，到传热特性测试在内的现代连铸气雾射流冷却过程的综合实验研究。

（1）气雾射流管路系统和气雾射流测试系统满足对喷嘴气水特征、喷雾水流密度、雾滴粒径、雾滴速度等气雾射流特征参数的定量表征，实现气雾传热过程前置条件的定量化研究。

（2）基于高速摄像机及激光光源，开发了的粒径图像识别方法。

（3）气雾射流作用下铸坯热过程模拟与测试系统，具备气雾射流条件下高温铸坯传热特性测试与研究能力，实现了现代连铸二冷区铸坯冷却的过程仿真。

（4）通过 PIV 与 LDV 原理，探讨对比了两种测试手段的不同。

（5）建立的实验研究平台是一个综合系统，可满足不同测试对象、不同连铸工艺条件下的二冷热边界条件的测试要求，同时，也可以满足其他工业过程的界面传热测定。

4 气雾射流特征研究

喷射与雾化是通过喷嘴来实现的，也是气雾传热分析的重要基础。由于气雾喷嘴里气体与液体混合涉及复杂的多相传输机理，每种不同结构的喷嘴射流特性差异明显，只有通过喷嘴冷态特性的测试才能更好认识热态界面下的换热条件，了解不同喷嘴的射流特征并更好地应用。本项目建立的喷嘴测试平台完全满足不同类型喷嘴的测试需要，涉及喷嘴特性曲线确定、喷嘴喷雾角度测量、水流密度测量、雾滴粒径研究及雾滴喷射速度研究等，一方面用上述的参数评判雾化特性，另一方面为传热的研究提供详细的边界条件。

4.1 气雾射流喷嘴特性曲线的确定

采用自行设计搭建的气雾射流管路系统，设置不同的气、水压力，并测定气、水流量，以气体流量为横坐标，水流量为纵坐标，每个点对应四个参数值，即：气压、水压、气体流量和水流量，获取了实验用喷嘴的特性曲线，如图 4-1 所示，该曲线表明了喷嘴在不同气水压力下的喷雾能力。测量的空气流量与水流

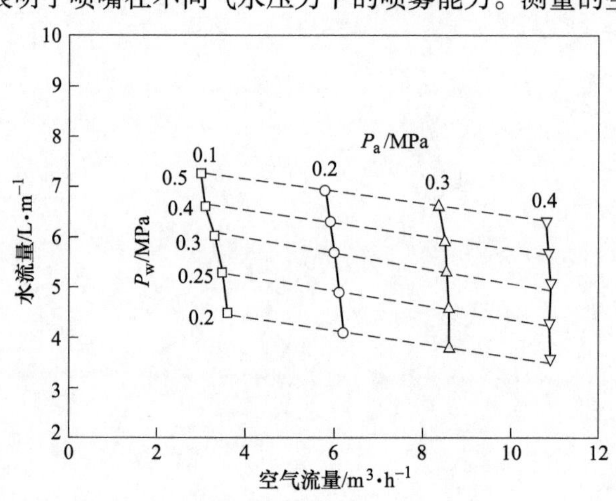

图 4-1 喷嘴气水特性曲线

量之间的关系，以及进入喷口的气压和水压作为进口喷嘴压力，即 P_a 和 P_w，实线是在恒定的进气压力下确定的，虚线是在固定的进水压力下确定的。实验结果表明，在恒气压条件下，随着水压的增大，水流量增大。在恒水压下，随着空气流量的增加，水流量略有减小。且在气压不变的情况下，水流量随着水压的增加而增大；在水压不变的情况下，气压的增加导致水流量轻微减小。

4.2　喷射角度的测试

实验测定了不同工况下喷射角度的变化，测定结果见表 4-1。在气压 0.10 MPa，水压 0.30~0.50 MPa 时，随着水压的增加，气流量减小，水流量逐渐增大，喷射角度随着水压增大也逐渐增大，到达冷却表面的射流宽度也越来越大，角度略小于 90°。

表 4-1　不同气水参数下，喷射角度实验结果

气压/MPa	水压/MPa	喷射角度/(°)
0.10	0.30	88.6
0.10	0.40	89.1
0.10	0.50	89.1
0.20	0.30	91.0
0.20	0.40	91.6
0.20	0.50	90.6
0.30	0.30	90.4
0.30	0.40	89.0
0.30	0.50	88.4

在气压 0.20 MPa，水压 0.30 MPa 和 0.40 MPa 时，相比于气压 0.10 MPa 时，气压增大，角度增大，气流量增大较多，水流量稍有减小，喷射角度大于 90°。在水压 0.30 MPa 和 0.40 MPa 时，由于水压增大，气流量下降，射流宽度变窄，喷射角度更接近于 90°，随着水压增大，喷射角度缩小。在气压 0.30 MPa,水压 0.40 MPa 和 0.50 MPa 时，气流量大幅增加，水流量下降，喷射角度小于 90°。气压增大，喷射角度和射流宽度随之减小。

综上所述，实验用喷嘴的喷射角度虽然会受到气压、水压变化的影响，但总体在 90°附近变化，气雾射流喷射角度维持在较稳定的状态。

4.3　雾滴水流密度测试

在距离喷口距离为285 mm，不同的气压、水压条件下，对喷嘴所产生的雾滴进行水流密度测试实验，因其为轴对称分布，故研究其对称的一侧，实验结果如图4-2和图4-3所示。

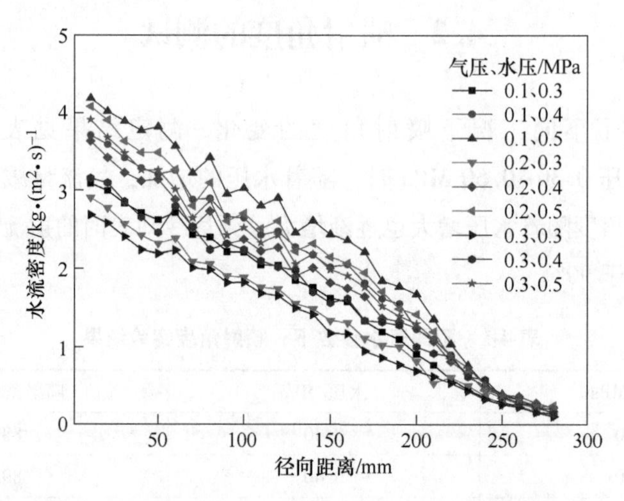

图4-2　距喷口285 mm处喷嘴不同工况水流密度分布

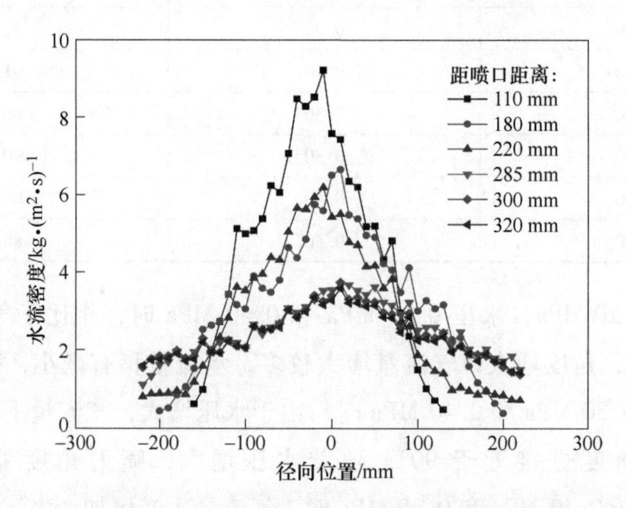

图4-3　气压为0.20 MPa、水压为0.40 MPa时距喷嘴不同距离截面水流密度分布

由图4-2可见，由气压分别为0.10 MPa、0.2 0 MPa和0.30 MPa，水压分别为0.30 MPa、0.40 MPa和0.50 MPa的9条水流密度曲线，该水流密度曲线水压

和气压分布情况与图4-1显示的气水特性曲线一致。在喷射距离和气压不变的工况下，随着水压增加，水流密度随之增加，水压越大，喷嘴正下方水流密度最大，后向两侧逐渐减小，曲线变化较为平稳，喷嘴喷射状态比较稳定。

当水压不变时，随着气压的增加，水流密度走势大体相同，水流密度略微降低，喷嘴下方的水流密度较大，向两侧逐渐减小，说明射流状态稳定，分布均匀。在气压和水压的影响下，在距离喷口285 mm处，不同的工况的水流密度分布趋势相同，略有些许差异，最大值和最小值间相差1.5 kg/(m^2·s）左右，总体表现水流密度分布平稳。

气雾喷嘴布置高度即喷口到达冷却表面的距离，是影响气雾冷却的重要因素，改变喷雾的高度，会带来喷雾液滴的速度、液滴的尺寸、液滴的分布变化并直接地影响水流密度的分布。接下来，对该喷嘴工况气压为0.20 MPa、水压为0.40 MPa中不同截面距离喷口（110 mm、180 mm、220 mm、285 mm、300 mm和320 mm）处的水流密度进行测量，如图4-3所示，在110 mm、180 mm和220 mm水流密度呈尖峰分布，这种尖峰分布会为后续的传热带来危害，而从285 mm开始，包括300 mm和320 mm，水流密度分布较平稳，中间略高，后向两侧递减，且水流密度各位置一致，该水流密度分布有利于均匀传热，在气压为0.20 MPa、水压为0.40 MPa时，距喷口285 mm位置及向后的位置，喷嘴产生雾滴的水流密度表现稳定，是喷嘴运行较好的气水压力工况及满意的截面位置，为后续传热过程中，冷却试样的位置布置提供参考及依据。

4.4 气雾雾滴粒径测试原理及相关性分析

4.4.1 雾滴粒径测试原理及精确性检验

4.4.1.1 粒径检测原理

雾滴粒径的测试方法包括如下几个步骤，如图4-4所示。利用光学系统获取图像，利用Matlab程序对图像进行处理，获取雾滴粒径的信息。在这个过程中，粒子图像处理的方法的正确性是粒子能否准确识别及其粒径测量精确的关键，具体如下：

（1）对图片分块二值化：在拍摄截面上放置靶盘并拍摄，将拍摄的畸变靶盘根据不同的光照强度进行分块，选择不同阈值对其进行二值化并识别畸变靶盘图片上的角点坐标，得到畸变坐标。

（2）生成标准靶盘：将标准靶盘照片与畸变靶盘照片对照，并根据畸变坐标校正，记录所述标准靶盘图片上各角点的坐标。

（3）计算投影矩阵：通过采取排序的方式，对畸变靶盘的角点和还原后靶盘的角点进行对应，并将畸变坐标以及对应还原坐标分别代入最小二乘法进行拟合，计算出投影矩阵。

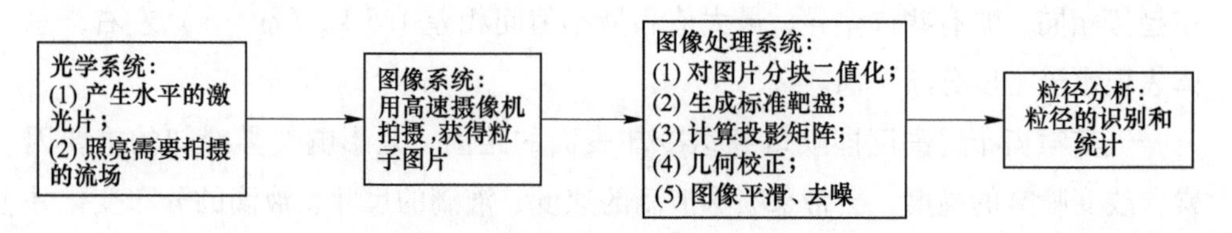

图 4-4　数字图像粒径测量方法及算法流程

为避免影响射流流场的结构，在实验中相机摄像头的拍摄方向不能与激光光片正交，因此拍摄得到的图像是畸变之后的图片，在对图片中粒子粒径进行检测时，要先对其进行校正。

本书在相机标定时，通过标准黑白格子中角点在标准图片和畸变图片的对应坐标，采用张正友标定法的校正过程[184]得到世界坐标系与图片坐标系，过程如下：

$$Z_c\begin{bmatrix}u\\v\\l\end{bmatrix}=A\begin{bmatrix}R & T\\0 & l\end{bmatrix}\begin{bmatrix}x_w\\y_w\\z_w\\l\end{bmatrix}\tag{4-1}$$

式中　u，v——点在图片中的横纵坐标；

x_w，y_w，z_w——对应点在空间坐标系的坐标；

A——相机内参数矩阵；

$[R|T]$——相机的外参数矩阵，与相机的位置有关。

在实验过程中，对同一区域进行查询时，相机保持不动，所以 $[R|T]$ 为定值。且由于查询区域很薄，可近似看作平面，则 $z_w=0$。所以，式（4-1）可化简为：

$$Z_c\begin{bmatrix}u\\v\\l\end{bmatrix}=\begin{bmatrix}a_{11} & a_{12} & a_{13}\\a_{21} & a_{22} & a_{23}\\a_{31} & a_{32} & a_{33}\end{bmatrix}\begin{bmatrix}x_w\\y_w\\l\end{bmatrix}\tag{4-2}$$

对式（4-2）化简消去 Z_c 可得：

$$\begin{cases} u = \dfrac{a_{11}x_w + a_{12}y_w + a_{13}}{a_{31}x_w + a_{32}y_w + a_{33}} \\ v = \dfrac{a_{21}x_w + a_{22}y_w + a_{23}}{a_{31}x_w + a_{32}y_w + a_{33}} \end{cases} \tag{4-3}$$

因为上述方程式（4-3）不是线性多项式形式，而是两个同阶多项式的分数。测量中的误差或错误的点对会导致标准最小二乘法迅速偏离真实最佳匹配。所以，在本书中首先选择一种非线性最小二乘法对参数进行求解，以增强计算结果的稳定性，提高计算效率。

具体方法是对一阶投影方程中的未知数进行一次求解，并以此作为高阶投影方程解的初始估计，以此来降低计算结果的误差。

即先对方程 $\begin{cases} u = a_{11}x_w + a_{12}y_w + a_{13} \\ v = a_{21}x_w + a_{22}y_w + a_{23} \end{cases}$ 进行最小二乘法求解，再将参数代入式（4-3）中作为初始值进行迭代。

将图 4-5 中的靶盘图片用前述的校正方法进行校正，得到如图 4-6 所示的校正靶盘。通过对比图片倾斜度和棋盘格的横纵比，检验其校正方式。畸变图像被修正后，几乎与标准的靶盘一致，证明所编写的程序可行。

图 4-5 拍摄的畸变靶盘图片

图 4-6 对图 4-5 畸变靶盘的校正结果

（1）几何校正：利用投影矩阵对所述雾滴图片进行修正，得到无畸变雾滴图片。

（2）图像的二值化，平滑和去噪：对校正后图片进行二值化和中值滤波处理。在粒径识别之前，除了图像校正外，还需要进行预处理，本研究中主要采用二值化和平滑去噪的方法。

二值化的过程最为关键，会直接影响最终雾滴粒径的测量结果。在图像二值化的过程中，若阈值偏大，会在除去背景噪声的同时，丢失一部分雾滴本身的信息；若阈值偏小，会在图像中留下一系列噪点。这两种情况都会影响最终的粒径检测的结果。因此，选择合适的阈值是十分重要的[185]。

本研究的过程中使用 OSTU 算法，也被称作最大类间方差法[186]，其基本思想是将图像直方图用某一灰度值分割成两组，当被分割成的两组方差最大时，此灰度值就作为图像二值化处理的阈值[187]。同时，根据实物对照判断，选择类间方差直方图的第二个峰对应的灰度值作为阈值[188]。

通过计算机点阵对此阈值选择方法产生的影响进行误差分析，如图 4-7（a）为使用计算机生成的大小不同的一系列点阵，其粒径分别为 11～30 个像素，共两组，每组不同粒径的点重复出现三次。以此来代替粒子的图片进行自适应阈值的选择，二值化结果如图 4-7（b）所示，经过二值化之后的“粒子”直径与原“粒子”直径误差小于 1 个像素，因此此方法在对于此类型的图片的二值化效果是值得信赖的。故最后确定选择最大类间方差法，并取其波谷为阈值，对图像进行二值化处理。

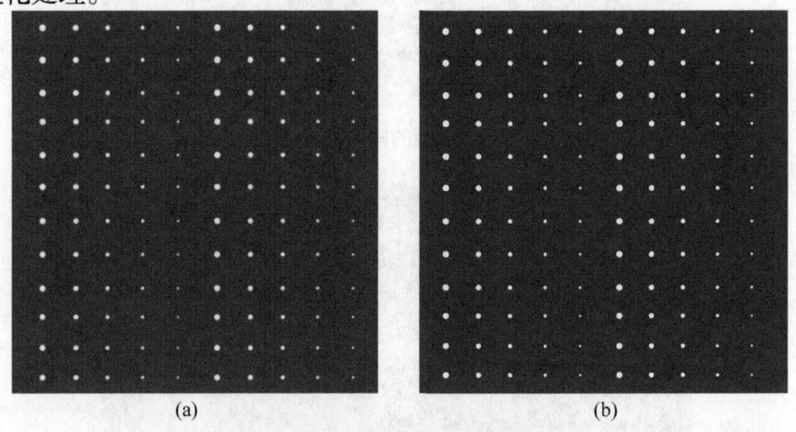

(a)　　(b)

图 4-7　计算机生成的点阵

（a）点阵“粒子”图片；（b）二值化结果

图像平滑的主要目的是减少图片的噪声，通常在数字图像中的主要噪声有加性噪声、乘性噪声、电子噪声和光电子噪声等。在研究中，图片的主要噪声为椒盐噪声[189-190]。针对这一噪声本书采用中值滤波技术对粒子图像进行了平滑处理。

本书中对于雾滴粒径的测量，采用的是投影面积法，将依次经由上述方式进行处理后的雾滴图片通过 Image-Pro Plus 软件对其进行识别，并分别计算每个雾滴所占像素点的数量，由图片的单位相元尺寸计算每个粒子的面积，然后根据各个雾滴的面积，获得与雾滴面积具有相同投影面积的圆的直径，该直径即为单个雾滴的投影面积直径。

4.4.1.2 粒径识别精确性校验

粒径识别的精确性校验，使用两种方法：

一种校验方法，使用不同粒径的空心玻璃珠通过两层粒度的分子筛，取中间留下的粒径范围为 120~150 μm 将其投放在去离子水中，搅拌均匀，如图 4-8 所示。用上述方法对图 4-9（a）中范围为 120~150 μm 的空心玻璃珠进行诊断识别，并进行粒径测量，得到示踪粒子的粒径范围为 120~146 μm。

图 4-8 范围一定的空心玻璃珠粒径识别

另外一种校验方法，在实验过程中，使用单液滴发生器，如前 3.3 节所述。分别产生 50 μm 和 100 μm 粒径的液滴，对其进行检验。如图 4-10（a）、(b)、(c) 和 (d) 分别为两种粒径的液滴在相机中的成像和校正后的二值化结果，并将视觉测量结果和液滴发生器产生的固定粒径液滴对比。对于单液滴发生器产生的粒径为 50 μm 的液滴，经过对 50 组液滴直径测量得到其平均值为 50.86 μm,标准差为 3.28；对于单液滴发生器产生的粒径为 100 μm 的液滴，经过对 50 组液滴直径测量得到其平均值为 100.38 μm，标准差为 3.77。50 μm 液

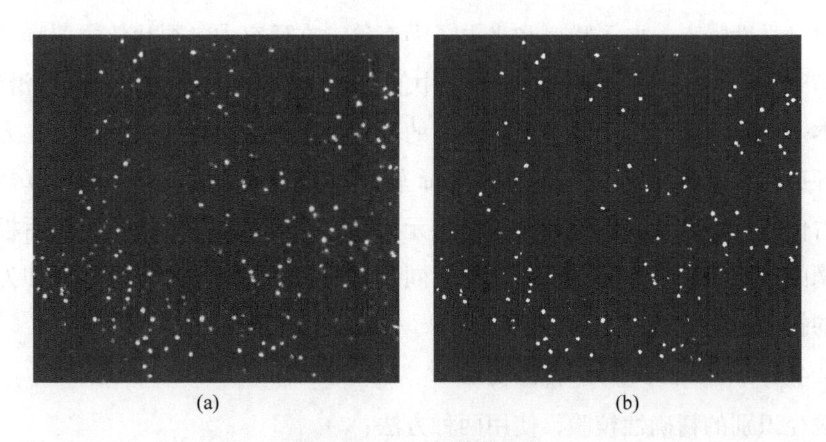

(a)　(b)

图 4-9　空心玻璃珠图片

（a）空心玻璃珠图片原图；（b）空心玻璃珠二值化结果图

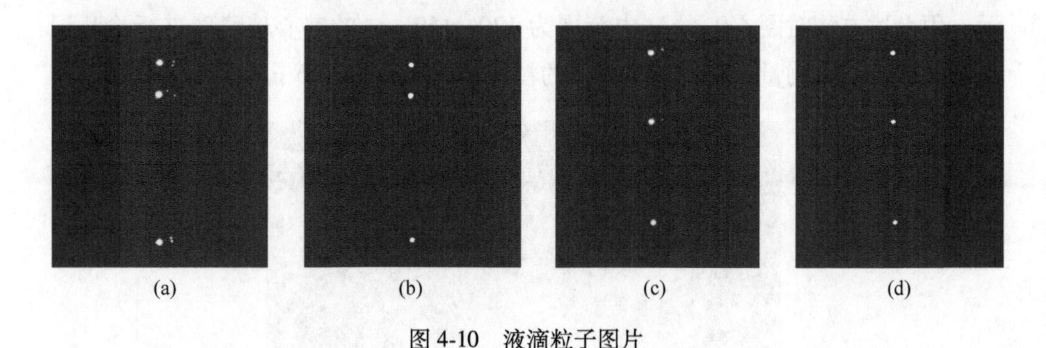

(a)　(b)　(c)　(d)

图 4-10　液滴粒子图片

（a）50 μm 粒子；（b）二值化结果；（c）100 μm 粒子；（d）二值化结果

滴测量误差约为 1.7%，100 μm 液滴的测量误差为 0.4%。由此可见，所研究的粒径测量方法对于大于等于 50 μm 以上的液滴粒径的测量是可靠的。当然，在实际测量中，需考虑由于雾滴的重叠以及其他因素产生的误差。

4.4.2　雾滴粒径结果及分析

根据上述方法对实验所使用的扇形气雾喷嘴进行不同气雾参数下的粒径测试，气压为 0.20 MPa、0.30 MPa，水压为 0.30 MPa、0.40 MPa 和 0.50 MPa，距喷口位置为 285 mm 截面处的粒径分布结果如图 4-11 所示。

结果显示：（1）该截面统计结果总体呈现出指数衰减，最小粒径为 50 μm，最大粒径为 175 μm，最小粒径的统计是受光学成像法中高速摄像机的像素所决定的，在 4.4.1 节中已经对此比较分析，50 μm 的粒子的误差达到 1.7%，故对

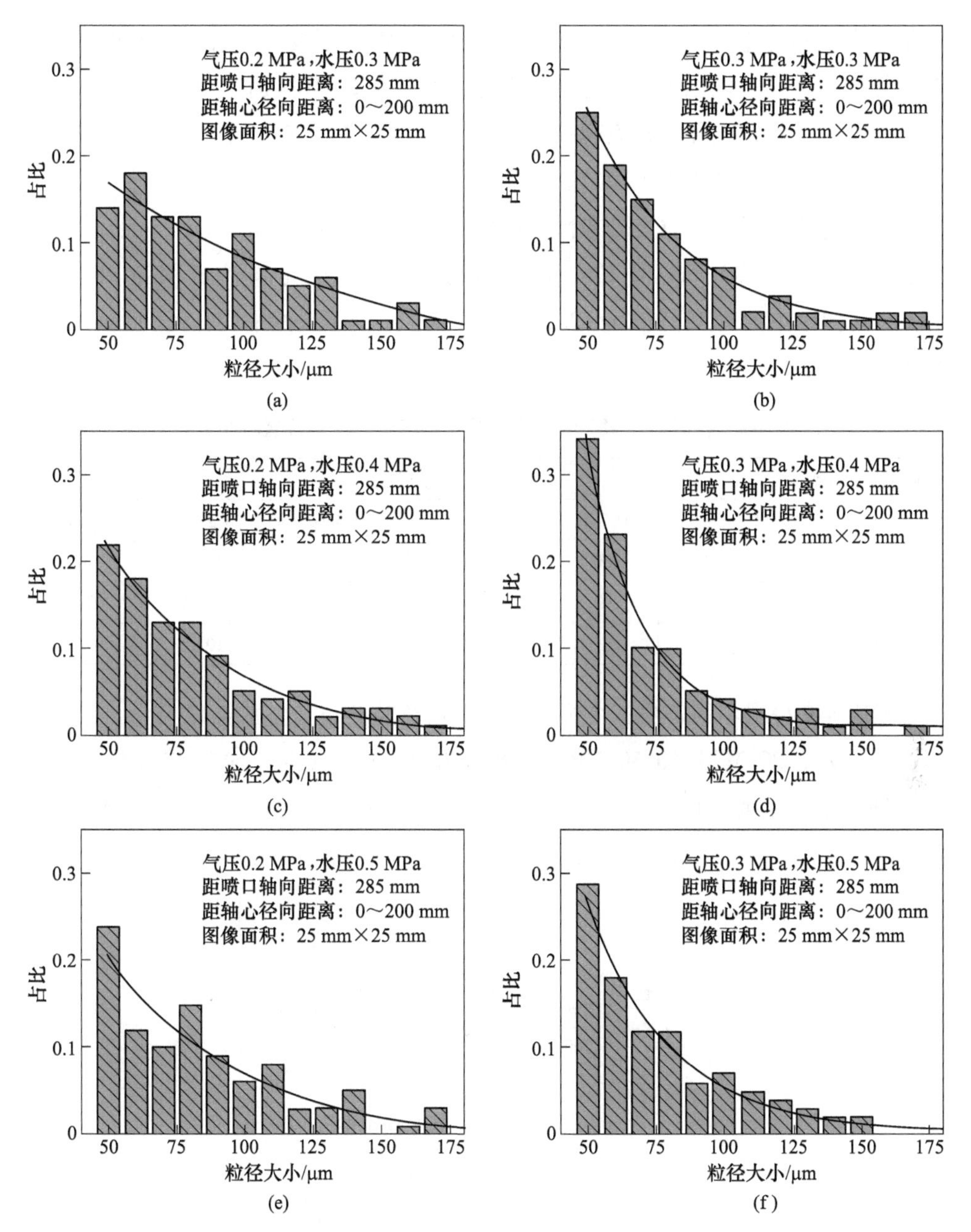

图 4-11 不同压力条件下雾滴粒径分布的测量结果及拟合曲线

(a) 气压 0.2 MPa，水压 0.3 MPa；(b) 气压 0.3 MPa，水压 0.3 MPa；(c) 气压 0.2 MPa，水压 0.4 MPa；(d) 气压 0.3 MPa，水压 0.4 MPa；(e) 气压 0.2 MPa，水压 0.5 MPa；(f) 气压 0.3 MPa，水压 0.5 MPa

50 μm 以下的粒径不做统计，在此计算的全场的平均值会较真实值偏大一些，但趋势表现趋同。(2) 雾滴尺寸的分布是反映喷雾均匀性的一个重要指标，随着气压和水压的变化，雾化效果不同，总体表现，水压不变，随着气压的增加，雾滴粒径变小，且表现稳定，雾化效果更好；气压 0.20 MPa 时，水压 0.40 MPa 下喷嘴雾化效果好，粒径分布表现稳定，在气压 0.30 MPa 时，水压在 0.50 MPa 时雾化效果好，粒径分布表现稳定。

为对各个工况不同位置分布情况比较分析，在距喷嘴 285 mm 处，距离轴心分别为 0 mm、100 mm 和 200 mm 位置处，每个测量区域面积为 25 mm×25 mm（像素单元为 12.8 μm×12.8 μm）。统计三个位置的平均粒径（约 1000 个粒子），见表 4-2。

表 4-2 在距喷口 285 mm 的截面处，不同工况各位置粒径分布 (μm)

距对称轴距离 /mm	气压/水压					
	0.2/0.3	0.3/0.3	0.2/0.4	0.3/0.4	0.2/0.5	0.3/0.5
0	78.3	80.8	95.5	90.9	96.9	76.6
100	99.7	97.2	91.0	83.0	89.4	91.0
200	112.5	85.8	89.2	82.7	107.8	93.8

据表 4-2 得出不同工况三个位置处的平均粒径分布，如图 4-12 所示。结果表明：气压为 0.20 MPa、0.30 MPa 和水压为 0.40 MPa 时，粒径结果分布较均匀（轴心处粒径稍大），说明这两种工况雾化效果好。为进一步分析两种工况，

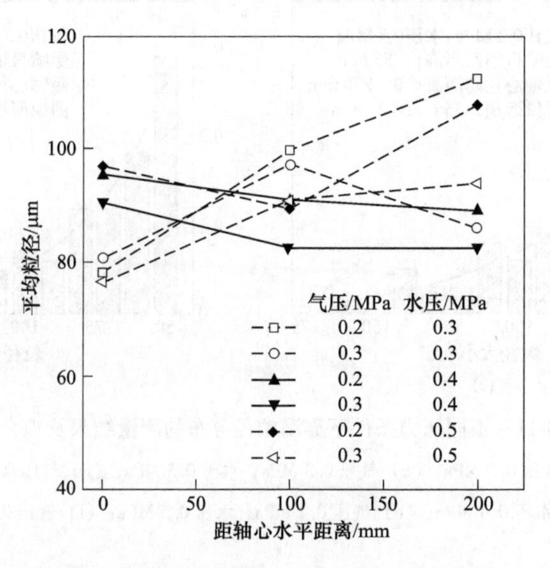

图 4-12 在喷口下方 285 mm 处不同工况粒径分布

对气压 0.20 MPa、水压 0.40 MPa 和气压 0.30 MPa、水压 0.40 MPa 两种工况下同一位置距离射流中心分别为 0 mm、30 mm、70 mm、100 mm、130 mm、170 mm和 200 mm 的粒径分布情况进行详细对比分析，结果如图 4-13 所示。

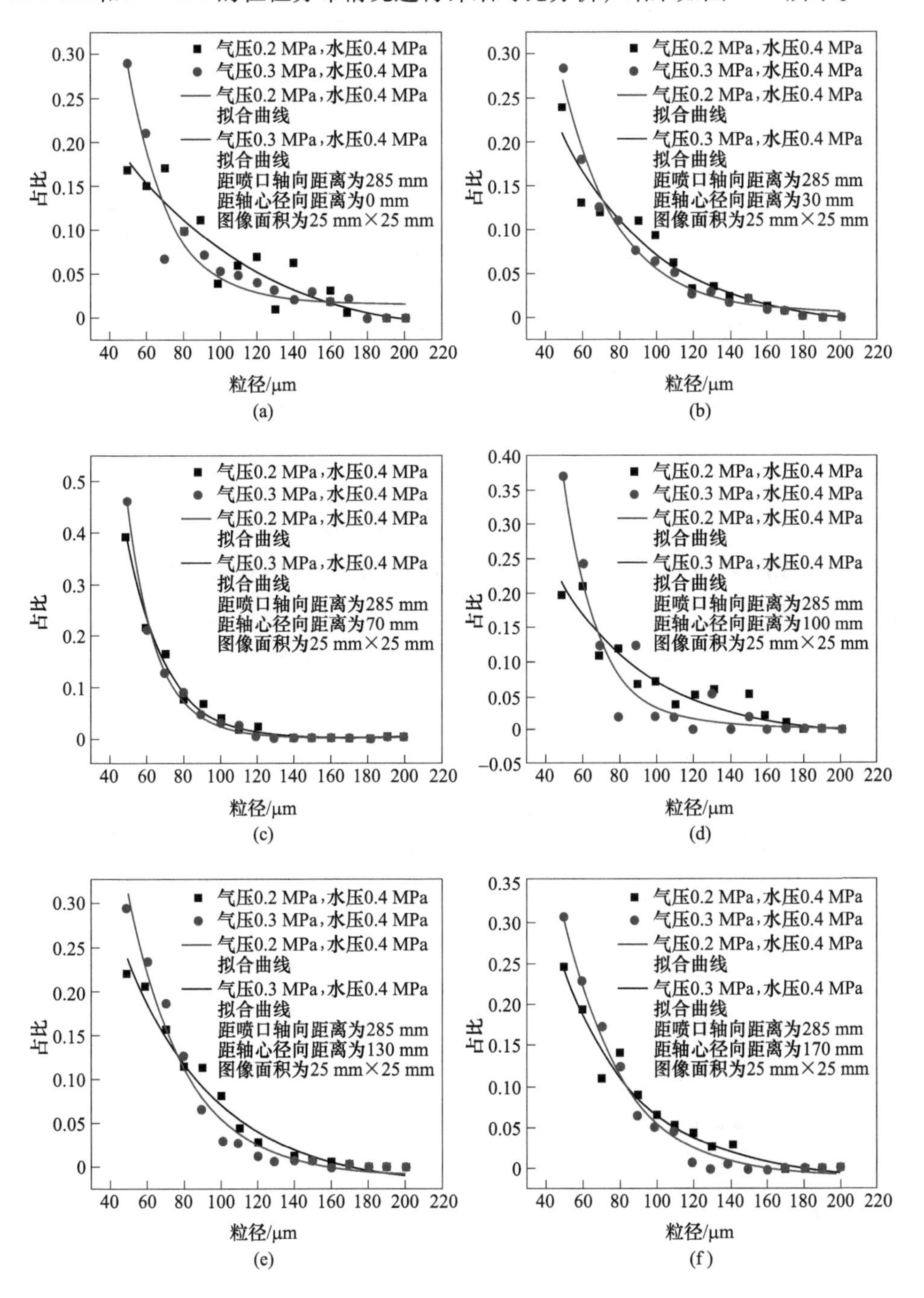

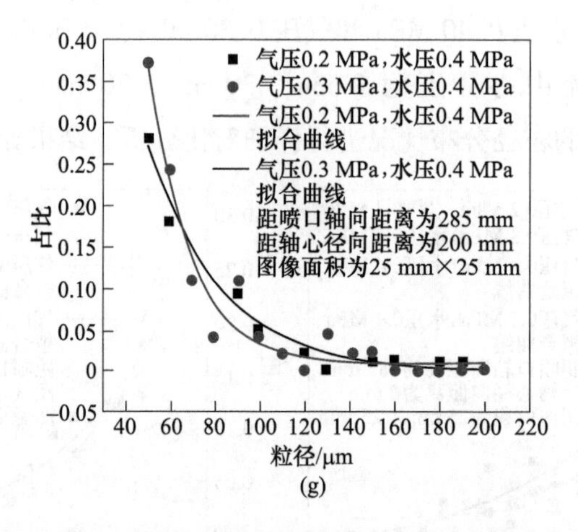

图 4-13 彩图

图 4-13　距轴心不同径向距离处两种工况下雾滴粒径分布统计

（a）距轴心径向距离 0 mm；（b）距轴心径向距离 30 mm；（c）距轴心径向距离 70 mm；（d）距轴心径向距离 100 mm；（e）距轴心径向距离 130 mm；（f）距轴心径向距离 170 mm；（g）距轴心径向距离 200 mm

由图 4-13 中曲线可以看出，粒子小于 80 μm 的占比较大，气压 0.30 MPa、水压 0.40 MPa 对应曲线在上方，即气压 0.30 MPa、水压 0.40 MPa 工况下小雾滴所占比例更大，雾化效果更好，但是气压 0.20 MPa、水压 0.40 MPa 的粒子分布的稳定性更好。雾滴粒径对传热的影响还需与雾滴的速度特性耦合起来一起关注。

4.4.3　雾滴粒径的相关性分析

当选定气雾喷嘴，操作工况确定时，气雾射流的各位置处特征值（速度和粒径）就已确定，液滴粒径的分布受喷射距离以及工作流体的物理性能影响。

本研究将影响平均直径的各喷嘴参数表示为：

$$f(d_{32}, L, v, \rho, \sigma, \mu, H, x) = 0 \tag{4-4}$$

式中　d_{32}——平均直径，mm；

L——喷嘴口宽度，mm；

v——雾滴的速度，m/s；

ρ——水密度，kg/m^3；

σ——水的表面张力，mN/m；

μ——水的黏度，Pa · s；

H——距喷口距离，mm；

x——液滴到轴心轴向距离，mm。

其中 d_{32} 是由前述 4.4.2 节粒径利用投影法的结果再计算得出。距轴心的无量纲距离定义为：

$$\tan\theta = \frac{H}{x} \tag{4-5}$$

因此，由量纲分析可得到无量纲群为：

$$f\left(\frac{d_{32}}{L}, We, Re, \tan\theta\right) = 0 \tag{4-6}$$

其中，We 和 Re 代表距离喷嘴口 285 mm 截面处的液滴韦伯数和雷诺数。

$$We = \frac{\rho v^2 d_{32}}{\sigma} \tag{4-7}$$

$$Re = \frac{\rho v d_{32}}{\mu} \tag{4-8}$$

根据截面 285 mm 处，液滴的速度、粒径及水的物理性质，可计算出该截面不同位置的韦伯数 We，雷诺数 Re。气雾喷嘴在气压为 0.20 MPa，水压为 0.40 MPa时，粒径随韦伯数、雷诺数及夹角（测点与喷口中心点连线与截面）正切值的变化关系，见表 4-3。

表 4-3 距喷口 285 mm 截面，中心线速度、韦伯数和雷诺数变化关系

位置/mm	d_{32}/μm	v/m·s^{-1}	We	Re	$\tan\theta$
A(0, 285)	117	18.93	67.62	2190.71	0
B(30, 285)	107	18.79	66.62	1988.65	0.1053
C(70, 285)	106	17.69	59.05	1854.74	0.2456
D(100, 285)	104	16.08	48.79	1654.12	0.3509
E(130, 285)	77	13.89	36.41	10578.93	0.4561
F(170, 285)	90	8.69	14.25	7735.91	0.5965
G(200, 285)	93	6.28	7.44	5776.85	0.7018

根据实验数据，得到如下关系式：

$$\frac{d_{32}}{L} = 0.0394 We^{-0.069} Re^{-0.1658} \tan\theta^{-0.0485} \tag{4-9}$$

图 4-14 给出了在距喷嘴 285 mm 处，雾滴粒径与该截面中心线雷诺数、韦伯

数和夹角的正切值的相关性，式（4-9）与实验数据有较好的一致性，R^2为0.9626。

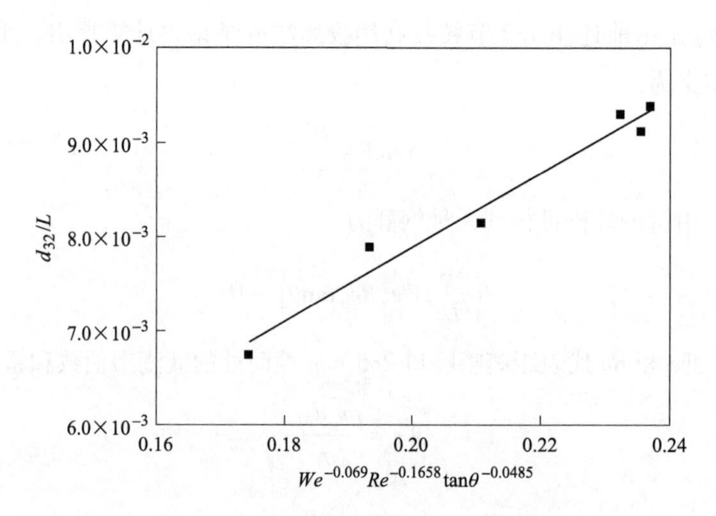

图4-14　雾滴粒径与准数的相关性关系

4.5　气雾射流速度特性研究

为充分掌握、理解气雾射速度及冲击射流结构的运动特性，本研究采用粒子成像测速仪（PIV）及激光多普勒测速仪（LDV）对气雾流场开展研究。由于不同气雾粒子的粒径不同、速度差异将导致气雾颗粒作为示踪粒子时，测试不稳定，需要对PIV及LDV测试做调整：PIV利用互相关理论计算雾滴在短时间间隔内的相对运动，调节两幅照片的曝光时间间隔、激光强度并完成对气雾射流流场的全场的标定，计算该雾滴在流场中的速度信息；对LDV单流光的光强分别标定，利用激光对雾滴的散射性得出散射光的多普勒频移，由于该频移与速度呈线性关系，据此得出雾滴的速度，并正比于速度的实时电压信息，对流场雾滴粒径可变的情况，调整光路电压参数等条件进行修正以达到准确测试的目的。本研究一方面对两种测试技术进行对比研究，另一方面对扁平喷嘴形成的扇形气雾射流速度特性定量化认识。

4.5.1　PIV实验工况与测量区域设定

根据喷嘴特性曲线对气压为0.10 MPa、0.20 MPa和0.30 MPa，水压为

0.30 MPa、0.40 MPa 和 0.50 MPa 的实验工况进行 PIV 测试。

PIV 测量气雾射流颗粒射流速度场实验中，喷嘴射流呈 90°扇形面，并具有一定的厚度，由此 PIV 片光光源入射及标定位置为喷嘴正下方（射流中心处），与扁平形喷口平行，即与射流扇形面平行入射，CCD 相机与片光源垂直拍摄，拍摄区域大小为 425 mm×320 mm，测试装置如图 4-15 所示。

图 4-15　连铸二冷气雾射流特性 PIV 测试实验装置

光源选用双脉冲 Nd：YAG 激光器具有 120 mJ/Pulse，波长为 532 nm，15 Hz 采样频率，垂直照亮流场喷口下方正中心，功率和持续时间可以自主调节。激光器由两个球面透镜和一个柱面透镜耦合而成，其厚度约为 1.5 mm。采用分辨率为 1660×1220 的双帧 CCD 相机正向拍摄图像。在灵敏度分析结果的基础上，用时间平均速度场记录了 50 对（100 幅）图像。采用查询小区大小由 64×64 减小到 32×32，重叠为 50% 的 PIV 互相关算法进行计算。激光时间间隔 15 μs，每个查询小区满足平均在 4~8 个像素。

4.5.2　LDV 实验工况及测点位置

经过前期实验测量水压、气压、水流量、气流量的变化规律，并通过收集器得到单位时间水流密度变化规律，得到喷嘴较佳的实验工况为气压 0.20 MPa，水压 0.40 MPa，以此工况，进行 LDV 速度场测量实验，如图 4-16 所示。

由于 LDV 是单点测量，为了测试过程中与 PIV 结果进行对比，在其 PIV 采集点的相同位置，设置 LDV 采集点，本实验以 9 mm 为间隔进行设置，测量位置与下游喷雾区域相对应。

LDV 系统由一个 500 MW 氩离子激光器和一个双光束 Dantec 光学头组成，利用光谱中波长为 476.5 nm（紫）、488 nm（蓝）和 514.5 nm（绿）的三色光，

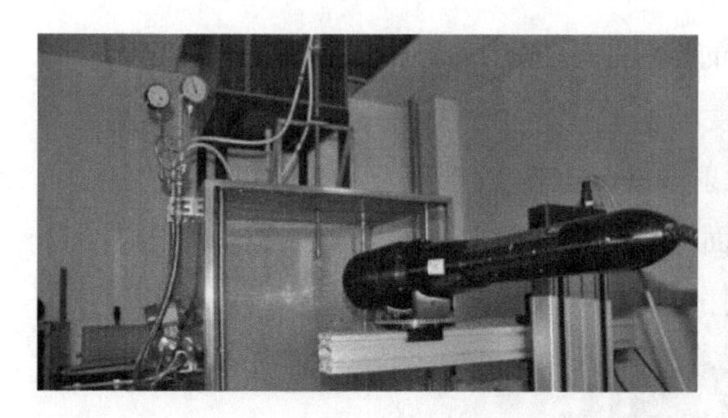

图 4-16 连铸二冷气雾射流特性 LDV 测试实验装置

波长分别用于某点的三维方向的分量测量。激光束分裂后从探头的不同位置发射，在探头透镜作用后汇聚于一点。为了优化采样率和信噪比数据，系统采用反向散射模式。在接收光学仪器上有一个直径约 0.1 mm 的针孔，用来收集散射光。纵向速度分量频移（绿）为 25~70 kHz，径向速度分量频移（蓝）为 8~17 kHz。

4.5.3 示踪粒子的选择

PIV 和 LDV 两种先进的流动测速技术对气雾射流测试过程中，能够真实且准确重构流场信息，正确选择示踪粒子及添加是实验成功的关键。

气雾系统用来产生散射微粒，雾化介质是水，由压缩空气将水打散成微小液滴，随气流一起运动，雾滴的粒径为几十微米到几百微米之间，可以通过调节进气压力改变粒子数密度。由于水滴被夹在气体流中，而且它们是可以分辨的，因此它们可以被摄像机跟踪、检测和记录下来。

对于本气雾射流过程，考虑到其用于冷却是水颗粒，主要示踪的对象也是水颗粒，即能保证示踪粒子的跟随性，且这个颗粒足够小，对入射光能够产生足够的散射作用，以上满足示踪粒子的选择要求。在强烈的破碎区，平均粒径比较均匀，在 50~100 μm。故用气雾液滴的粒子自身作为示踪粒子[191-192]且对其展开速度特性的研究。

4.5.4 PIV 测试结果和 LDV 测试结果的比较

4.5.4.1 气雾射流速度结构

PIV 通过对激光照亮的流场截面进行成像，并利用相关软件进行流场计算进而获得速度场。图 4-17 所示为 PIV 拍摄的水压 0.40 MPa，气压 0.20 MPa 下气雾射流颗粒流动的单帧图像。气雾喷嘴在高压气体作用下，液膜完全转化为喷雾射流。水滴与周围的空气相互作用，被空气夹带着，最终发展为扇形射流。而在此过程，水滴的直径非常小。在喷口处沿轴线 0~80 mm 范围内，粒子浓度非常高，图中扇形喷雾可见面积为 425 mm×320 mm。

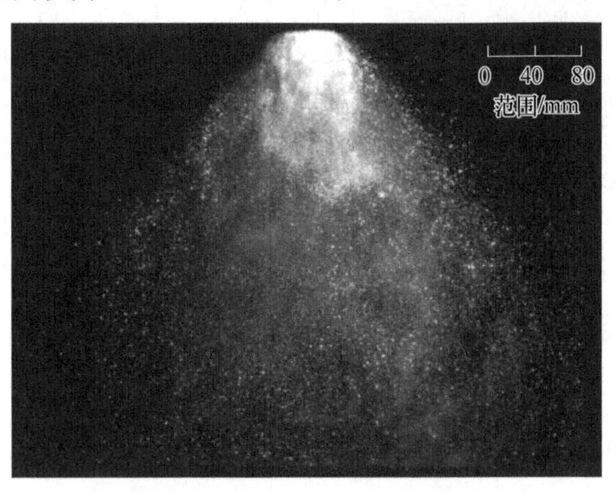

图 4-17 PIV 相机拍摄的颗粒图像（水压 0.40 MPa，气压 0.20 MPa）

如图 4-18 所示气压 0.20 MPa、水压 0.40 MPa 时，气雾射流颗粒的速度云图及速度分布结构。气雾射流的流场速度分布类似于一个贝壳型，表明存在一个速度较高的核心区。而且这个速度分布并不完全对称，这是因为实验设计时，左边有壁面，形成了受迫射流，右边无壁面限制，为自由射流区。从图中速度矢量等值线图可以看出，水颗粒的加速度几乎是均匀的，并且随着射流的向下发展，液滴速度表现为先增加后减少。这种加速行为是由于气体对液滴的加速作用引起的。随着到中心线的水平距离的增大，速度值不断递减。据此，将气雾射流的速度分布结构分为两部分：潜在的核心区和充分发展区，过渡界面是中心速度为最大时的水平面。中心线速度分布先增加达到最大速度（到过渡界面），这部分为潜在核心区；然后速度下降，这部分为充分发展区。

图 4-19 为基于 PIV 所测得不同截面的速度分布图，平均速度随距喷口的距离的变化而变化，中心区域的速度表现为先增大后减小。

对于气雾射流的各截面，雾滴速度在喷雾中心达到最大值，并向喷雾两侧扩散。由于阻力和碰撞的作用，喷雾边缘的水滴失去了动量而呈现速度变小。此外，空气和水的混合和不稳定的喷雾可能导致大范围的水滴大小和速度的变化。在距喷口 285 mm 处及其向下发展的位置，气雾射流中的液滴几乎以相同的速度运动并重合。雾滴速度在喷嘴中心和两侧分布基本相同。这些结果表明，该喷射

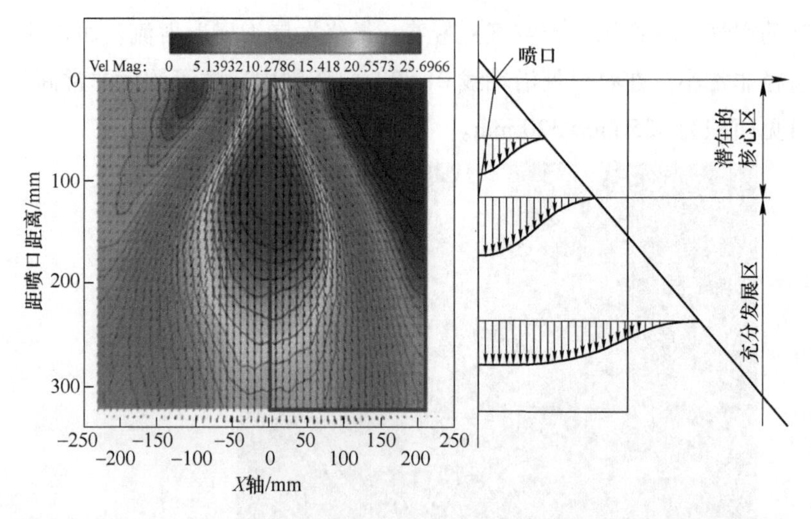

图 4-18 彩图

图 4-18　气压 0.20 MPa 和水压 0.40 MPa 下气雾射流颗粒的速度分布及结构

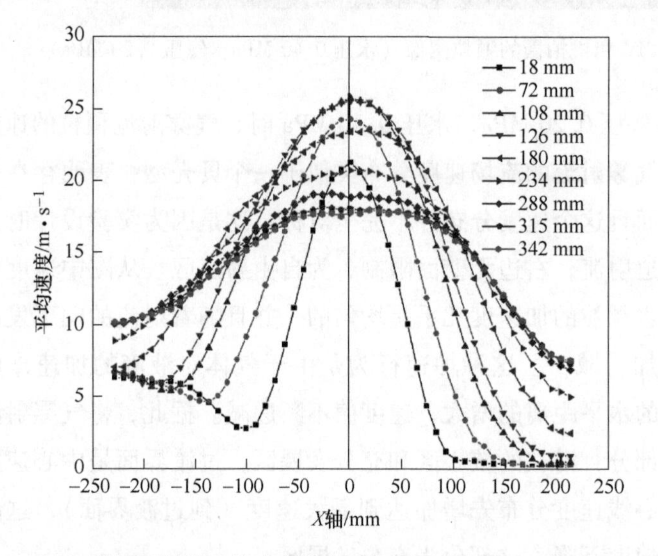

图 4-19 彩图

图 4-19　PIV 测量不同截面的速度分布（气压 0.20 MPa，水压 0.40 MPa）

距离可以作为本扁平喷嘴到达钢板表面布置的参考依据。

4.5.4.2　PIV/LDV 对气雾射流的对比研究及速度射流特性

在水与空气的混合过程中，液膜不能完全雾化成小的水颗粒。该液膜在喷嘴附近可能无法被 PIV 装置检测到，导致速度场重构误差较大。LDV 恰恰可以解决上述问题。在测试的过程中，因为连铸二冷气雾射流流场为对称的扇形面，故在测试过程中用 PIV 和 LDV 仅测其流场一半来加以对比。气雾流场为垂直向下，研究不同距离喷口处，速度大小的分布情况（见图 4-20），图中直观地展示了两种测速技术的差异：(1) PIV（包括框架在内的右侧）记录的流场比 LDV（从左侧到中心坐标）记录的流场提供了更多的速度场结构的定量细节；(2) 在气雾射流喷口处，由于气雾射流的发展过程引起了测速结果的差异，LDV 测速比 PIV 测速快。这是由于 PIV 和 LDV 测量原理不同、技术特点不同造成的。PIV 图像通常存储在一瞬间记录的两帧图像中，而在图像中被细分为若干查询小区，然后用互相关算法对图像处理。通过两帧图像中待测区域像素强度的相互关系，计算了水滴的运动。由于在数据处理中也考虑了单个像素点的强度，因此该算法对雾滴大小敏感（较大的雾滴比较小的雾滴具有更高的强度）。在这项工作中，目的是测量水滴的速度。这是一个挑战，因为不同大小的水滴速度不同，特别是当水滴靠近喷嘴时。当小水滴的数量等于大水滴的数量时，PIV 会偏向于大液滴的速度，因为它们反射的光强更大。由于 PIV 只对每个询问小区进行一次速度测量，因此无法确定测量的是哪个液滴速度。然而，在远离喷口的区域，液滴粒径更均匀，表现为 PIV 和 LDV 一致。

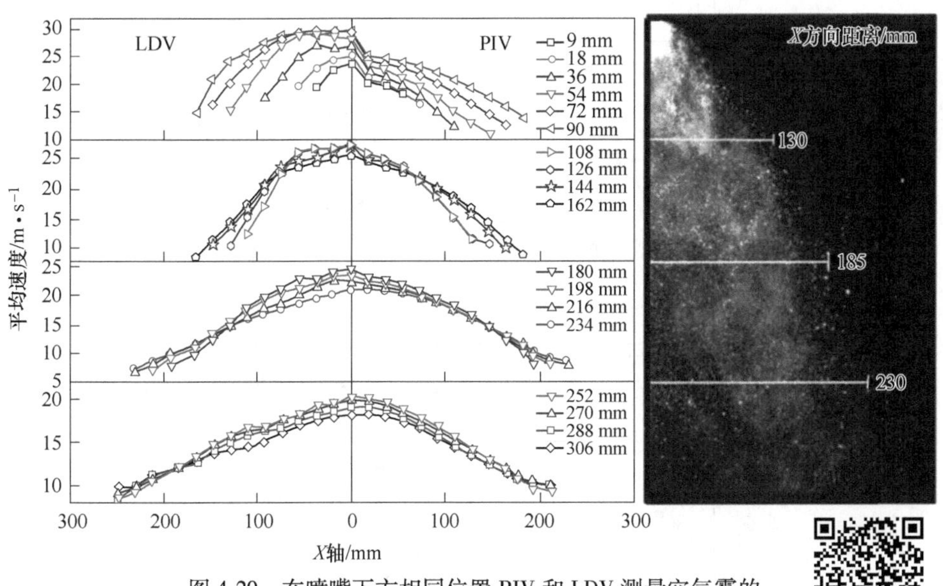

图 4-20 在喷嘴下方相同位置 PIV 和 LDV 测量空气雾的速度分布的比较

图 4-20 彩图

LDV 测量提供了测量面若干点处的速度。在每个位置，3000 个 LDV 数据点对应 50 对（100 幅）PIV 图像。然而，PIV 测量可以得到气雾射流的完整速度剖面，且在远离喷嘴口的区域与 LDV 吻合较好。另外，LDV 具有良好的时间分辨率和在线数据处理能力，但 LDV 测量比较费时。如前所述，LDV 技术只能测量单点速度，这是 LDV 的另一个限制。

综上所述，LDV 和 PIV 都能够测量气雾速度，并提供主要流量特征的定量信息。PIV 可以计算出远离喷口区域的整个精确的速度剖面，但是在靠近喷口的位置几乎没有信息。同时，LDV 具有良好的时间分辨率，可以获得喷口附近更详细的速度场信息，但是逐点测量非常耗时，特别是对于稠密的气雾射流。考虑到 PIV 和 LDV 的优点和局限性，本研究提出了一种结合 LDV 和 PIV 的优化方法，可以准确地测量气雾射流的速度场，从而更好地描述射流的流动特性。即使用 LDV 测量喷口及喷口附近的流场，用 PIV 来测量距离喷口一定距离的区域（即粒径变化不大的区域）。

将图 4-20 中轴向速度和径向速度无量纲化如图 4-21 所示，发现 PIV 和 LDV

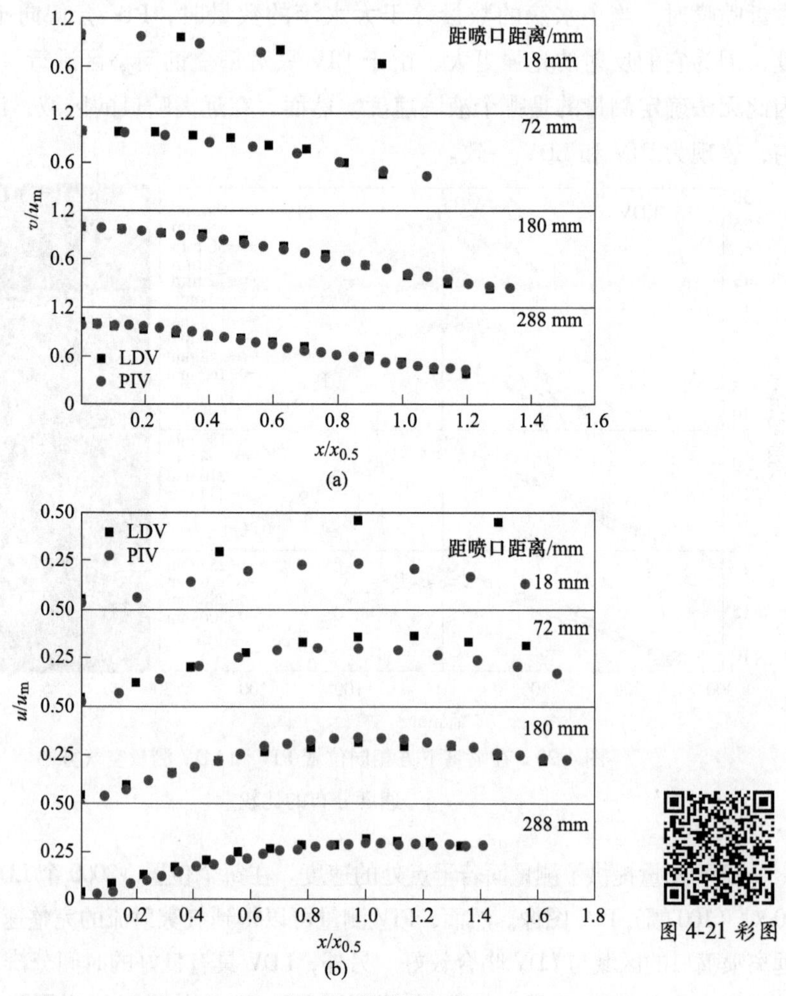

图 4-21　PIV 和 LDV 数据的比较

（a）PIV 和 LDV 不同截面轴向无因次速度的分布；（b）PIV 和 LDV 不同截面水平无因次速度的分布

的轴向速度分布一致，如图 4-21（a）所示，气雾射流 v/u_m 的无量纲平均速度随 $x/x_{0.5}$ 减小，在 $x/x_{0.5}=2.0$ 左右达到最小值。PIV 数据与 LDV 测量结果吻合较好。对于图 4-23（b）中的无量纲轴向速度 u/u_m，PIV 和 LDV 数据只有在距离喷管出口 180 mm 以上的位置，即 $H=180$ mm、288 mm 两个位置。两个测速方法的主要的测量结果的差异在距喷嘴 126 mm 以上的位置，即 $H=18$ mm、72 mm 两位置，LDV 测量值高于 PIV 数据。轴向分量和水平分量在喷口处相互作用，水平分量倾向于迅速转换为轴向分量，沿轴向坐标向下移动。轴向分量在空气喷雾中明显占主导地位。与轴向分量相比，水平分量要小得多，且两种技术之间的差异导致 PIV 和 LDV 的水平无量纲速度相差较大。而径向速度在喷口附近有差异，LDV 所测的径向速度表现比 PIV 的要高，这点不但与图 4-20 相同表现的一致性，又体现了喷口处径向速度快速向轴向速度转化的过程。

为进一步对比 PIV 和 LDV 两种测试手段，通过气雾射流的测试，对其轴向和径向无量纲速度对比，如图 4-22 和图 4-23 所示。

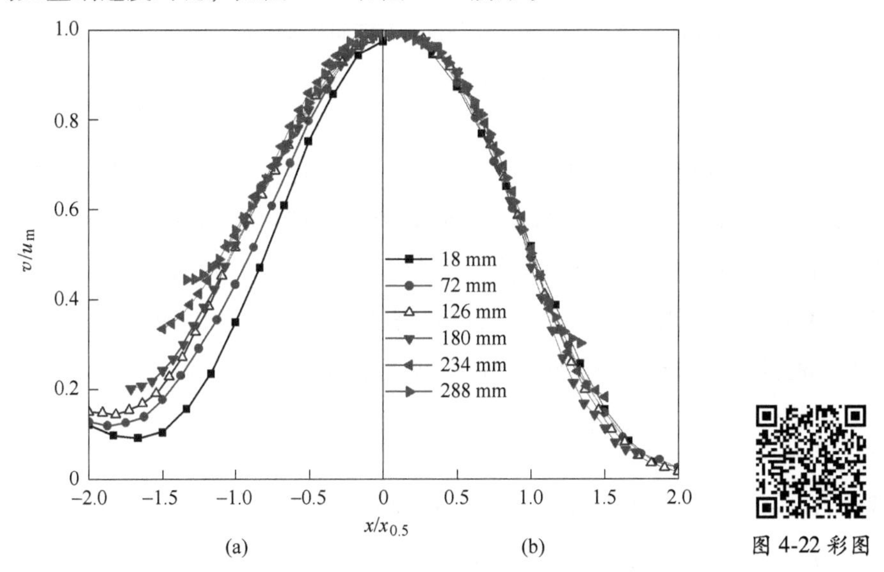

图 4-22　PIV 强制气雾射流和自由气雾射流轴向速度分量 v 在不同截面的分布

（a）强制气雾射流；（b）自由气雾射流

当 $x/x_{0.5}>0$ 时，对于自由射流不同截面的无量纲轴向速度是一致的，但 $x/x_{0.5}<0$ 为受迫射流时，靠近喷嘴口的距离轴向速度不同，且较低。而图 4-23 所示基于 LDV 和 PIV 的无量纲的径向速度分布，无量纲水平速度随 $x/x_{0.5}$ 的增大而增大，在 $x/x_{0.5}=1.0$ 时达到最大值，然后迅速减小。图 4-23（a）中，随着与喷

口距离的增大，速度不断减小直到截面为 180 mm，LDV 所测得径向无量纲速度不变。而图 4-23（b）PIV 所测得结果表现为，径向无量纲速度随着与喷口距离的增大，无量纲速度先增大直到截面为 180 mm，然后减小。

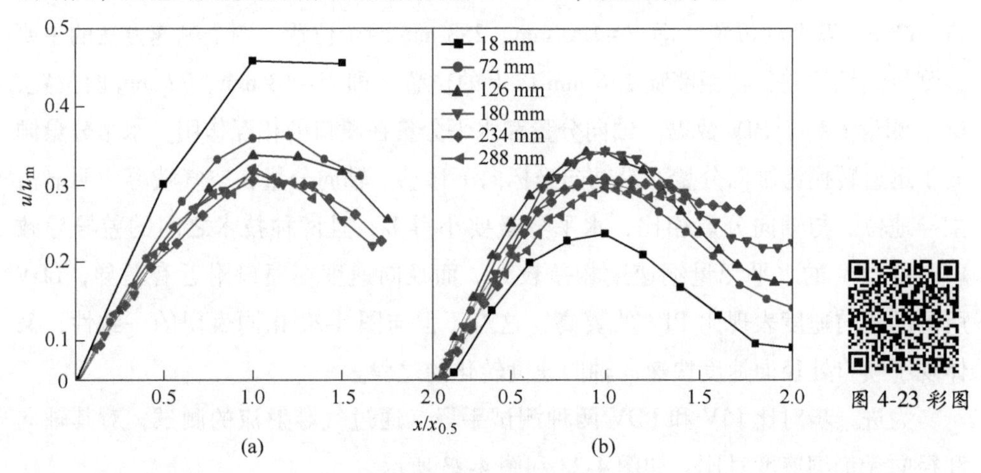

图 4-23 气雾射流水平速度分量 u 在不同截面的分布

（a）LDV 测量结果；（b）PIV 测量结果

在接下来的讨论中，忽略左边的受迫射流，只考虑右边自由射流，进一步分析轴向无量纲速度分布，如图 4-24 所示。在所有距喷口无量纲距离相等处，水滴轴向无量纲速度相等。各截面的无量纲速度分布具有自相似，满足高斯分布如图 4-24 中的黑色实线所示，根据实测数据拟合得到 R^2 为 0.9912。这意味着轴向无量纲的速度分布与喷口的距离无关。高斯分布函数表示为：

$$\frac{v}{u_m} = e^{-\frac{1}{2}\left(\frac{x}{Cx_{0.5}}\right)^2} \tag{4-10}$$

式中 v——气雾射流中某点（x，y）的时间平均速度，m/s；

u_m——中心线速度（即截面最大速度），m/s；

x——到中心线的水平距离，m；

$x_{0.5}$——到测试点 $v=0.5u_m$ 的距离，m；

C——经验常数 $C=0.807$。

式（4-10）为以现象学理论为基础，辅以实验观测的射流速度解析解。

Reichardt（1943）给出了单相淹没射流在充分发展区域的速度分布，表示如下：

$$\frac{u_x}{u_m} = e^{-\frac{1}{2}\left(\frac{x}{Cs}\right)^2} \tag{4-11}$$

式中 u_x——射流中某一点 (x, y) 的轴向速度，m/s；

u_m——中心线速度，m/s；

s——离喷嘴出口的距离，m；

C——一个经验常数。

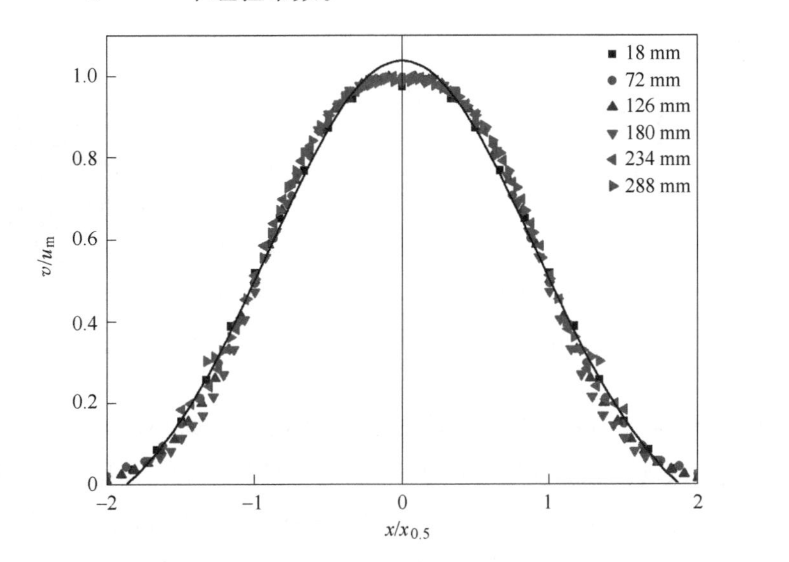

图 4-24 彩图

图 4-24 用 PIV 测得不同截面轴向速度的分布

文献（如 Albertson[193]）中的值为 $0.071 < C < 0.080$，x 为到中心线坐标的水平距离。G. Hetsroni[194] 发现两相射流也可以用式（4-11）来描述，注意，扩散系数不一定等于常数。采用该方法对本扇形两相流气喷雾射流数据进行处理，如图 4-25 所示。无因次轴向速度 $(x/s)^2$ 在不同横截面不相等，特别是在180 mm 之前，即式（4-11）并不完全适用于连铸二冷气液两相流流场分布，而本研究拟合的式（4-10）可以很好地描述该气雾射流的速度场。

4.5.4.3 气雾射流不同工况的优化

在气液两相流喷嘴中，由于气液相互作用，在不同的喷嘴工作条件下，气液两相流喷嘴的流量和压力发生了变化。基于 PIV 结果，图 4-26 绘制了沿中心线液滴平均速度与喷嘴距离的关系图，可以看出：（1）空气压力和水压力对中心线速度均有影响，其中空气压力的影响更为显著；（2）除 0.30 MPa 空气和水压力实验外，中心线速度在距喷嘴轴向距离约 100 mm 处先增大到最大值，然后随

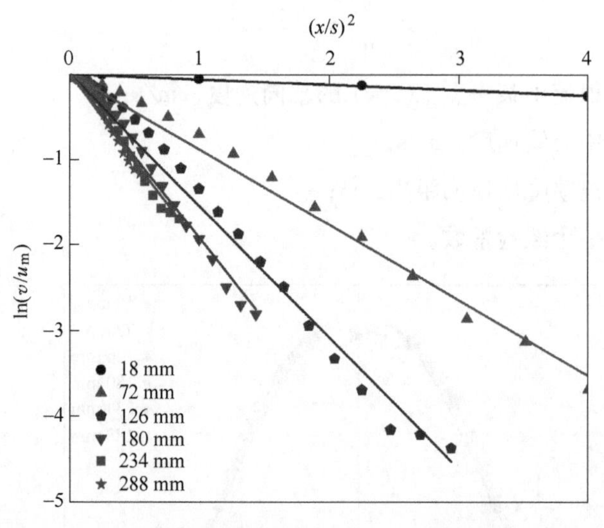

图 4-25 彩图

图 4-25　无因次轴向速度和 $(x/s)^2$ 在不同横截面的分布

(G. Hetsroni, et al., 1971[194])

距离减小而减小；(3) 对于气压一定时，速度随水压的增大而减小；(4) 气压为 0.30 MPa时，流速有波动，但在气压为 0.10 MPa 和 0.20 MPa 时流速稳定，且随着水压的增大流速变化不大。以上研究发现，气压为 0.20 MPa 和水压为 0.40 MPa或 0.50 MPa 下能够实现更均匀、稳定和较大的速度分布，据此可以作为本喷嘴操作条件选择的依据。

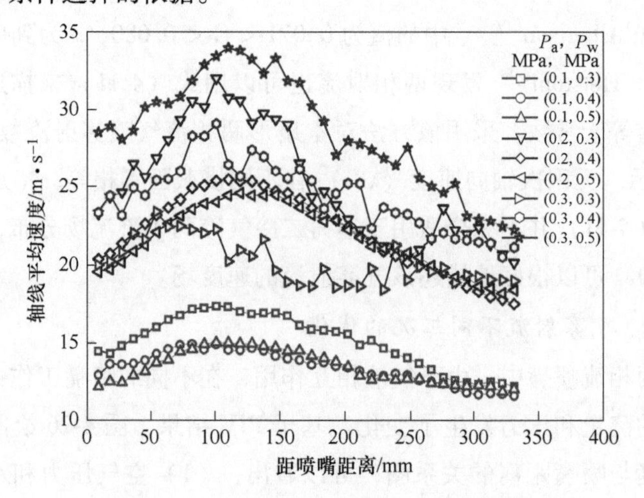

图 4-26 彩图

图 4-26　平均液滴速度沿中心线的分布

(水压 0.20~0.50 MPa，气压 0.10~0.30 MPa)

采用上述无量纲优化方法，对不同水压和气压下的实验结果进行无量纲处理。如图4-27展示了气压（0.10 MPa、0.20 MPa、0.30 MPa）和水压（0.30 MPa、0.40 MPa、0.50 MPa）下，射流不同截面处的轴向无量纲速度分布。可见，只有在

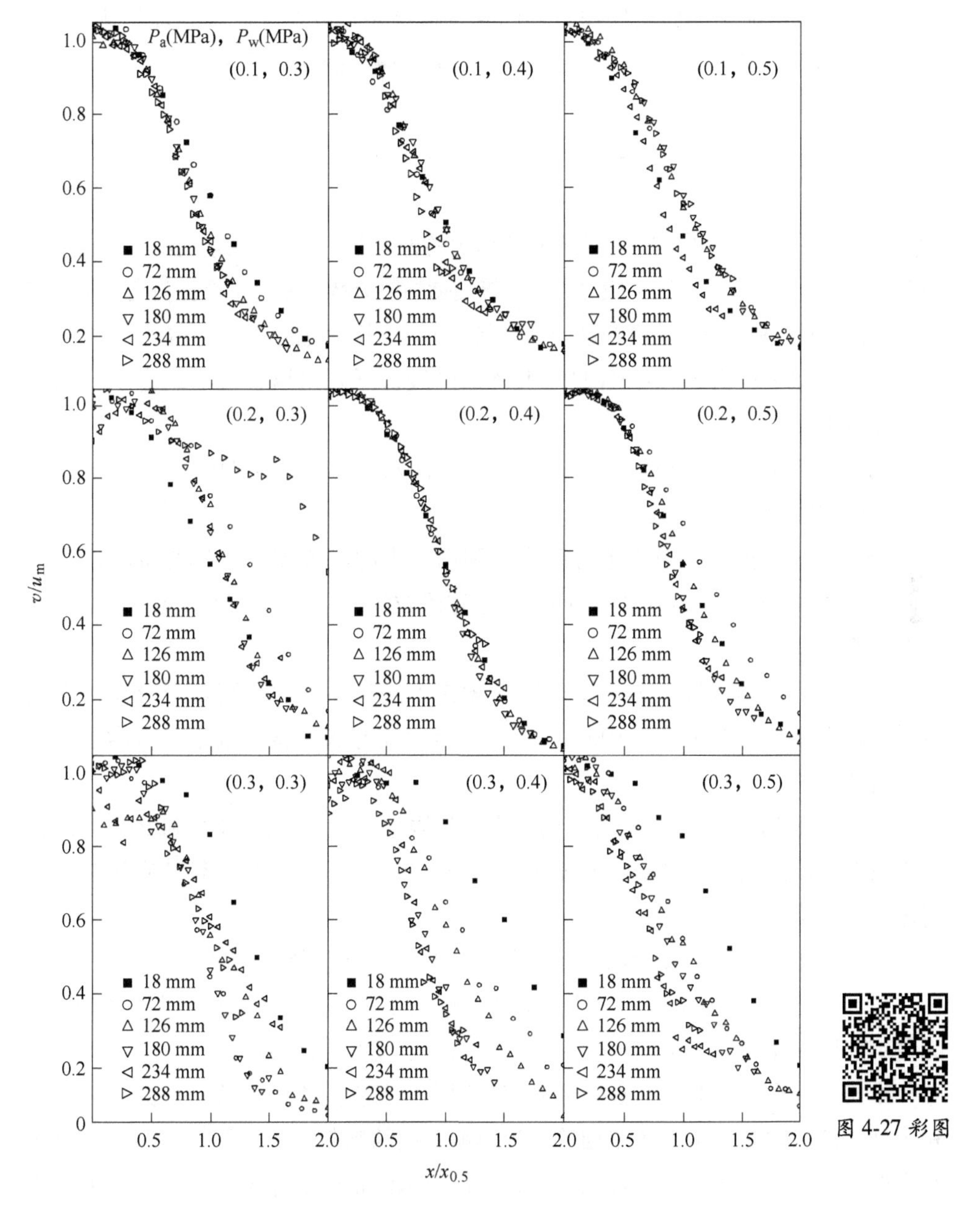

图4-27 不同截面无量纲轴向速度分布

（水压0.20~0.50 MPa，气压0.10~0.30 MPa）

气压 0.20 MPa、水压 0.40 MPa 的情况下，不同截面无量纲轴向速度才较好地满足正态分布，具有自相似。实验结果表明，不同截面的轴向无量纲速度分布具有自相似性，即相同无量纲位置处轴向无量纲速度相同，而该条件可能为优化连铸二冷过程中气雾喷嘴的典型操作条件的判定提供一定的参考。就当前结果而言，气压 0.20 MPa、水压 0.40 MPa 为本扇形气雾喷嘴的速度最优工况。

4.6 本章小结

气雾射流特性的研究是气雾换热过程认识的先决条件。本书探索利用气雾射流实验系统及 PIV、LDV 等测试手段对典型气雾喷嘴的射流特性曲线、喷雾角度、水流密度、雾滴粒径、雾滴喷射速度等进行了研究，探讨了其射流区域内的分布特征。

（1）水流密度符合该喷嘴的气水特性曲线，不同水压、气压组合下，水流密度分布不同。

（2）该气雾喷嘴的喷射角度较稳定，不同水压和气压工况下，喷射角度在 90°左右，说明本喷嘴的适应性好。

（3）通过对传统图像法进行改进，利用最大类间方差法，从背景图像中获得阈值，用 Matlab 编写相应的程序来测量雾滴粒径。用已知粒径的装置测试该方法的准确性及可行性。

（4）通过光学成像法测量了气雾喷嘴在不同条件下的雾滴粒径分布，发现粒子直径主要的分布区间在 100 μm 以下，且射流雾滴的雾化效果与雷诺数和韦伯数密切相关。

（5）考虑到 PIV 和 LDV 各自的优点和局限性，提出一种 LDV 和 PIV 相结合的方法来准确测量气雾射流的速度场，并应用 PIV 和 LDV 对气雾射流雾滴速度场进行了测量与研究。

（6）气雾射流的速度分布是自相似的，且满足高斯分布。

（7）气压为 0.20 MPa、水压为 0.40 MPa 的工况各截面无量纲距离相等处，无量纲速度分布相同，速度场分布不但均匀而且具有自相似性。

本研究提出了针对本气雾扇形喷嘴典型操作条件的判断方法，即无量纲距离相等处，液滴轴向无量纲速度相等作为典型工况的判断方法。同时证明用该方法判定的工况所对应的粒径分布也均匀，另结合水流密度的非尖峰分布为喷射距离的判断依据，据此，为保证良好的雾滴分布，铸坯表面均匀的冷却，本喷嘴的典型操作条件为气压 0.20 MPa，水压 0.40 MPa，喷射距离为 285 mm。

5 雾滴沸腾形貌研究

5.1 单液滴流粒径/速度研究

5.1.1 单液滴流与高速摄像机参数匹配

在分析单液滴流撞击金属产生的形貌变化时，本研究需要对其撞击后界面的形貌变化进行清晰的拍摄，需要明确拍摄帧率、图像分辨率和曝光时间三者之间的关系。为了计算第一滴有效液滴撞击金属表面前的实际速度，采集 1 s 内的大量照片，此时提高拍摄帧率，会导致分辨率降低以及曝光时间减小，由于此时相机的进光量减小，所以需要调整光圈变小补光来保证图像的亮度和清晰度。经过不断试验发现，当拍摄帧率为 17796 f/s（即 1 s 内可以拍摄 17796 帧照片），图像分辨率为 256×230 像素，曝光时间为 40 μs 时能捕捉到清晰的单液滴流下落并撞击表面的图片，如图 5-1 所示。

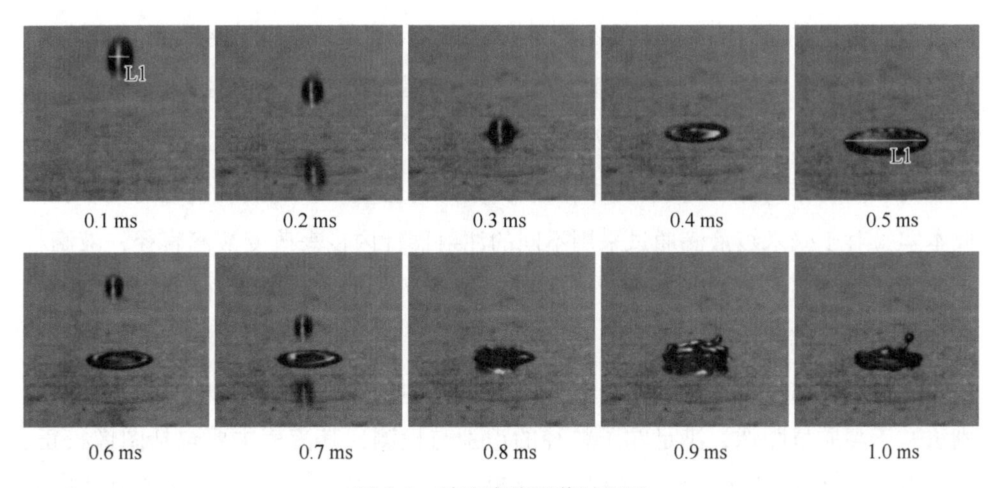

图 5-1　单液滴流下落过程图

一秒内记录每张照片的时间为 0.056 ms，大于曝光时间 0.04 ms，达到拍摄要求。另外，在拍摄单液滴流第一滴有效液滴下落过程中，撞击的时间为 0.2 ms，除以每秒记录每张照片的时间 0.056 ms，可得 4 张照片，与事实相符，得以验证。

5.1.2　单液滴流最大铺展因子的测量

单液滴流在下落过程中由于其粒径的微小可以忽略空气扰动的影响，将其视为球形且其粒径不发生改变。初始直径 d_0 表示其从液滴发生器流出的直径以及第一滴有效液滴与壁面接触前一刻的直径。单液滴流的第一滴有效液滴撞击金属表面后在界面会形成一层“圆饼状”的膜，此时液滴在界面能达到的最大直径定义为液滴的最大铺展直径 d_{max}。将最大铺展直径 d_{max} 与初始直径 d_0 之比定义为最大铺展因子 β。如式（5-1）所示：

$$\beta = \frac{最大铺展直径\ d_{max}}{初始直径\ d_0} \tag{5-1}$$

图 5-2 为 IPP 软件对最大铺展因子 β 的测量图。最终的输出结果为 5 次测量的平均值。

5.1.3　单液滴流粒径的验证

对于毫米级液滴，首先使用 IPP 软件对液滴的水平方向和竖直方向的像素距离进行测量，并通过 100 μm 的标尺对液滴的水平直径和竖直直径进行转换计算，确定液滴的水平直径 D_h 和竖直直径 D_v，进而确定液滴的当量直径：

$$d_0 = (D_h^2 D_v)^{1/3} \text{[232]} \tag{5-2}$$

由于注射器的针头内径和液滴的表面张力将会直接影响液滴直径的大小。因此本实验对于毫米级液滴通过采用不同的注射器针内径来改变液滴直径，液滴粒径分别为 1.43 mm、1.95 mm、2.59 mm、2.91 mm，液滴直径测定如图 5-3 所示。

项目基于图像数字矩阵的处理和识别图像方法进行液滴直径的验证，图像识别法基于高质量图像，满足粒子粒径的识别与检测，其流程主要包括图像校正、预处理和粒径检测等。粒径的测试过程如 4.4.1 节和 4.4.2 节粒径测量过程一致。

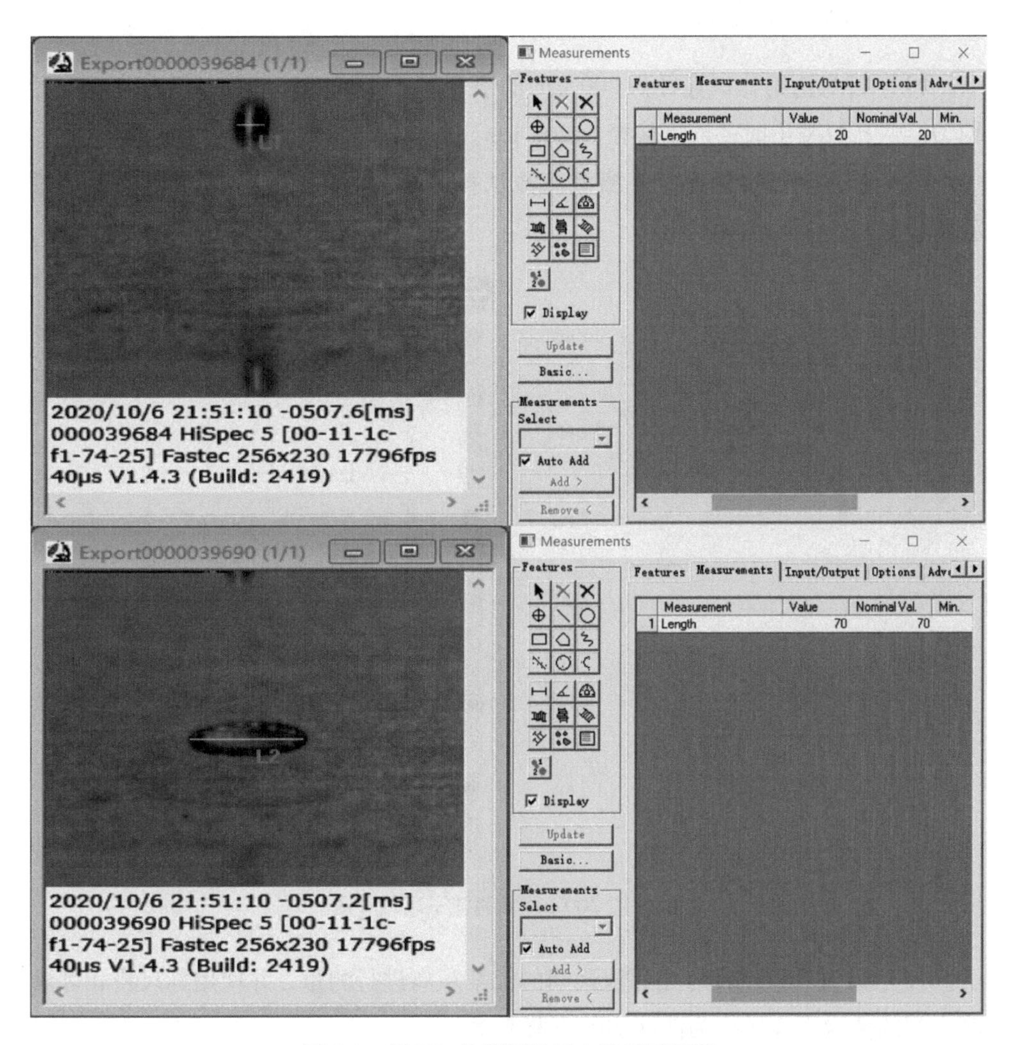

图 5-2 用 IPP 软件测量最大铺展因子图

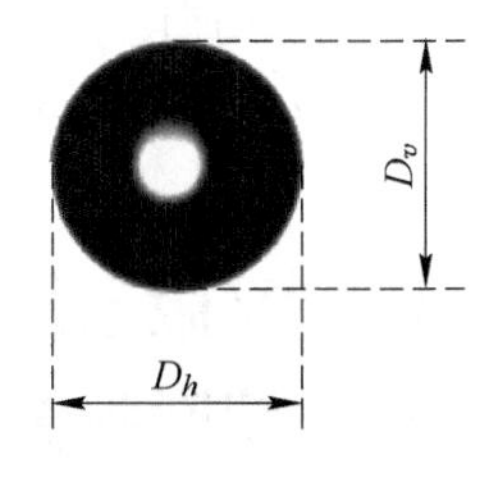

图 5-3 液滴当量直径 d_0 的计算

5.1.4　单液滴流的速度测量

（1）首先选用孔口直径为 200 μm 的垫片，并调节相关参数，保证液滴粒径均匀，从孔口喷出时的液滴粒径为 200 μm。

（2）使用高速摄像连续拍摄液滴流从孔口喷出的第一滴有效液滴的下落过程图，如图 5-4 所示。

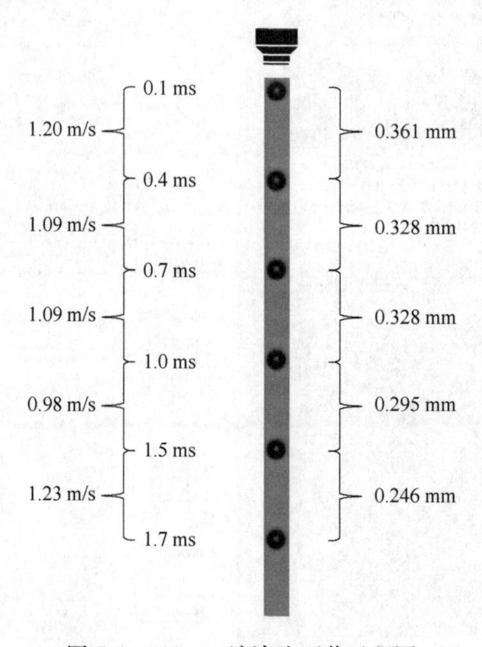

图 5-4　200 μm 液滴流下落过程图

（3）通过 IPP 软件对相邻液滴间的像素距离进行测量，并使用标尺将相邻液滴之间的像素距离转换为液滴实际下落距离。

（4）最后通过高速摄像机连续拍摄的图片记录液滴下落的时间间隔，计算可得出液滴在下落过程中的每一段的实际速度。由于液滴粒径较小，且计算出的每段液滴速度相差不大，因此可以忽略重力加速度，得出平均速度为 1. 12 m/s。

5. 2　热表面特征对毫米/微米级液滴流撞击金属热表面形貌影响分析

实验通过可视化的方法对液滴撞击金属热表面的形貌进行研究，对毫米/微米级液滴撞击金属热表面后在撞击表面会出现铺展、收缩、反弹、破碎、飞溅等行为及其影响因素进行分析。主要对毫米级/微米级单液滴和液滴流撞击不同热表面特征包括不同表面温度和表面粗糙度对液滴在撞击表面形貌变化等进行对比研究，并对不同表面粗糙度的液滴动态 Leidenfrost 温度变化进行分析。

5.2.1 表面温度对毫米/微米级液滴撞击热表面形貌影响分析

通过液滴撞击不同温度热表面的动力学行为的不同，将液滴与热表面之间的热交换分为四个区域，分别为膜态蒸发区、核态沸腾区、过渡沸腾区和膜态沸腾区。以下内容将根据撞击金属热表面温度的不同对毫米/微米级单液滴和液滴流在这四个区域的沸腾传热机理和在热表面上形貌的基本特点进行分析。

5.2.1.1 表面温度对单液滴撞击热表面的形貌影响分析

A 单液滴在撞击热表面膜态蒸发形貌变化

将单液滴与热表面接触前的最后一帧图片记录为开始时刻 $t=0$ ms，热表面温度均为 100 ℃。单液滴撞击金属热表面膜态蒸发模式形貌变化图如图 5-5 所示，液滴变化特征如下：当粒径为 1.43 mm 时，可观察到液滴在自身重力和积累动能的作用下，在与金属热表面接触后开始铺展，在 $t=2.2$ ms 铺展到最大，随后液滴从边缘开始向中间聚集，在 $t=7.5$ ms 时，聚集现象比较明显，在液滴中心产生向上的液柱，到 $t=12.5$ ms，液滴由铺展边缘的全部运动到液滴中心，并在液滴中心聚集，液滴边缘与热金属表面接触液膜较薄，在 $t=17.5$ ms 时，液滴在向中间聚集后在热表面开始了第二次铺展，可以清楚观察到此时的铺展直径相比液滴接触热表面的初次铺展要小，随后 $t=22.5$ ms，液滴再次向中心聚集，在 $t=27.5$ ms 时，液滴继续向外铺展，反复振荡后液滴在热表面达到平衡状态，之后在热表面缓慢蒸发。

微米级粒径较小，补光强度过高会影响高速摄像机成像，不能清晰观察微米级液滴在热表面上的形貌变化，因此对于微米级液滴，采用较弱强度的补光配合高速摄像机成像，同样将液滴与热表面接触前的最后一帧记录为 $t=0$ ms，并进行后续观察。液滴变化特征如下：在液滴直径为 200 μm 时，在 $t=0.2$ ms 时，液滴在热表面上铺展到最大，随后开始收缩，在 $t=0.8$ ms 时，可以观察到液滴从边缘向中间聚集，并在液滴中心形成液柱，到 $t=1.2$ ms，液滴继续向中心收缩聚集，此时液滴边缘的液膜逐渐变薄，$t=1.5$ ms 时，液滴从中心向周围扩散铺展，到 $t=1.7$ ms 液滴再次铺展到最大，但此时铺展直径较液滴初次撞击热表面铺展更小，在 t=2.1 ms 时，液滴在中间聚集后开始向四周扩散，在热表面上反复振荡达到平衡状态后在热表面上缓慢蒸发。

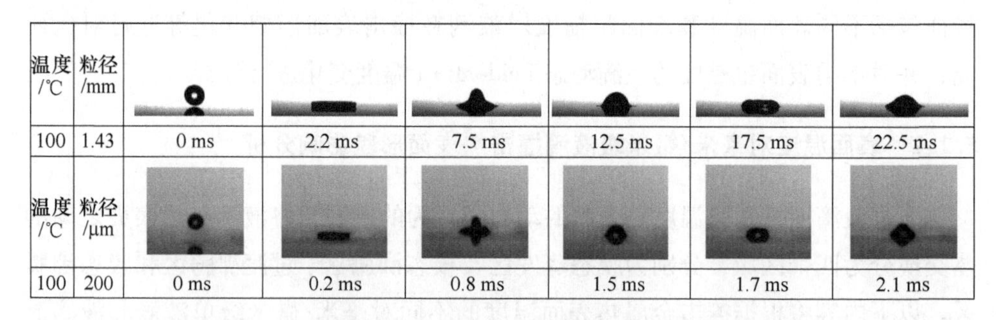

图 5-5　单液滴撞击金属热表面膜态蒸发模式形貌变化图

B　单液滴在撞击热表面核态沸腾形貌变化

随着金属热表面温度的升高，单液滴撞击金属热表面核态沸腾模式形貌变化图如图 5-6 所示。液滴变化特征如下：在热表面温度为 150 ℃、粒径为 1.43 mm 时，在 t=2.2 ms 时，液滴铺展到最大，随后从边缘向中间聚集，t=7.5 ms 时，液滴向中间聚集现象明显，液滴表面开始发生扰动，并在内部产生气泡，t=12.5 ms 时，液滴沸腾现象更加明显，二次液滴也随着气泡的不断破碎而逐渐增多，t=17.5 ms 时，液滴表面扰动依旧剧烈，到 t=22.5 ms 时，随着时间的推移，液滴在热表面上不能达到稳定状态，气泡之间的挤压较为剧烈，沸腾现象比较明显，液滴表面始终存在较为剧烈的扰动，液滴随着气泡的不断生成破碎而逐渐蒸发。

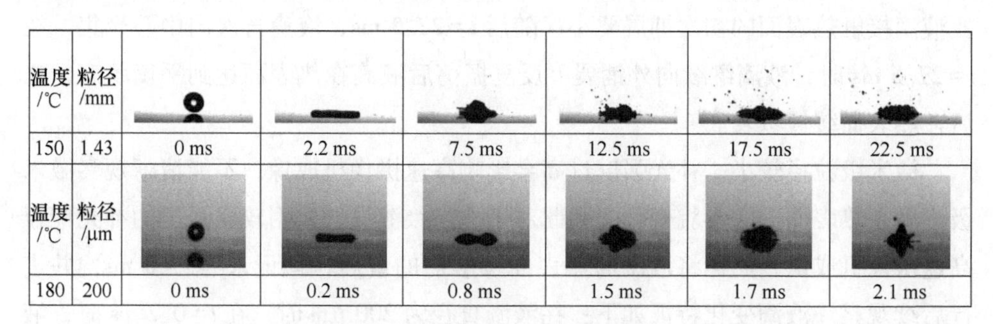

图 5-6　单液滴撞击金属热表面核态沸腾模式形貌变化图

当热表面温度为 180 ℃、粒径为 200 μm 时，液滴在与热表面接触后在 t=0.2 ms 时铺展到最大，随后在 t=0.8 ms 时，液滴中间出现一个凹陷，液滴聚集在边缘位置，并开始向液滴中心收缩聚集，在 $t=1.5$ ms 时，液滴从边缘运动到液滴中心，液滴内部开始产生大量核化气泡，并在液滴表面产生扰动，在 $t=1.7$ ms 时，液滴底部产生的气泡不断生长，相互挤压，吞并，形成大气泡，并由于气泡的不断破碎产生二次液滴，在 $t=2.1$ ms 时，由于大气泡的不断破碎，液滴在热表面上的扰动较大，液滴仍向中心收缩，液滴在热表面上随着气泡的生成和破碎循环直至蒸发。

C 单液滴在撞击热表面过渡沸腾形貌变化

液滴撞击金属热表面的过渡沸腾模式形貌变化图如图 5-7 所示，当热表面温度在 240 ℃、粒径为 1.43 mm 时，经过 $t=2.2$ ms，液滴在热表面上铺展到最大，在 $t=7.5$ ms 时，液滴向中心收缩，液滴与热表面接触区域的扰动剧烈，液滴在与热表面接触区域的气泡产生速率与形核密度进一步增大，随着气泡破碎产生二次液滴，在 $t=12.5$ ms 时，液滴收缩成一个大液滴，液滴与热表面接触区域不断产生气泡破裂，液滴在与热表面接触区域仍有扰动，并伴随二次液滴的产生，到 $t=17.5\sim22.5$ ms 时，液滴收缩成一个大液滴，随着气泡在与热表面接触区域破碎，大液滴从热表面上弹起，离开接触热表面，伴随产生二次液滴，形成弹跳-雾化模式[195]。液滴从热表面弹起，在热表面上反复弹跳，最后近似悬浮在热表面上保持球形缓慢蒸发。

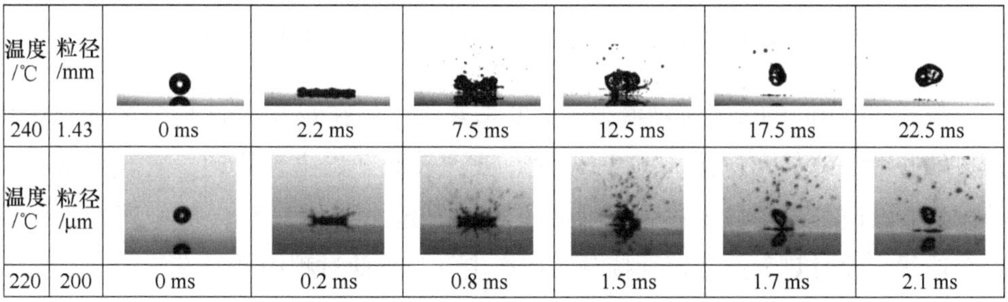

温度/℃	粒径/mm						
240	1.43	0 ms	2.2 ms	7.5 ms	12.5 ms	17.5 ms	22.5 ms
温度/℃	粒径/μm						
220	200	0 ms	0.2 ms	0.8 ms	1.5 ms	1.7 ms	2.1 ms

图 5-7 单液滴撞击金属热表面过渡沸腾模式形貌变化图

当热表面温度为 200 ℃时，粒径为 200 μm，可以发现液滴与热表面接触后，在 $t=0.2$ ms 铺展到最大，由于液滴与热表面接触区域气泡快速产生并破碎产生少量二次液滴，到 $t=0.8$ ms 时，液滴表面扰动更加剧烈，产生的二次液滴逐渐增多，到 $t=1.5$ ms 时，液滴向中间聚集现象逐渐明显，由于液滴底部气泡的破碎，液滴在底部出现局部悬空现象，依旧产生大量二次液滴，到 $t=1.7$ ms 时，液滴收缩成球状，并要脱离热表面，此时在热表面上的薄液膜依旧可以观察到气泡的生成和破碎现象，$t=2.1$ ms 时，液滴保持球状脱离热表面，并在热表面上的薄液膜缓慢蒸发。

D　单液滴在撞击热表面膜态沸腾形貌变化

液滴撞击热金属表面的膜态沸腾形貌变化图如图 5-8 所示。当热表面温度为 280 ℃，对于粒径 1.43 mm 液滴，在 $t=2.5$ ms 时铺展到最大，在液滴中心会有小凸起，到 $t=7.5$ ms，液滴在自身表面张力的作用下开始收缩，并开始在金属热表面上发生反弹，到 $t=12.5$ ms，液滴脱离热表面，并从热表面上弹起，液滴在弹跳过程中发生破碎，在 $t=17.5\sim22.5$ ms 时，液滴弹起破碎后继续向外扩散运动，破碎形成的二次液滴开始在热表面上发生不规则弹跳，经过多次反弹达到平衡状态后，最终悬浮在热表面上保持球形缓慢蒸发。由于相机的景深较短，无法完整记录所有二次液滴在热表面上维持球状缓慢蒸发的过程。

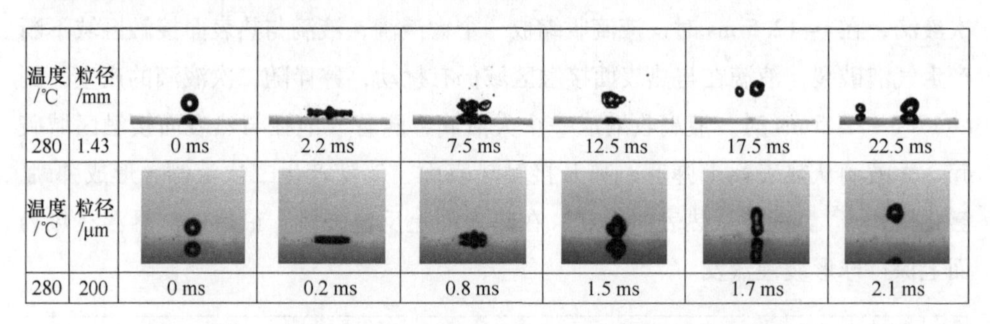

图 5-8　单液滴撞击金属热表面膜态沸腾模式形貌变化图

粒径 200 μm 的微米级液滴撞击 280 ℃热表面，在 $t=0.4$ ms 时，液滴与热表面接触并铺展到最大，在 $t=0.8$ ms 时，液滴表面开始出现扰动，液滴开始向中心聚集，此时可以明显观察到在液滴中心有凸起，到 $t=1.5$ ms 时，液滴收缩成一个球状，此时热表面与液滴接触区域产生气膜，此过程中并没有气泡和二次液滴的产生，随后在 $t=1.7$ ms 时，液滴开始脱离热表面发生反弹，且液滴在反弹时被拉长保持近似柱状向上反弹，到 $t=2.1$ ms 时，液滴保持近似球状在热表面弹跳，此时发生典型 Leidenfrost 现象。

由于液滴撞击金属热表面过程中随着热表面温度不同产生不同形貌变化，液滴与热表面的接触边界也会随之变化。因此，定义无量纲铺展因子为液滴铺展直径 D_k 与初始直径 d_0 的比值，如式（5-3）所示。通过拟合无量纲铺展因子随时间变化图，可以直观了解微米/毫米级液滴在不同温度金属热表面铺展速率的差异。

$$\beta = \frac{D_k}{d_0} \tag{5-3}$$

图 5-9 为液滴撞击不同温度热表面的铺展因子变化图。微米级单液滴（粒径 200 μm）的最大铺展因子比毫米级单液滴（粒径 1.44 mm）铺展因子更小。同时，热表面温度对于液滴铺展速度影响较小。在膜态沸腾和过渡沸腾阶段，液滴的最大铺展因子相差不大。对于毫米级和微米级的单液滴，在膜态蒸发时，液滴回缩情况较慢，由于热表面的温度较低，液滴与热表面之间还没有形成气膜，液滴在与热表面接触后能够直接在热表面上铺展，此时表面过热度较小，液滴撞击热表面后克服自身重力，在表面张力的作用下开始回缩，并在热表面上反复振荡，达到平衡后缓慢蒸发，液滴与热表面之间无相变传热，因此液滴回缩较慢。而膜态沸腾下的回缩情况较其他沸腾模式快，这是由于热表面温度过高，液滴在撞击热表面后在热表面形成一层气膜，液滴由于气膜的存在并未与热表面直接接触，导致液滴回缩时刻提前。对于毫米级单液滴，其在膜态沸腾状态下的铺展速度高于其他沸腾模式下的铺展速度。

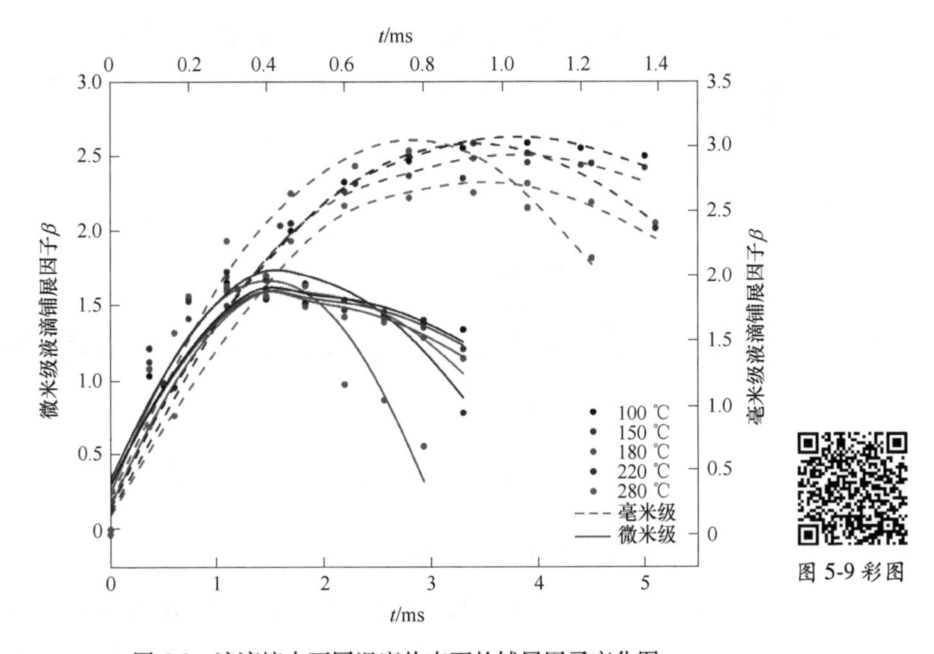

图 5-9 液滴撞击不同温度热表面的铺展因子变化图

随着时间的推移，液滴在热表面上的铺展呈现一个先增加后减小的情况，对于毫米级和微米级单液滴的铺展变化斜率均在达到最大铺展之前斜率近似，这表明热表面温度对于液滴达到最大铺展的铺展速率影响较小。因毫米级液滴的最大铺展因子比微米级液滴在热表面上的最大铺展因子更大，表明液滴撞击热表面时毫米级液滴在热表面上所需的表面张力大。在工业应用中，尤其是在喷雾冷却的应用中，液滴在热表面会依次经历膜态沸腾，过渡沸腾和核态沸腾，最后进入薄膜蒸发阶段。液滴在核态沸腾阶段的传热系数和热流密度都急剧增大，具有温压小、传热强等特点，对传热起着决定性影响。相反，膜态沸腾阶段产生的气膜导致液滴不能与热表面直接接触，制约传热，可能会导致局部过热甚至影响材料性能。因此，在喷雾冷却的过程中，应尽量缩短膜态沸腾时间使其快速进入核态沸腾，由于微米级液滴所需的表面张力更小，其表面张力克服重力所做的功更小，使液滴在热表面上沸腾时间更短，更有助于冷却。

膜态沸腾会在热表面上形成气膜，使液滴不能直接接触热表面，在气膜压力的作用下向上弹起，影响传热，增加了传热时间。对于喷雾冷却来说，降低膜态沸腾的时间，使其快速进入核态沸腾是十分必要的。因此，液滴在膜态沸腾状态下从液滴撞击热表面到从热表面被弹回的驻留时间也是本章研究的重点。

在膜态沸腾阶段，液滴在较小的撞击速度下撞击热表面并从热表面上反弹，将液滴与金属热表面即将接触前到液滴完全从热表面弹起后所用的时间间隔定义为驻留时间 t_r，如图 5-10 所示。

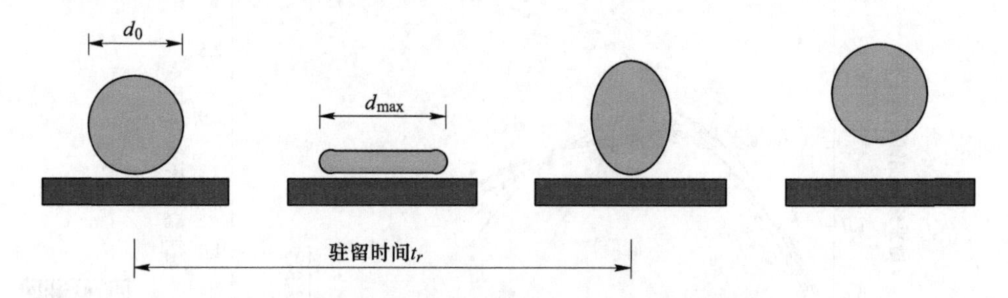

图 5-10　液滴膜态沸腾阶段撞击热表面过程示意图

膜态沸腾阶段撞击热表面过程图如图 5-11 所示。将高速摄像机拍摄的液滴撞击热表面前图像定义为开始时刻，直到液滴从热表面上弹起所拍摄的最后一帧所用的时间间隔作为液滴的实际驻留时间。对于毫米级液滴，在 2. 2 ms 铺展到最大后，表面张力的作用下开始收缩，在 9. 0 ms 时脱离热表面，从热表面上弹起。而对于微米级液滴，液滴在 $t=0.2$ ms 时在热表面上铺展到最大，并在 $t=1.5$ ms 时完整收缩并从热表面上弹起。由于毫米级粒径较大，所需的表面张力更大，延长了液滴在热表面上驻留时间，毫米级液滴的驻留时间较微米级液滴的驻留时间更长，而这对于金属冷却来说会降低其冷却速度，对于传热较为不利。

粒径/mm	驻留时间t_r/ms			
1.43	9.0	0 ms	2.5 ms	9.0 ms
粒径/μm	驻留时间t_r/ms	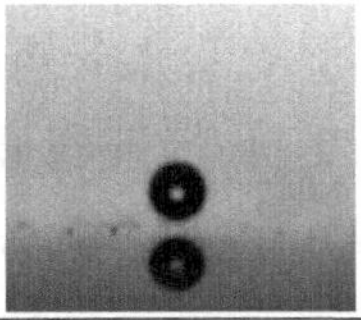	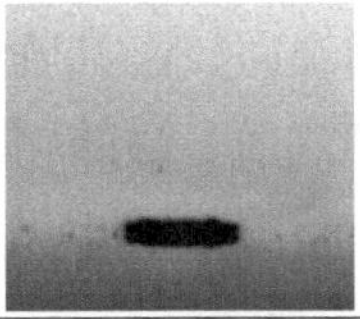	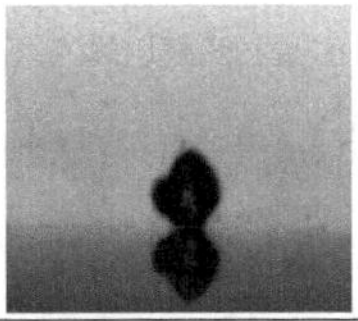
200	1.5	0 ms	0.4 ms	1.5 ms

图 5-11　膜态沸腾阶段撞击热表面过程图

5.2.1.2　表面温度对液滴流撞击热表面的形貌影响分析

A　液滴流在撞击热表面膜态蒸发形貌变化

液滴流撞击金属热表面膜态蒸发模式形貌变化图如图 5-12 所示。对于毫米级（粒径 1.95 mm）液滴流，液滴在 $t=2.2$ ms 铺展到最大，向中间聚集，再加热表面上反复振荡，随后在 166 ms 第二滴液滴落在热表面上后，第二滴向外铺展时，液滴表面产生较大波动，振荡后达到平衡状态。随着液滴的不断下落，液滴与热表面的接触面积不断增大。而对于微米级（粒径 200 μm）液滴流，液滴与热表面碰撞铺展最大 $t=0.2$ ms 后收缩，液滴向中间聚集，在热表面开始振荡，$t=5$ ms 时，液滴第二滴出现在画面内，与第一滴发生碰撞后在 $t=7$ ms 时聚并，在液滴表面发生扰动，振荡达到平衡状态后缓慢蒸发。

温度/℃	粒径/mm						
100	1.95	0 ms	2.2 ms	11.0 ms	166.0 ms	169.5 ms	501.5 ms
温度/℃	粒径/μm	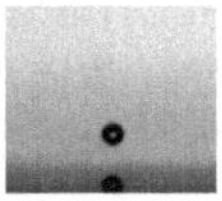		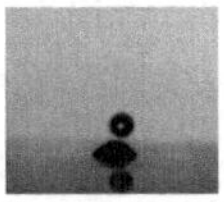	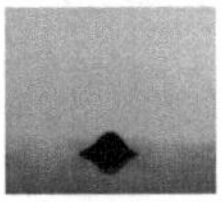	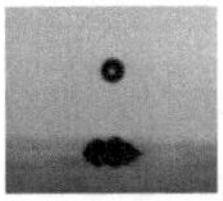	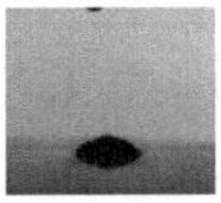
100	200	0 ms	0.2 ms	5 ms	7 ms	17 ms	27 ms

图 5-12　液滴流撞击金属热表面膜态蒸发模式形貌变化图

液滴撞击 100 ℃热表面时没有观察到明显的液滴沸腾现象，此时液滴处于膜态蒸发模式。液滴在与热表面接触后在热表面上反复振荡后，达到平衡状态，并在此平衡状态下在热表面上缓慢蒸发。由于此时金属表面的过热度较小，热流量较小，传热属于自然对流的工况。液滴在表面张力作用下在金属热表面达到某一平衡状态后，保持稳定的形态缓慢蒸发。随着热表面温度的不断升高，液滴在热表面上的扰动会愈发剧烈，液滴的传热系数和热流密度也会逐渐增大。

B　液滴流在撞击热表面核态沸腾形貌变化

液滴流撞击金属热表面核态沸腾模式形貌变化图如图 5-13 所示。对于毫米级（粒径 1.95 mm）液滴流，液滴在 $t=2.2$ ms 铺展到最大，开始不断产生核化气泡，气泡不断增长破碎，在 166 ms 时第二滴落在热表面上，随后立即产生大量气泡，气泡之间相互竞争吞并，随着气泡的生长破裂，产生少量的二次液滴。而对于微米级（粒径 200 μm）液滴流，滴在高温固体表面上碰撞铺展最大 $t=0.2$ ms 后收缩再向液滴中间聚集，随后产生大量气泡，气泡破裂产生二次液滴，随着液滴 $t=5$ ms 第二滴液滴的下落，液滴在热表面上的扰动越剧烈，二次液滴不断增多。

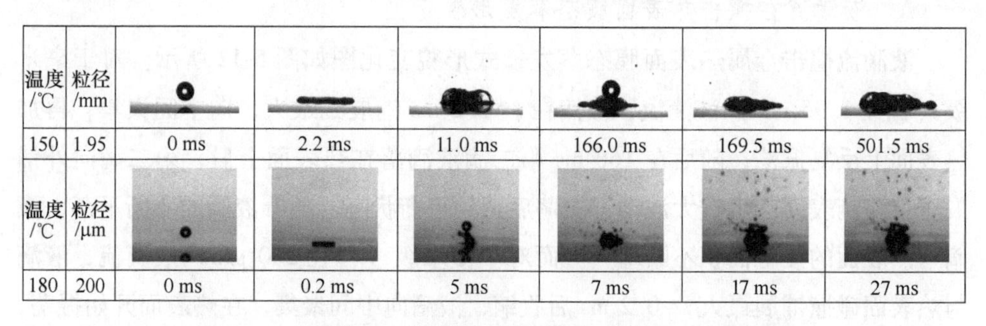

图 5-13　液滴流撞击金属热表面核态沸腾模式形貌变化图

液滴撞击金属热表面处于核态沸腾状态时，较为剧烈的沸腾过程，在沸腾过程中不断有气泡产生和破碎，并且气泡之间相互挤压，存在着较为激烈的竞争关系，随着气泡的不断破碎，产生了许多二次液滴飞溅，液滴进入快速沸腾，热流量增大。当液滴与热表面接触时，液滴底部由于与热表面接触区域温度迅速升高，产生大量的核化气泡，液滴底部接触区域产生的气泡推动液滴向中心收缩，传热系数和热流密度增大，随着时间的推移，液滴在热表面上随着气泡的不断产生和破碎逐渐蒸发，蒸发时间也较液滴在低温热表面上的蒸发时间短。

C　液滴流在撞击热表面过渡沸腾形貌变化

液滴流撞击金属热表面的过渡沸腾模式形貌变化图如图 5-14 所示。对于毫米级（粒径 1.95 mm）液滴，液滴在 2.2 ms 铺展到最大，液滴在热表面上会有气泡生成和破碎，使液滴反弹，随后液滴在达到平衡状态后在热表面达到悬浮的状态，在 t=166 ms 时，第二滴液滴开始下落，与热表面发生部分接触，与热表面接触区域气泡的破碎使液滴开始在热表面产生弹跳，但液滴与热表面接触面仍有波动，而对于微米级（粒径 200 μm）液滴，在 t=0.2 ms 时铺展到最大，随着液滴的不断下落，弹起的液滴与下落的液滴接触融合形成大液滴，随后不断上升，在加热表面上反弹。

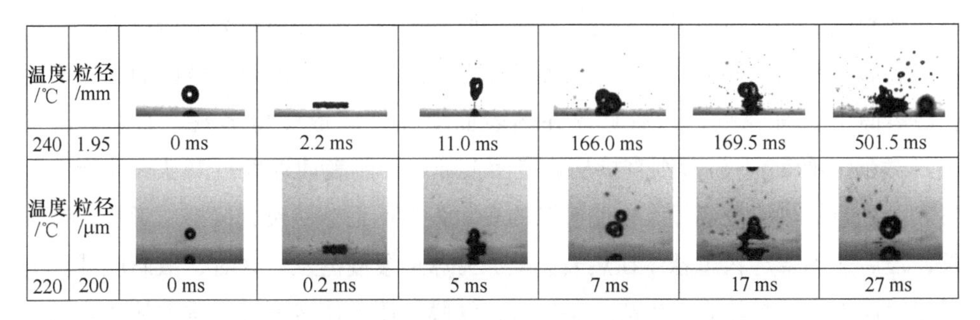

图 5-14　液滴流撞击金属热表面过渡沸腾模式形貌变化图

液滴撞击热表面处于过渡沸腾状态时，液滴与热表面接触后，液滴在热表面上的扰动更加剧烈，接触区域极其不稳定，气泡产生速率升高，气泡破碎程度更加剧烈，并伴随二次液滴的不断产生。由于液滴底部与热表面接触区域产生气泡的不断破碎，使液滴底部与热表面之间逐渐形成了蒸汽层，由于蒸汽层具有隔绝作用，从而使液滴与热表面之间的黏滞力减小，液滴克服黏滞力在表面张力的作用下收缩成球状，液滴在自身表面张力作用下收缩而后脱离金属热表面。

D　液滴流在撞击热表面膜态沸腾形貌变化

液滴流撞击热金属表面的膜态沸腾形貌变化图如图 5-15 所示。对于毫米级（粒径 1.95 mm）液滴，在 t=2.2 ms 时铺展到最大后在热表面反弹破碎成二次液滴，随着液滴的不断下落，热表面上破碎的二次液滴逐渐增多，并在热表面上滚动弹跳。达到平衡状态后在热表面上缓慢蒸发。

对于微米级（粒径 200 μm）液滴，液滴在 t=0.2 ms 铺展到最大后收缩并完整从壁面弹起，随后与正在下落的液滴融合，融合后的液滴由于冲击惯性会落在热表面上后再弹起，随后不断上升，当微米级液滴在热表面上融合成一定大小

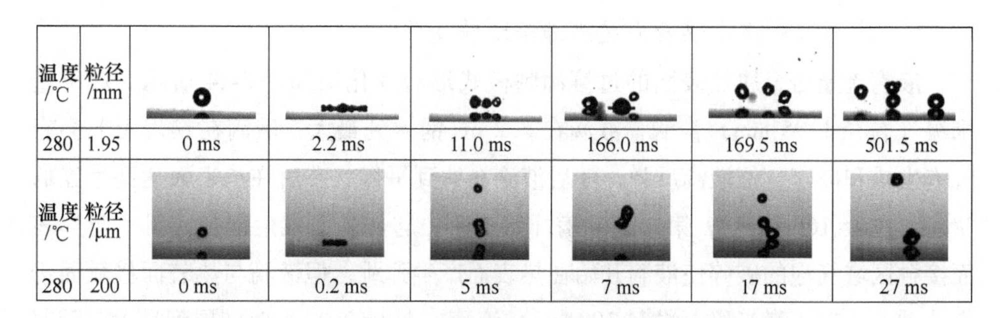

图 5-15　液滴流撞击金属热表面膜态沸腾模式形貌变化图

后，在热表面发生反弹。

液滴撞击热表面，当液滴处于膜态沸腾状态时，液滴与热表面接触后，完全从热表面上弹起，如果液滴加大（毫米级液滴），会产生破碎，破碎的二次液滴在热表面上反复弹跳，最后悬浮在热表面上保持球形缓慢蒸发。如果液滴偏小（微米级液滴），液滴则直接从热表面上弹起，热表面温度过高从而使液滴与热表面之间的热能交换过大，使液滴的表面张力不足够使液滴保持球形从而被拉长，最后达到稳定状态悬浮在热表面上保持球形缓慢蒸发。这时，液滴底部与高温热表面接触后与热表面生成一层气膜，气膜的压力使液滴克服重力从热表面上弹起，发生 Leidenfrost 现象，液滴达到平衡状态后悬浮在金属热表面上保持球形缓慢蒸发。由于气泡的传热传质性能较差，导致液滴与热表面之间的传热量很小，降低了液滴蒸发速度，因此沸腾状态下液滴蒸发时间最长。

液滴撞击热表面在膜态沸腾时，会在热表面上形成一层气膜，由于气膜的热阻较大，导致传热效果变差。在喷雾冷却中，由于膜态沸腾较差的传热效果，对热金属表面的快速冷却存在一定的阻碍作用。因此，研究液滴在膜态沸腾时，不同的热表面特征和液滴参数对液滴撞击金属热表面形貌和传热变化的影响是十分有必要的。

5.2.2　表面粗糙度对毫米/微米级液滴撞击热表面形貌影响分析

5.2.2.1　表面粗糙度对单液滴撞击热表面的形貌影响分析

在实际工业应用中，对高温金属进行冷却，其金属表面材质往往不一定光滑整洁，有时会有残渣残留，导致金属表面存在一定的粗糙度。因此，为更符合实际应用，采用粗糙度 0.1 μm、0.2 μm、0.4 μm、0.8 μm 的不锈钢板，通过改变金属表面粗糙度，探究其对液滴在高温热表面的行为的影响。

毫米级单液滴撞击不同粗糙度金属热表面的形貌变化图如图 5-16 所示。从图中可以看出，在 t=1.8 ms 时，液滴底部与热表面接触，液滴顶部仍保持球形，液滴与金属表面接触区域开始发生铺展，并从铺展边缘开始产生轻微爆炸，在 t=2.2 ms 时，液滴铺展到最大，爆炸现象更为明显。液滴撞击表面粗糙度为 0.1 μm 的热表面时，爆炸程度最小，在热表面反弹后，由于表面张力作用和液滴的无规则运动，弹起的液滴会重新汇合，并在热表面上继续弹跳，达到平衡状态后缓慢蒸发。而液滴撞击 0.2 μm、0.4 μm、0.8 μm 的热表面，液滴的爆炸更为剧烈，并随着表面粗糙度的增加而变大。

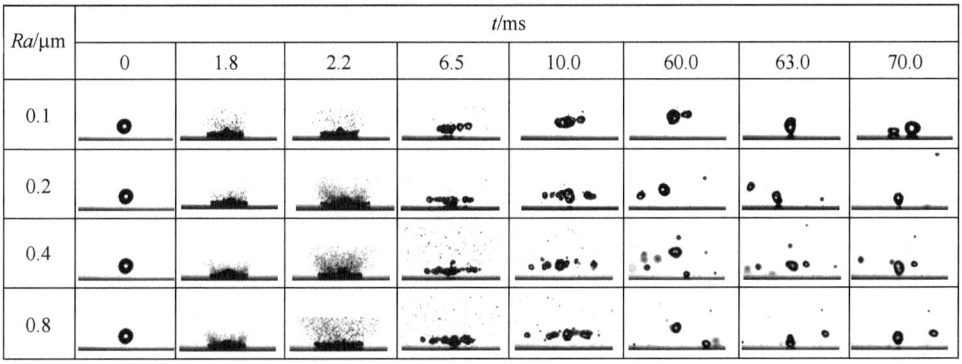

Ra/μm	*t*/ms							
	0	1.8	2.2	6.5	10.0	60.0	63.0	70.0
0.1								
0.2								
0.4								
0.8								

图 5-16 不同表面粗糙度毫米级单液滴撞击热表面形貌变化图

微米级单液滴撞击不同粗糙度热表面的形貌变化图如图 5-17 所示。液滴与

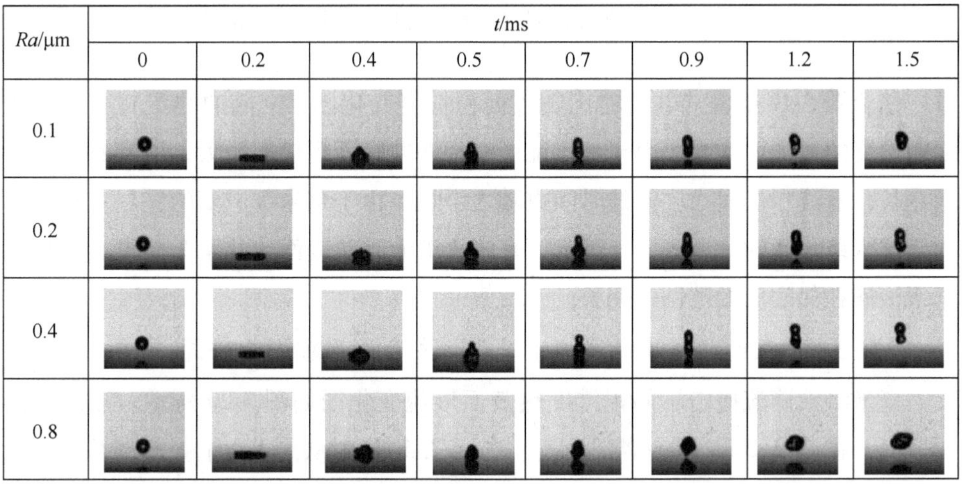

Ra/μm	*t*/ms							
	0	0.2	0.4	0.5	0.7	0.9	1.2	1.5
0.1								
0.2								
0.4								
0.8								

图 5-17 不同表面粗糙度微米级单液滴撞击热表面形貌变化图

热表面接触后在 $t=0.2$ ms 时铺展到最大，并没有发生如图 5-16 的爆炸现象，也没有破碎产生二次液滴。液滴在铺展到最大后在表面张力的作用下开始收缩，在 $t=0.5$ ms 时，先是在液滴中心形成一个凸起，然后 $t=0.7$ ms 液滴继续由边缘向中心运动，而后在 $t=0.9$ ms 液滴被拉长，离开热表面。随着表面粗糙度的增加，液滴的最大铺展直径有小幅度增加。

图 5-18 为液滴最大铺展直径随表面粗糙度变化图。微米级液滴的最大铺展直径随表面粗糙度的增加而变大，而对于毫米级液滴，随着表面粗糙度的增加，其最大铺展直径也有增大，但变化的幅度不大。

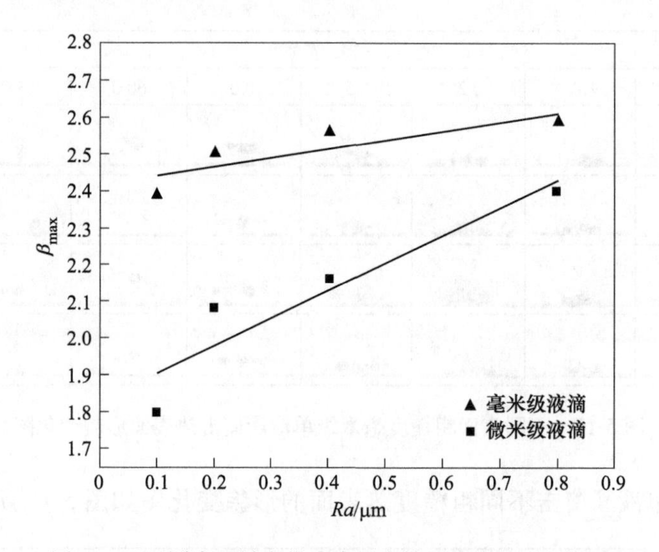

图 5-18　不同表面糙度的液滴最大铺展因子 β_{max} 变化图

结合图 5-19 的液滴驻留时间随表面粗糙度变化图，液滴的驻留时间随着表面粗糙度的增加而增大。由于液滴铺展直径随着表面粗糙度增大，液滴收缩的时间变长，液滴在热表面驻留的时间也随之增加。由于毫米级液滴的铺展直径始终大于微米级液滴的铺展直径，因此，毫米级液滴在热表面的驻留时间也始终比微米级液滴在热表面的驻留时间长。

5.2.2.2　表面粗糙度对液滴流撞击热表面的形貌影响分析

毫米级液滴流撞击不同粗糙度热表面形貌变化图如图 5-20 所示。液滴撞击热表面，在 $t=2.2$ ms 时铺展到最大，在 $t=7.5$ ms 时从热表面上弹起，并向液滴铺展方向运动，破碎成许多二次液滴，随后，第二滴液滴落在热表面上，并与热表面接触过程中产生爆炸，随着热表面粗糙度的增加，液滴爆炸程度更加剧烈，

Ra/μm
0 0.2 0.4 0.6 0.8
1.05 1.00 0.95 0.90 0.85 0.80 0.75
微米级液滴驻留时间t_r/m·s⁻¹
7.5 7.0 6.5 6.0 5.5 5.0
毫米级液滴驻留时间t_r/m·s⁻¹
■ 微米级液滴
▲ 毫米级液滴
0 0.1 0.2 0.3 0.4 0.5 0.6 0.7 0.8 0.9
Ra/μm

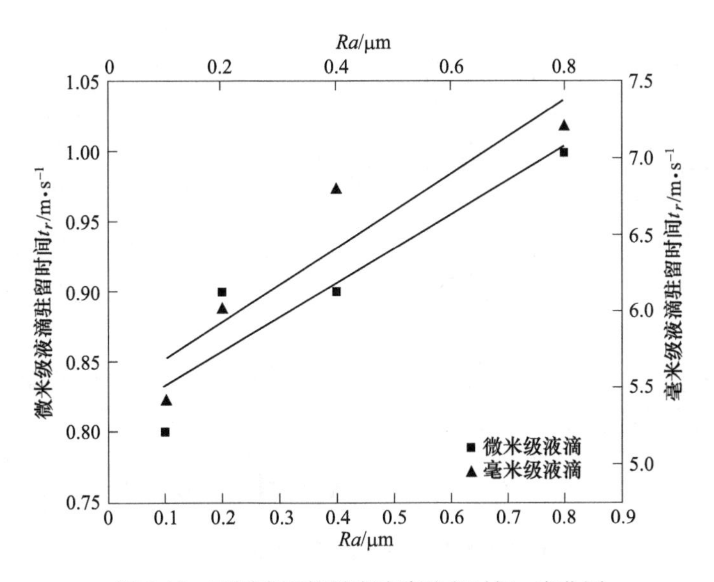

图 5-19 不同表面粗糙度液滴驻留时间 t_r 变化图

液滴在热表面破碎后产生许多二次液滴在热表面上发生无规则弹跳，直至达到平衡状态后在热表面缓慢蒸发。

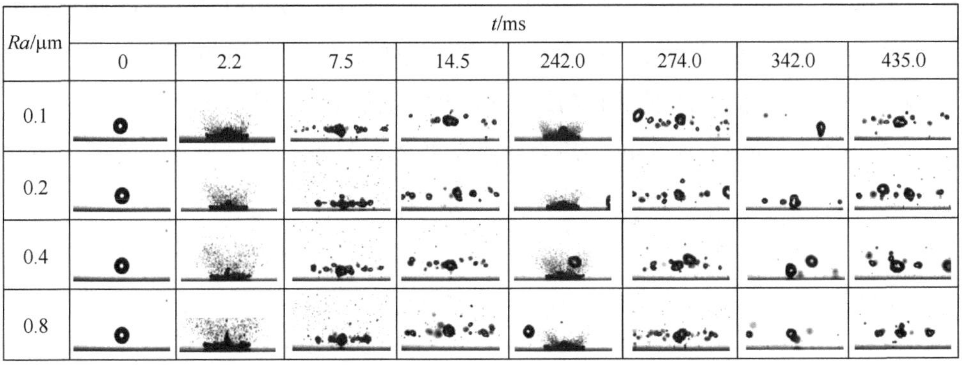

Ra/μm
t/ms
0 2.2 7.5 14.5 242.0 274.0 342.0 435.0
0.1
0.2
0.4
0.8

图 5-20 不同表面粗糙度毫米级液滴流撞击热表面形貌变化图

微米级液滴流撞击不同粗糙度热表面形貌变化图如图 5-21 所示。微米级液滴流撞击热表面后没有产生爆炸现象，液滴在 $t=0.2$ ms 铺展到最大后，在表面张力的作用下从边缘向中心收缩，在 $t=3.5$ ms 时，第二滴开始出现在画面内，此时第一滴液滴已从热表面弹起，随后在 $t=7.0$ ms 时，液滴继续下落。弹起的液滴有的与下落的液滴汇合后继续撞击热表面，有的在热表面上弹跳直至达到平衡状态。

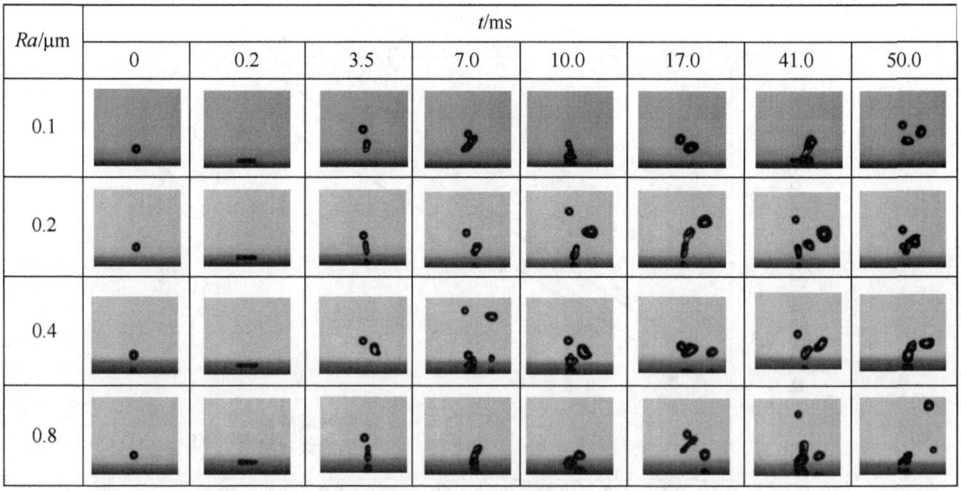

Ra/μm	t/ms							
	0	0.2	3.5	7.0	10.0	17.0	41.0	50.0
0.1								
0.2								
0.4								
0.8								

图 5-21　不同表面粗糙度微米级液滴撞击热表面形貌变化图

5.2.3　表面粗糙度对毫米/微米级液滴动态 Leidenfrost 温度的影响

位于过渡沸腾和稳定膜态沸腾之间最小热流密度的点称之为 Leidenfrost 点。此时由于热表面温度过高使液滴在接触热表面时产生气膜，发生 Leidenfrost 现象，由于气膜的高热阻，使液滴与热表面之间出现了无效传热，大大影响了传热效率，因此 Leidenfrost 温度随不同表面粗糙度的变化规律也是本实验研究的重点。

液滴动态 Leidenfrost 温度随热表面粗糙度关系图如图 5-22 所示。随着热表面

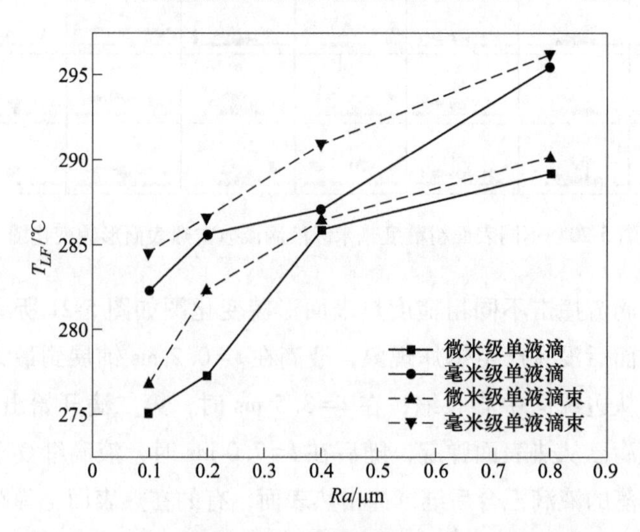

图 5-22　不同表面粗糙度的液滴动态 Leidenfrost 温度变化图

粗糙度的增加，液滴的动态 Leidenfrost 温度升高。毫米级液滴的动态 Leidenfrost 温度比微米级的高一些。毫米级单液滴和液滴流在热表面的动态 Leidenfrost 温度在 280～300 ℃，而微米级单液滴和液滴流在热表面的动态 Leidenfrost 温度在 270～295 ℃。这是由于在膜态沸腾时，毫米级液滴从热表面上浮所需要的气膜压力比微米级的所需要的气膜压力更大一些，因此发现尽管热表面粗糙度呈倍数变大，微米级液滴的动态 Leidenfrost 温度始终比毫米级液滴的动态 Leidenfrost 温度小。

5.3　液滴参数对毫米/微米级液滴流撞击金属热表面形貌影响分析

通过前面章节的分析，了解到液滴在不同温度的热表面会出现不同的沸腾模式。其中，液滴在膜态沸腾状态下会在热表面产生一层气膜，而气膜的存在大大影响并降低了液滴与热表面之间的传热效率。因此，研究在膜态沸腾状态下，不同液滴参数对液滴撞击热表面形貌变化的影响是十分必要的。

5.3.1　液滴粒径对毫米/微米级液滴撞击热表面形貌影响分析

5.3.1.1　液滴粒径对单液滴撞击热表面的形貌影响分析

如图 5-23 所示，采用单液滴粒径参数为 1.43 mm、1.95 mm、2.59 mm、2.91 mm 的四组直径不同的毫米级液滴撞击热表面的膜态沸腾形貌变化。随着液滴直径的增加，液滴在热表面上的铺展直径变大，在 t = 2.2 ms 时铺展到最大，直径为 1.43 mm 单液滴与热表面接触铺展到最大后，并且在 2.58 mm、3.04 mm 液滴中心可以看见小凸起，但并没有发生射流现象，在 t = 5.2 ms 时，液滴在自身表面张力的作用下开始收缩，而对于 1.95 mm、2.59 mm、2.91 mm 的液滴，液滴并没有收缩，而是继续向四周扩散，在 t = 8.2 ms 时，1.43 mm 液滴收缩成完整球形并开始脱离热表面，在惯性力的作用下在热表面上产生弹跳，而对于 1.95 mm、2.59 mm、2.91 mm 的液滴，在与热表面接触后开始发生破碎，存在并随着液滴直径的增加，在热表面弹起过程中向外扩散的程度也在增大，二次液滴也随着液滴直径的增加逐渐增多，在 t = 12.7～52.2 ms 时，破碎的二次液滴不能稳定在热表面上，在惯性力的作用下在热表面产生无规则弹跳，最后达到平衡状态在热表面缓慢蒸发。这主要由于热表面温度过高，在热表面上出现气膜，气膜压力和惯性力使液滴从热表面反弹。随着液滴粒径增大，惯性力变大，液滴表面张力不足以抵消液滴的惯性力，液滴在热表面发生破碎，并随着液滴直径的增加，破碎程度越剧烈。

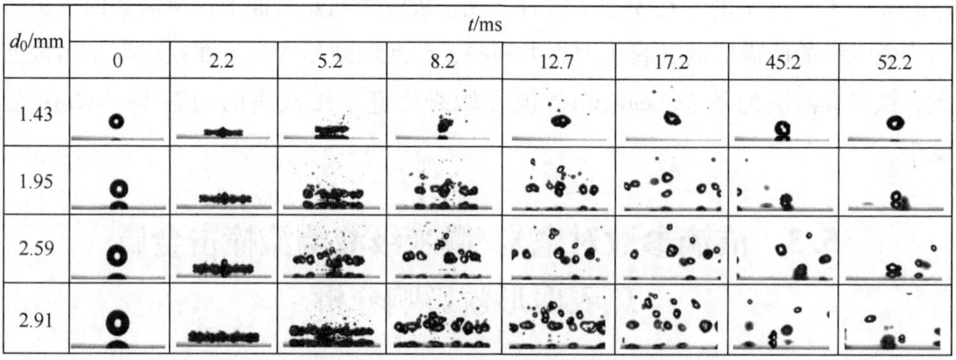

d_0/mm	t/ms							
	0	2.2	5.2	8.2	12.7	17.2	45.2	52.2
1.43								
1.95								
2.59								
2.91								

图 5-23　不同粒径毫米级单液滴撞击热表面的形貌变化图

对于微米级单液滴，并没有出现破碎现象。如图 5-24 为所示，为 100 μm、150 μm、200 μm、250 μm 的单液滴撞击金属热表面的形貌变化图。液滴在 $t=0.2$ ms 时铺展到最大，并随着液滴初始直径的增大而变大。在 $t=0.3$ ms 时，液滴开始收缩，液滴由于表面张力从边缘开始收缩，在 $t=0.4$ ms 时，可以看到 150 μm、200 μm、250 μm 液滴中心有小凸起，但 250 μm 液滴中间出现凹陷，主要由于液滴的惯性力变大导致液滴收缩时首先在边缘聚集，然后向中心运动，

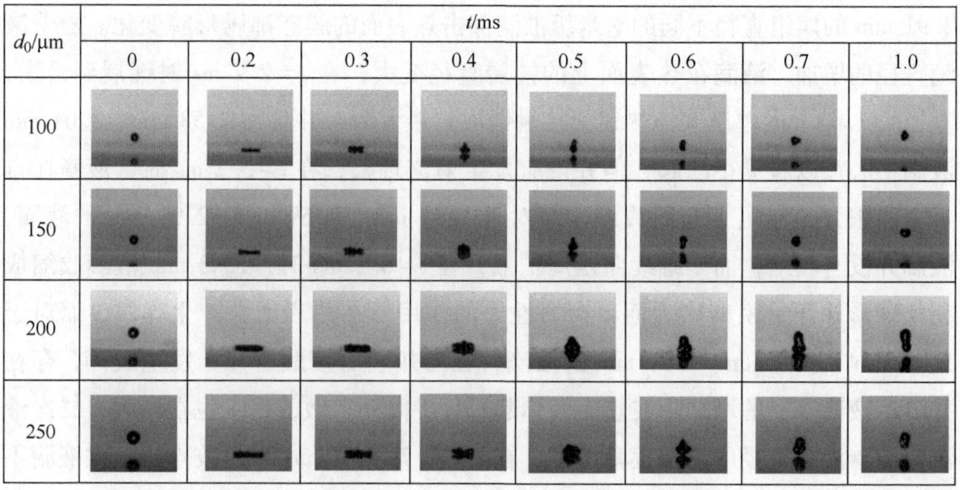

d_0/μm	t/ms							
	0	0.2	0.3	0.4	0.5	0.6	0.7	1.0
100								
150								
200								
250								

图 5-24　不同粒径微米级单液滴撞击热表面的形貌变化图

在 t=0.5 ms 时，直径为 100 μm 的液滴中心凸起变大，液滴被拉长并已经从热表面反弹，150 μm 的液滴即将从热表面反弹，并在 t=0.6 ms 离开热表面，而对于 200 μm、250 μm 的液滴，依旧在热表面上向中心收缩，到 t=0.7 ms 时开始从热表面反弹，并在 t=1.5 ms 时完全离开热表面。随着液滴直径的变大，液滴在膜态沸腾时的铺展直径变大，由于热表面上的气膜使得液滴从热表面上完整反弹，发生 Leidenfrost 现象，并且随着液滴直径的增大，液滴在热表面上的驻留时间变长。粒径直径变大，在热表面上铺展越大，液滴由于自身表面张力克服惯性力向中心收缩所需的时间更长。

为了更深入地研究在膜态沸腾下液滴参数对液滴撞击金属热表面后动力学行为等影响，将液滴撞击金属热表面后的最大铺展因子和液滴在热表面上的驻留时间作为研究对象，通过对高速摄像机拍摄的照片进行分析，并用 IPP 软件进行测量，得到液滴的驻留时间和最大铺展因子，每个实验重复 2~3 次，最后对其进行定性讨论。

如图 5-25 为液滴在膜态沸腾下撞击热表面的最大铺展因子变化图，液滴的最大铺展因子 β_{max} 随着液滴初始粒径的增加而变大，毫米级液滴的最大铺展因子比微米级液滴撞击热表面的铺展因子更大，且随着液滴初始粒径的增加而增加。

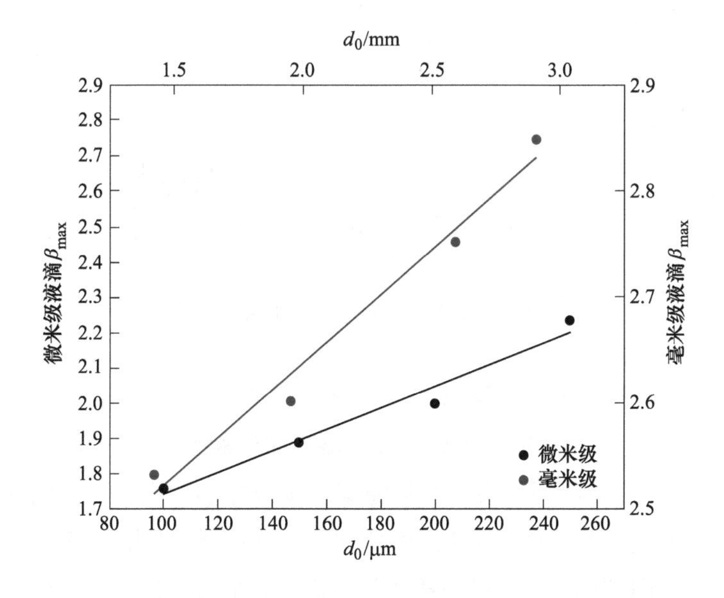

图 5-25 不同单液滴粒径最大铺展因子 β_{max} 变化图

这主要是由于液滴撞击金属表面时，由于液滴的粒径增大，液滴撞击热表面时的冲击惯性增强，液滴越容易在热表面发生扩散，液滴与热表面之间的接触面积也随之增强。

图 5-26 为液滴在膜态沸腾下撞击热表面驻留时间变化图。液滴的驻留时间随着液滴粒径的增加而增大，微米级液滴的驻留时间比毫米级液滴在热表面上的驻留时间要大得多。因为液滴粒径增大，在热表面上回缩所需要的表面张力变大，液滴在热表面上收缩成球形所需的时间变长，从而延长了液滴在热表面上驻留时间。结合前述研究，随着液滴粒径的增加，液滴最大铺展因子变大，液滴在热表面上驻留时间变长，液滴越不容易在热表面上发生反弹，膜态沸腾阶段所需的时间越长。

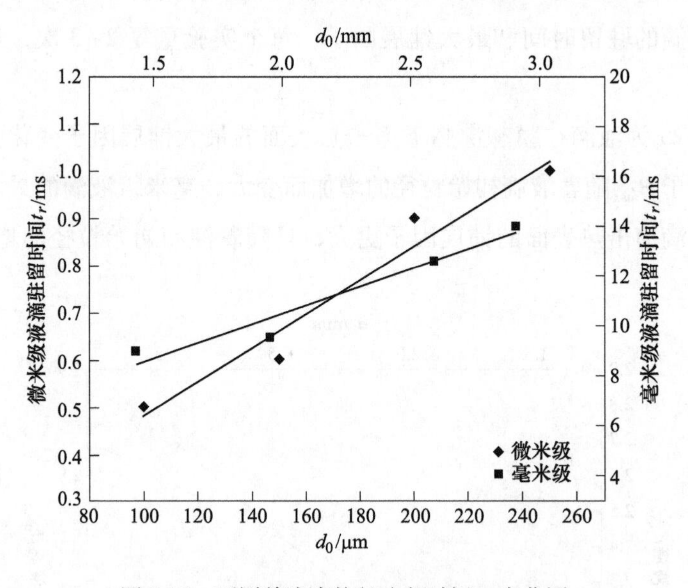

图 5-26 不同单液滴粒径驻留时间 t_r 变化图

5.3.1.2 液滴粒径对液滴流撞击热表面的形貌影响分析

图 5-27 为不同粒径毫米级液滴流撞击热表面形貌变化图。从图中可以看出，液滴在 $t=2.2$ ms 时铺展到最大，并且随着液滴粒径的增大，液滴的最大铺展直径明显增大。液滴在热表面铺展到最大后破碎，对于粒径为 1.43 mm、1.95 mm 的液滴，液滴在向液滴中心收缩过程中发生破碎，而 2.59 mm、2.91 mm 的液滴沿着铺展方向破碎运动。在 $t=242$ ms，随着液滴的不断下落，液滴在热表面上

破碎的二次液滴逐渐增多，在热表面上产生无规则弹跳。

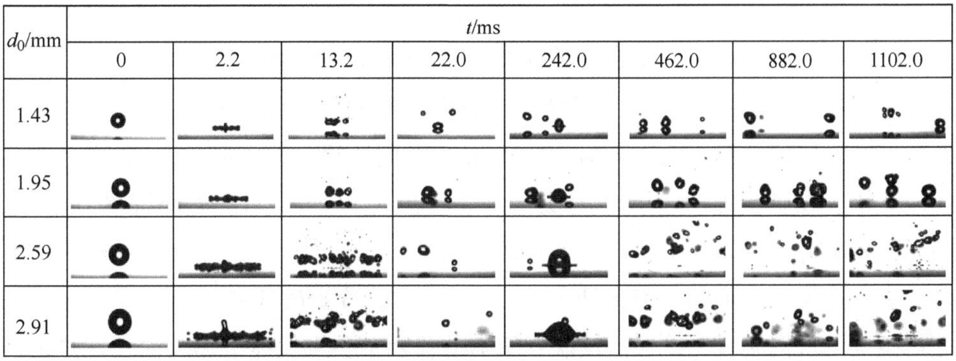

d_0/mm	t/ms							
	0	2.2	13.2	22.0	242.0	462.0	882.0	1102.0
1.43								
1.95								
2.59								
2.91								

图 5-27 不同粒径毫米级液滴流撞击热表面的形貌变化图

图 5-28 为不同粒径微米级液滴流撞击热表面形貌变化图。在 $t=0.2$ ms 时，液滴铺展到最大，并在表面张力的作用下开始收缩。在 $t=5.0$ ms 时液滴收缩完整并开始从热表面上反弹，此时第二滴液滴开始出现在画面内，由于液滴从热表面弹起后发生无规则运动，弹起的液滴会与下落的液滴汇合，形成较大的液滴，又由于下落液滴本身的冲击惯性使汇合后的液滴继续撞击热表面，在热表面上发生无规则弹跳，最后在热表面上达到平衡状态后缓慢蒸发。

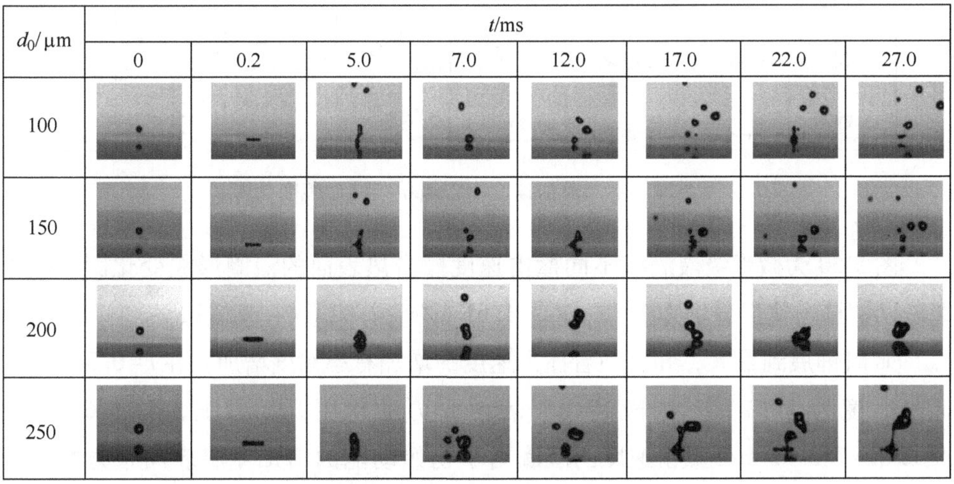

d_0/μm	t/ms							
	0	0.2	5.0	7.0	12.0	17.0	22.0	27.0
100								
150								
200								
250								

图 5-28 不同液滴粒径微米级液滴流撞击热表面形貌变化图

5.3.2　撞击速度对毫米/微米级液滴撞击热表面形貌影响分析

5.3.2.1　撞击速度对单液滴撞击热表面的形貌影响分析

毫米级液滴以不同撞击速度撞击热表面的形貌变化图如图 5-29 所示。采用 0.79 m/s、1.17 m/s、1.66 m/s、2.01 m/s 不同速度的毫米级单液滴撞击热表面，观察其在膜态沸腾时的形貌变化。液滴在 $t=6.6$ ms 时，液滴铺展到最大，随后开始破碎，在 $t=13.2$ ms 时，液滴在惯性力和表面张力的作用下在热表面发生反弹，产生二次液滴。撞击速度为 0.79 m/s 的液滴破碎的程度相对较小，随之产生的二次液滴较大，二次液滴在重力的作用下会再次撞击热表面，在热表面产生弹跳，直至达到平衡状态，在热表面缓慢蒸发。对于撞击速度为 1.17 m/s、1.66 m/s、2.01 m/s 的液滴，随着撞击速度的增加，其初始动能变大，撞击热表面后在热表面上破碎的程度越剧烈，产生的二次液滴较小，破碎的范围也变大，由于相机的景深较短，因此观察不到破碎后的小二次液滴的蒸发状态。

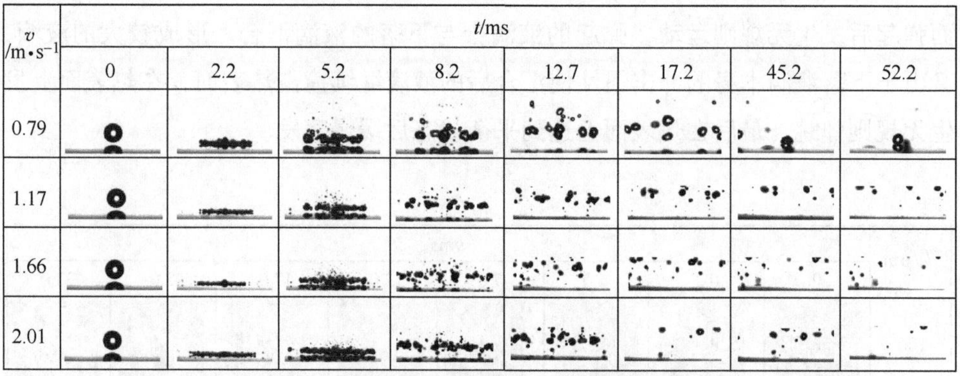

v /m·s^{-1}	t/ms							
	0	2.2	5.2	8.2	12.7	17.2	45.2	52.2
0.79								
1.17								
1.66								
2.01								

图 5-29　不同撞击速度毫米级单液滴形貌变化图

图 5-30 为微米级液滴以不同撞击速度撞击热表面的液滴形貌变化图，微米级液滴的撞击速度分别为 1.12 m/s，1.65 m/s，2.02 m/s，2.66 m/s。液滴在 $t=0.2$ ms 时铺展到最大，并且随着撞击速度的增加有小幅度增加。在 $t=0.3$ ms 时，撞击速度为 1.12 m/s 的液滴由于表面张力的作用开始收缩，而 1.65 m/s、2.02 m/s、2.66 m/s 撞击速度的液滴由于初始动能的增加克服表面张力所做的功，继续向四周铺展，并且开始发生破碎，在 $t=0.5$ ms 时，破碎的二次液滴开始在热表面发生反弹，并且反弹过程中继续向四周运动，破碎的程度也随着撞击速度的增加而增大。

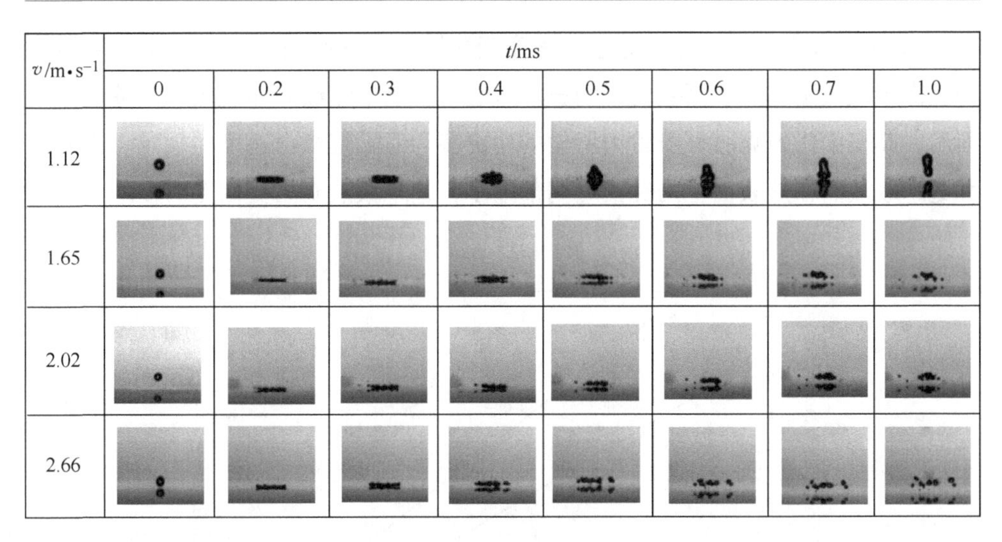

图 5-30 不同撞击速度微米级单液滴形貌变化图

图 5-31 为液滴最大铺展直径随撞击速度变化图。毫米级液滴的最大铺展因子较微米级液滴的最大铺展因子小，这是因为微米级液滴的表面张力相对小，当速度增加时，液滴撞击热表面后产生的动能变大，冲击惯性增大，使液滴铺展程度剧烈，并且伴随有飞溅趋势。对于毫米级液滴，由于其自身表面张力大，液滴撞击热表面后飞溅克服表面张力所做的功更多一些，所以其最大铺展因子较毫米级液滴小。

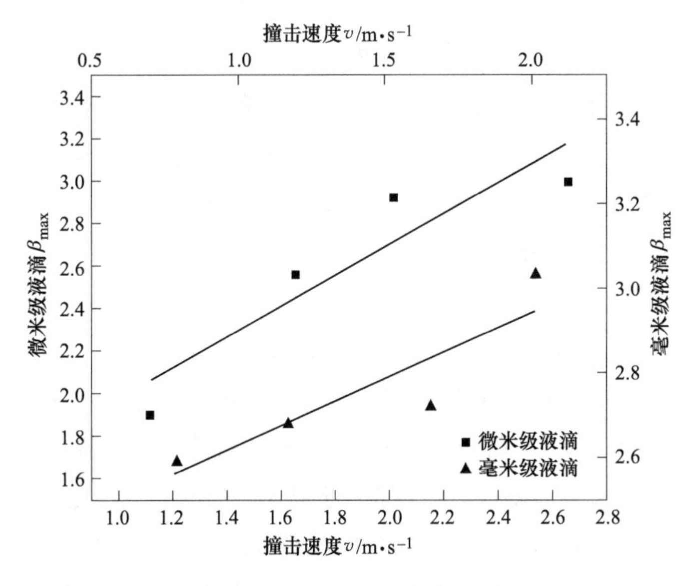

图 5-31 不同撞击速度的液滴最大铺展因子 β_{max} 变化图

图 5-32 为液滴驻留时间随撞击速度变化图，毫米级液滴在热表面的驻留时间比微米级液滴在热表面驻留时间长。这是由于毫米级液滴体积较大，撞击热表面后，其表面张力克服自身重力所做的功更多，但随着撞击速度的增加，微米级和毫米级液滴在热表面上的驻留时间都减小，毫米级液滴的变化更明显。

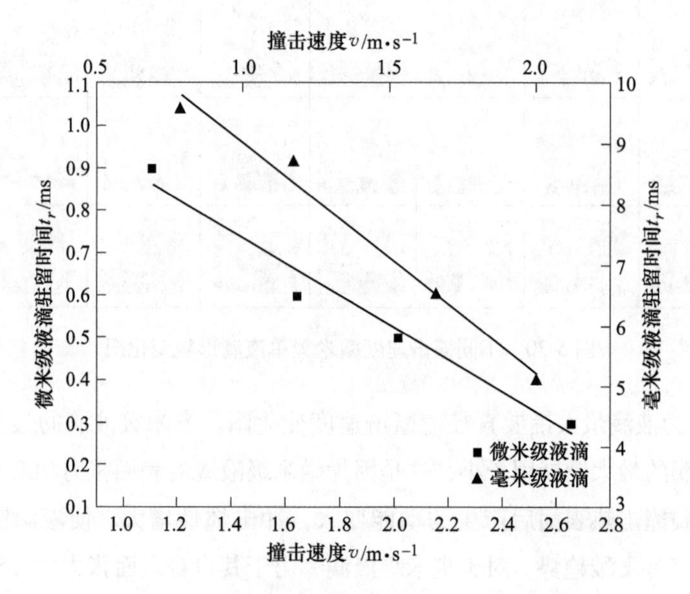

图 5-32　不同撞击速度液滴驻留时间 t_r 变化图

5.3.2.2　撞击速度对液滴流撞击热表面的形貌影响分析

图 5-33 为不同撞击速度的毫米级液滴流撞击热表面形貌变化图。液滴撞击热表面在 t=2.2 ms 时，液滴铺展到最大，并在热表面反弹破碎，随着撞击速度的增加，在热表面上的破碎程度越来越剧烈，随着液滴的不断下落，液滴在热表面上的二次液滴逐渐增多，且撞击速度越大，二次液滴粒径越小，破碎的二次液滴在热表面发生无规则弹跳直至达到平衡状态。

图 5-34 为不同撞击速度的微米级液滴流撞击热表面的形貌变化图。液滴在 t=0.2 ms 时铺展到最大，对于撞击速度为 1.12 m/s 的液滴流，液滴在热表面上铺展到最大后，在表面张力的作用下开始向中心收缩，随后在热表面上产生弹跳，伴随着液滴的不断下落，在热表面上弹起的液滴有部分在热表面上产生弹跳，有部分与下落的液滴融合后在热表面上弹跳，直至达到稳定状态。对于撞击速度为 1.65 m/s、2.02 m/s、2.66 m/s 的液滴流，液滴铺展到最大后从铺展边缘开始破碎，破碎的二次液滴沿着铺展方向运动并在热表面上产生不规则的弹跳，

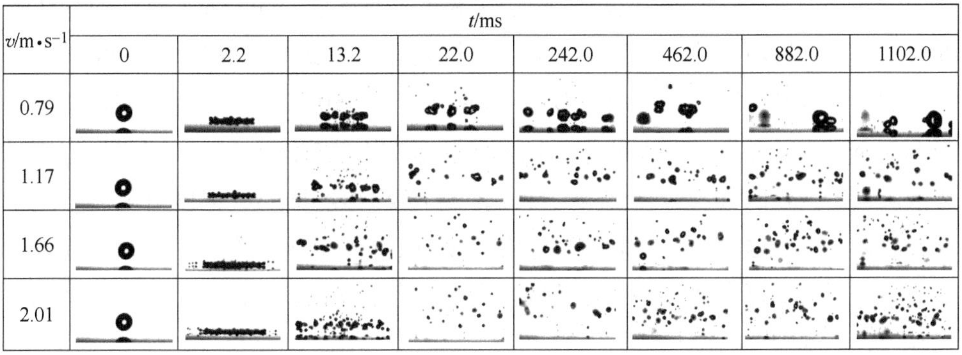

v/m·s^{-1}	t/ms							
	0	2.2	13.2	22.0	242.0	462.0	882.0	1102.0
0.79								
1.17								
1.66								
2.01								

图 5-33　不同撞击速度毫米级液滴形貌变化图

随着撞击速度的增加，液滴在热表面上的破碎程度越剧烈，产生的二次液滴越多。

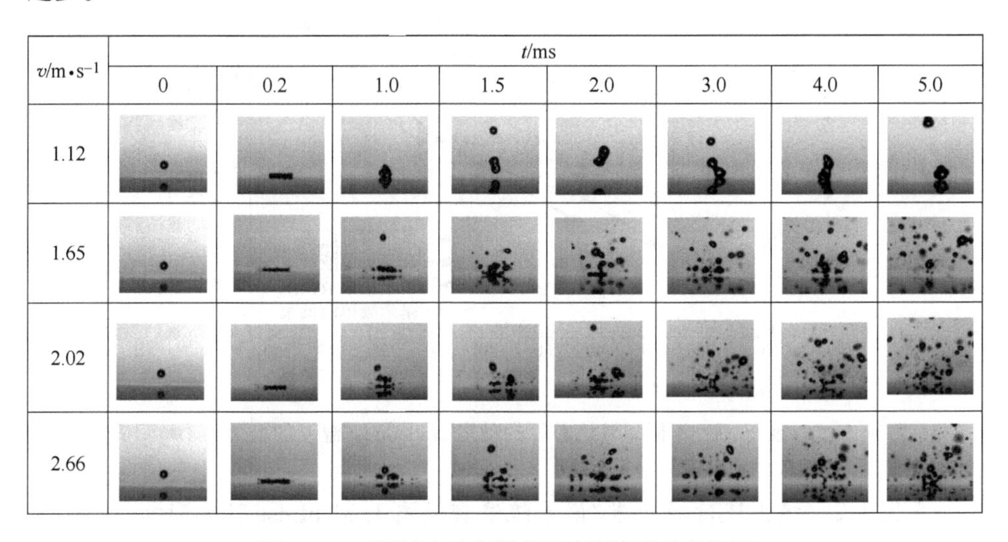

图 5-34　不同撞击速度微米级液滴流形貌变化图

5.3.3　液滴参数对毫米/微米级液滴动态 Leidenfrost 温度影响

5.3.3.1　液滴粒径对毫米/微米级液滴动态 Leidenfrost 温度影响

有效的传热需要液滴与热表面直接接触，而液滴在膜态沸腾时，会在热表面产生一层气膜，使液滴撞击热表面时不能与热表面直接接触，甚至会产生“无效传热”，而发生膜态沸腾时的最小表面温度为 Leidenfrost 温度，因此液滴动态 Leidenfrost 温度随不同液滴参数变化规律也是本实验研究的重点。

图 5-35 为不同单液滴粒径撞击金属热表面的动态 Leidenfrost 温度的变化情况，本实验选取液滴撞击金属热表面后从热表面完全反弹为动态 Leidenfrost 温度点。微米级液滴和液滴流的动态 Leidenfrost 温度为 260～280 ℃，毫米级液滴的动态 Leidenfrost 温度为 270～290 ℃。微米级和毫米级单液滴 Leidenfrost 温度点都随着液滴初始直径的增大而有小幅度升高，微米级的 Leidenfrost 温度点相对于毫米级要更低一些，这主要是因为随着液滴粒径的增加液滴体积变大，在液滴撞击热表面时就会需要更大的气膜压力使液滴克服自身重力从热表面弹起，因此液滴粒径越大，Leidenfrost 温度越高。

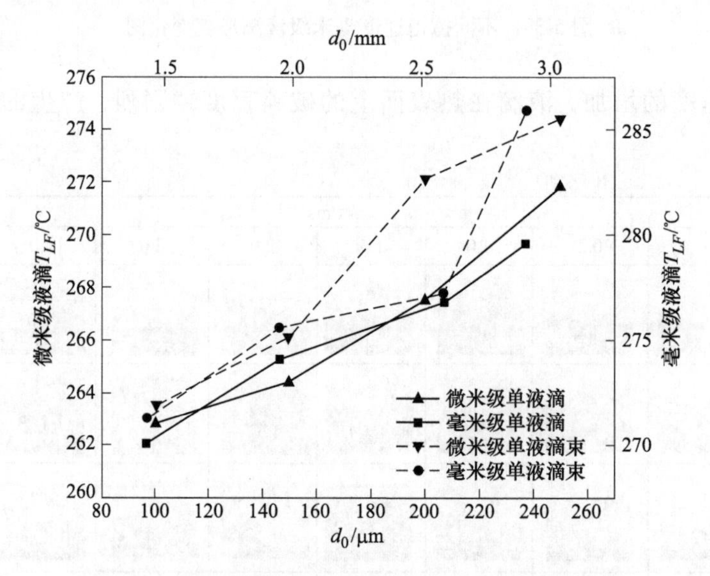

图 5-35　不同单液滴粒径的动态 Leidenfrost 温度的变化

5.3.3.2　撞击速度对毫米/微米级液滴动态 Leidenfrost 温度影响

图 5-36 为液滴的动态 Leidenfrost 温度随液滴撞击速度变化图。随着撞击速度的增大，液滴的动态 Leidenfrost 温度有小幅度的减小。毫米级液滴的动态 Leidenfrost 温度较微米级液滴的动态 Leidenfrost 温度大一些。毫米级液滴和液滴流的动态 Leidenfrost 温度在 260～280 ℃，微米级液滴和液滴流的 Leidenfrost 温度在 260～275 ℃。液滴撞击金属热表面后，不论是微米级液滴还是毫米级液滴都会发生破碎现象，且破碎程度随着撞击速度的增加而变大，而液滴铺展边缘破碎的二次液滴，会沿着铺展方向继续运动，而这一现象对于微米级液滴撞击金属热表面后更为明显。

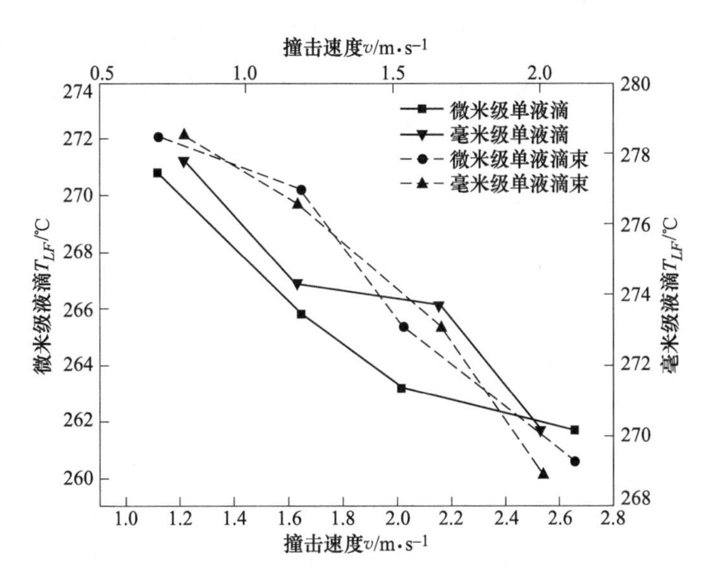

图 5-36 不同撞击速度的液滴动态 Leidenfrost 温度变化

5.4 液滴撞击金属热表面传热影响分析

在喷雾冷却中，由于热表面温度高，液滴在膜态沸腾时较差的传热效果，气膜对金属热表面的快速冷却存在一定的阻碍作用，从而影响散热量和传热系数的变化。为了进一步研究喷雾冷却机理，探究液滴撞击高温热表面的传热变化，本章将通过建立传热数学模型，对液滴不同粒径和撞击速度对液滴撞击金属热表面后的传热影响进行研究。

5.4.1 液滴撞击金属热表面传热数学模型的建立

本研究中，对于液滴撞击热表面膜态沸腾，毫米/微米级液滴流在膜态沸腾时，撞击热表面后不能稳定在热表面上，在热表面上发生无规则弹跳，下落的液滴不能与之前撞击热表面的液滴在热表面融合，在热表面上逐个弹跳。因此，本研究通过采用喷雾冷却的一个微观单元，建立一个解析可解的单液滴数学模型，以便于估算液滴在膜态沸腾时的传热量，探究液滴参数包括液滴粒径，撞击速度对液滴在膜态沸腾时传热的影响。

通过查阅大量的相关文献，基于对喷雾冷却机理的研究，建立了一个单液滴模型。液滴在膜态沸腾时，由于气膜的存在，使液滴与热表面分离，接触时间较短，液滴内部被计算为半无限体，如图 5-37 所示。液滴撞击热表面时铺展到最大时的温度分布，假设金属上的液滴表面处于沸腾温度，因此，传热又取决于液滴中的温度梯度。对于液滴撞击热表面的最大铺展，如式（5-4）所示[196]：

$$d_{max} = (1.18)d_0 \cdot We^{0.24} = (1.18)d_0 \cdot \left(\frac{\rho \cdot v^2 \cdot d}{\sigma}\right)^{0.24} \tag{5-4}$$

式中　We——韦伯数；

　　d_0——液滴的初始直径，m；

　　σ——液滴的表面张力，N/m；

　　ρ——液滴的密度，kg/m³；

　　v——液滴撞击速度，m/s。

式（5-4）适用于 $30<We<1000$，$80\ \mu m<d_0<300\ \mu m$，且精度在 ±0.5 范围内波动的单液滴。由于液滴撞击热表面后，在热表面上呈饼状铺展，其最小厚度为：

$$s_{min} \cdot \frac{\pi}{4} \cdot d_{max}^2 = \frac{\pi}{6} \cdot d_0^3 \tag{5-5}$$

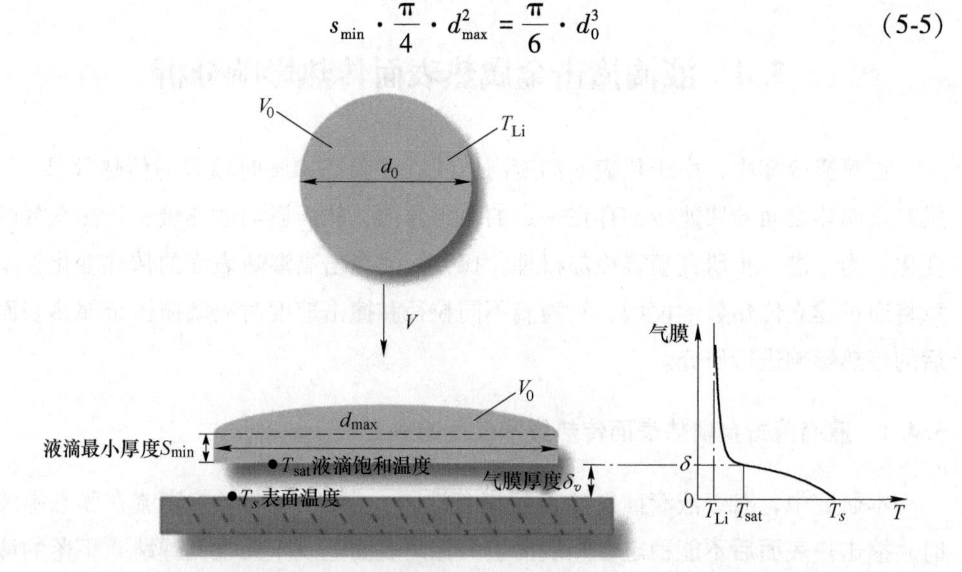

图 5-37　液滴在膜态沸腾区的温度分布示意图

由于热表面上气膜的存在，液滴在与热表面接触后发生反弹，与热表面接触时间较短，因此假设液滴为半无限体积进行热传导，此时，根据式（5-4）和式（5-5）[197-198] 定义液滴内的温度分布：

$$\alpha = \frac{\lambda}{\rho \cdot c} \tag{5-6}$$

式中 α——液滴的热扩散率，m^2/s；

λ——导热系数，$W/(m \cdot K)$；

c——液滴的比热容，$J/(kg \cdot K)$。

$$\frac{T - T_{sat}}{T_{sat} - T_{Li}} = erf\left(\frac{x}{2\sqrt{\alpha \cdot t_{con}}}\right) \tag{5-7}$$

式中 T_{Li}——液滴的初始温度,℃；

T_{sat}——液滴的饱和温度,℃。

由此产生了进入液滴的热流：

$$\dot{q}_d = \sqrt{\frac{(\lambda \cdot \rho \cdot c)_{Li}}{\pi \cdot t_{con}}}(T_{sat} - T_{Li}) \tag{5-8}$$

通过 Labeish[199]确定液滴接触时间 t_{con} 为：

$$t_{con} = 2 \cdot \frac{d_0}{v} \tag{5-9}$$

而在如此短的接触时间内，液滴的热流会导致：

$$Q_d = 2 \cdot \sqrt{\frac{(\lambda \cdot \rho \cdot c)}{\pi}} \cdot (T_{sat} - T_{Li}) \cdot \sqrt{2\frac{d}{v}} \cdot A_m \tag{5-10}$$

式中 A_m——平均接触面积，m^2，如式（5-11）所示，假定其为液滴初始直径和最大铺展直径的算数平均值：

$$A_m = \frac{\pi}{4}\left(\frac{d_{max} + d}{2}\right)^2 \tag{5-11}$$

然后根据液滴数量，计算液滴从表面散发的热流：

$$\dot{q} = Q_d \cdot N_d \tag{5-12}$$

式中 N_d——单位面积和时间内在热表面上碰撞的液滴数量，其取决于液滴流量和单个液滴质量：

$$N_d = \frac{\dot{m}}{(\pi/6) \cdot \rho \cdot d^3} \tag{5-13}$$

结合式（5-4）~式（5-13），获得液滴散热量为：

$$\dot{q} = \frac{3}{4} \cdot \sqrt{\frac{2}{\pi}} \cdot \frac{\sqrt{\lambda \cdot \rho \cdot c}}{\rho} \cdot \dot{m} \cdot (T_{sat} - T_{Li}) \cdot \frac{1}{\sqrt{v \cdot d}} \cdot \left[1 + 1.18\left(\frac{\rho \cdot v^2 \cdot d}{\sigma}\right)^{0.24}\right]^2 \tag{5-14}$$

由于热流量受到液滴流量、液滴温差、液滴粒径和液滴撞击速度等参数的影响，将传热系数定义为：

$$h = \frac{\dot{q}}{T_s - T_{\text{Li}}} \tag{5-15}$$

式中　T_s——表面温度,℃。

由于热流密度与表面温度无关，在冷却过程中，传热系数会随着表面温度的降低而增加。

5.4.2　液滴粒径对撞击表面传热影响分析

图 5-38 为液滴粒径对膜态沸腾区传热影响，随着液滴粒径的增加，液滴在热表面上的散热量直线增加，如图 5-38（a）所示，由于液滴粒径的增加，液滴在热表面上铺展的直径变大，液滴在热表面上的接触面积增加，从而使液滴的散热量增加。由图 5-38（b）可知，随着散热量的增加，液滴在热表面上的传热系数增大。随着液滴粒径的增加，液滴在热表面上的动态 Leidenfrost 温度升高，但变化幅度不大，液滴在热表面上的传热系数仍保持上升趋势。

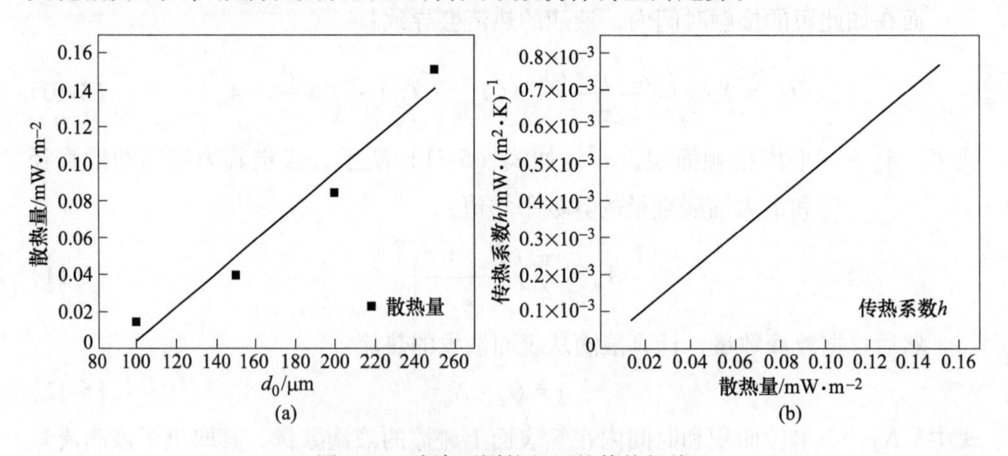

图 5-38　液滴不同粒径下的传热规律

（a）散热量；（b）传热系数

5.4.3　撞击速度对撞击表面传热影响分析

图 5-39 为液滴撞击速度对膜态沸腾区的传热影响。由图 5-39（a）可了解随着液滴撞击速度的增加，液滴在热表面上的散热量也逐渐增加，且呈倍数增加，这主要是由于液滴的撞击速度变大，撞击热表面周围气-液扰动更加剧烈，液滴

在热表面上的铺展直径也随之增大，从而使液滴的散热量增加。由图 5-39（b）可了解随着液滴散热量的增加，液滴传热系数增加。由于撞击速度的增加，液滴在热表面上的动态 Leidenfrost 温度有小幅度减小，但由于液滴的散热量变化较大，使液滴的传热系数仍呈上升趋势，且与散热量一样呈倍数上升。

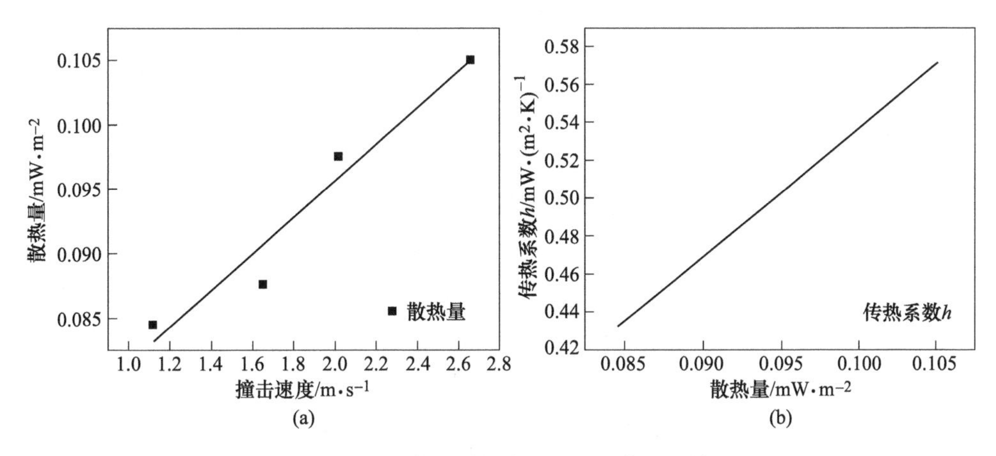

图 5-39 液滴不同撞击速度下的传热规律

（a）散热量；（b）传热系数

5.5 本 章 小 结

本章采用可视化的方法对毫米/微米级的单液滴和液滴流撞击金属热表面的形貌变化进行分析，通过改变液滴参数和热表面性质探究其对形貌的影响，通过建立传热数学模型对液滴撞击金属热表面的散热量和传热系数进行传热分析。

（1）随着热表面温度升高，液滴在膜态沸腾时，微米级液滴能从热表面完整弹起，毫米级液滴会在热表面上发生破碎。毫米/微米级液滴铺展因子 β 都随着表面温度的升高呈现先增大后减小的趋势，且微米级液滴铺展因子 β 比毫米级液滴小，在热表面的驻留时间短。

（2）增大表面粗糙度，液滴在热表面上的最大铺展因子 β_{max} 和驻留时间随之增大。增大液滴粒径，液滴在热表面上的最大铺展因子 β_{max} 和驻留时间也随之增大。增大撞击速度，液滴在热表面上的最大铺展因子 β_{max} 增大，在热表面的驻留时间则缩短。

（3）表面粗糙度增大，液滴的动态 Leidenfrost 温度升高。增大撞击速度，液滴的动态 Leidenfrost 温度降低，毫米级/微米级单液滴和液滴流的动态 Leidenfrost 温度分别在 260~280 ℃和 260~275 ℃区间。

（4）通过传热数学模型，液滴的散热量和传热系数随着液滴粒径和撞击速度的增大而变大，在喷雾冷却过程中，增大液滴粒径和撞击速度能提高冷却速率。

6 导热反问题数学模型的建立与求解

连铸二冷过程的铸坯表面热流密度是进行连铸机二冷段设计的重要参数，也是评价连铸二冷工艺的重要指标。对于铸坯表面热流及表面温度的测量，由热铸坯通过气雾冷却过程产生大量水雾，通过热电偶接触测量或者光学方法直接测量表面温度或者表面温度变化是非常困难的。常用方法是在离铸坯表面一定距离处埋设热电偶，测量其内部一点或几点冷却过程的温度变化，反算热边界条件，这种方法被称为导热反问题分析法[200-206]，通过导热反问题法估算表面热流密度。

许多数值方法已经被提出来进行可靠的导热反问题分析，这些方法包括顺序函数法[207]、边界元法[208]、空间推进法[209]和蒙特卡罗法[210]。工程上求解导热反问题的最常用方法是 Beck 提出的顺序函数法，其主要特征为引入敏感系数来表示反问题对测点测量误差的敏感程度，同时，提出暂时假设，即暂时假定热流在 r 个未来时间步长区间内为常数。本书研究也是利用基于 Beck 提出的顺序函数法，构建利用冷却对象内部某些测点的温度时间历程信息，利用暂时假设下的热平衡法，引入敏感系数，反演冷却表面的温度及表面热流。

由于导热反问题的不适定性，导致其解不具有存在性、稳定性及唯一性。其反算结果的精确性依赖于输入值的测量误差。正则化方法是求解类似不适定问题的另外一种方法，该方法用一组与原不适定问题相邻的适定问题的解去逼近原问题的解，如何建立有效的正则化方法是反问题领域中不适定问题研究的重要内容，通常的正则化方法有基于变分原理的 Tikhonov 正则化、迭代方法及相关的改进方法，在各类反问题的研究中被广泛采用。同时，在实验过程中，准确的温度测量是获得准确表面换热条件的前提。采用的手段一般是精确的热电偶位置确定和牢固的热电偶焊接[211-213]，进而获取被测对象固定位置的温度变化。

基于上一章建立的实验装置，冷却对象是平板或者空心圆柱体，本章针对测试对象尺寸特征，构建一维平板导热反问题数学模型，基于 Beck 提出的顺序函数法求解。针对圆筒壁冷却的二维问题，构建圆柱坐标下的柱体导热的数学模型，基于 Tikhonov 正则化方法克服导热反问题固有的不适定性。采用铸坯表面下一定距离处设置热电偶测温来获得一些离散点的温度值来求解铸坯冷却过程的表面热流和表面温度。

6.1　一维平板导热反问题

导热反问题是指通过传热系统的部分输出信息反演系统的某些结构特征或部分输入信息。在实际喷射冷却工程中，通过获知铸坯内部温度场的变化来反演铸坯的冷却边界条件[214-219]。

对于实验过程中的平板或者铸坯冷却过程，由于热电偶焊接在平板或铸坯的中间位置，对于热电偶测量位置，其沿着喷淋冷却方向的热流相对于其他方向热流大得多，即对于测试平板或铸坯中间位置的冷却可以认为是沿着冷却方向的一维导热，本书针对平板或圆柱的气雾射流实验，忽略试样的横向传热，将其内部导热视为沿喷淋方向的一维非稳态导热。采用 Beck 提出的 n 个未来时间步长的方法，利用 Fortran 语言，编制导热反问题程序，通过预埋在试样一定深度内的热电偶，测得试样一定位置的降温曲线，反算试样表面的热流密度及温度，并得出与试样表面温度和表面热流之间的关系，进而获取气雾射流冷却的沸腾曲线。

6.1.1　数学模型

气雾射流冷却平板的导热反问题的物理模型示意图如图 6-1 所示，在实验过程中所使用的铸件的厚度大小，对实验结果的影响体现在高温区的停留时间上，即获得数据的多少上，而热容和导热系数等视为常物性参数，取可靠值即可。在平板钢板或者铸件的近壁面处埋设热电偶，将平板加热至预设的温度 T_0，用气雾射流将其冷却，利用传热反问题计算，得到冷却表面的热流密度为 q，温度的控制方程为：

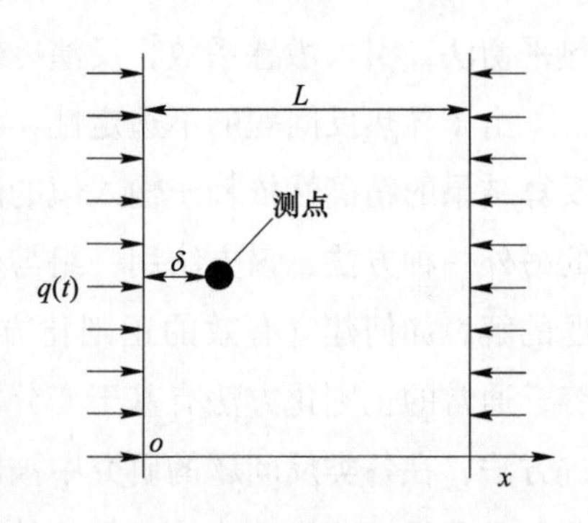

图 6-1　导热反问题物理模型示意图

$$\rho C_p(T)\ \frac{\partial T}{\partial t}=\frac{\partial}{\partial x}\left(k(T)\ \frac{\partial T}{\partial x}\right) \tag{6-1}$$

$$T(x,\ 0)=T_0$$

$$T|_{x=\delta} = Y(t)$$

$$-k\partial T/\partial x|_{x=L} = 0$$

$$q(t) = -k\partial T/\partial x|_{x=0}$$

式中 ρ——钢板密度，kg/m³；

δ——钢板厚度，m；

k——钢板导热系数，W/(m · K)；

T——钢板温度，℃；

T_0——钢板初始温度，℃；

C_p——钢板定压比热容，J/(kg · K)；

x——厚度方向坐标，m；

$Y(t)$——温度测量值，℃。

模型中 T_0和 $Y(t)$ 是已知值，需要求解表面热流 $q(t)$。

如果 t_{M-1} 时刻的温度场 $T_{M-1}(x)$ 和热流 q_{M-1} 已求出，待求 t_M 时刻的温度场 $T_{M(x)}$ 和热流 q_M。假设 $t_{M-1} < t < t_M$ 时，$q(t) = q_M$ 为常数，上述问题转化为：

$$\rho C_p(T)\frac{\partial T}{\partial t} = \frac{\partial}{\partial x}\left(k(T)\frac{\partial T}{\partial x}\right) \tag{6-2}$$

$$-k\partial T/\partial x|_{x=0} = \begin{cases} q_M = \mathrm{Const} & t_{M-1} < t < t_M \\ q(t) & t > t_M \end{cases}$$

$$-k\partial T/\partial x|_{x=\delta} = 0$$

$$T(x,t_{M-1}) = T_{M-1}(x)$$

引入敏感系数 $Z(x,t) = \partial T(x,t)/\partial q_M$ 来表示反问题对测点测量误差的敏感程度，对方程式（6-2）求导得到 Z 的控制方程：

$$\rho C_p(T)\frac{\partial Z}{\partial t} = \frac{\partial}{\partial x}\left(k(T)\frac{\partial Z}{\partial x}\right) \tag{6-3}$$

$$-k\partial Z/\partial x|_{x=0} = 1 \quad t > t_{M-1}$$

$$-k\partial Z/\partial x|_{x=\delta} = 0$$

$$Z(x,t_{M-1}) = 0$$

在确定边界热流密度时，采用 Beck[220] 提出的 r 个未来时间步长的方法，即暂时假定 q_M在 $[t_{M-1}, t_M]$，$[t_M, t_{M+1}]$，…，$[t_{M+r-2}, t_{M+r-1}]$ r 个时间区间内为常数，之所以称其为暂时假设，原因在于这个假设只在求解 q_M时成立，并不代表最终求解 $q_M = q_{M+1} = \cdots = q_{M+r-1}$，在得到 q_M后还要求解后续时刻的热流密度。由于 $T(x, t)$ 以连续方式依赖于热流 q_M，$T(x, t_M)$ 可表示为 $T(x, t, t_{M-1}, q_{M-1}, q_M)$，

假设测点位置 x_k，利用泰勒展开得：

$$T(x_k, t_{M+i-1}, t_{M-1}, \boldsymbol{q}_{M-1}, q_M) = T(x_k, t_{M+i-1}, t_{M-1}, \boldsymbol{q}_{M-1}, q^*) + (q_M - q^*) Z(x_k, t_{M+i-1}) \tag{6-4}$$

式中，$i = 1, \cdots, r$。

由此定义最小二乘误差函数为：

$$S = \sum_{i=1}^{r} [Y(x_k, t_{M+i-1}) - T(x_k, t_{M+i-1}, t_{M-1}, \hat{\boldsymbol{q}}_{M-1}, q_M)]^2 \tag{6-5}$$

上式对 q_M 微分令其为 0。可得 M，$M+1$，…，$M+r-1$ 共 r 个时刻的测温值 Y_M，Y_{M+1}，…，Y_{M+r-1} 表示的热流估计值。

$$\hat{q}_M = q_M^* + \sum_{i=1}^{r} [(Y_k^{M+i-1} - T_k^{*\ M+i-1}) Z_{k,i}] \Big/ \sum_{j=1}^{r} Z_{k,j} \tag{6-6}$$

式中　$Z_{k,i}$ —— $Z(x_k, t_{M+i-1})$；

Y_k^{M+i-1} —— $Y(x_k, t_{M+i-1})$；

$T_k^{*\ M+i-1}$ —— $T(x_k, t_{M+i-1}, t_{M-1}, \boldsymbol{q}_{M-1}, q^*)$。

6.1.2　数值算法

为适用于物性突变的情况，采用内节点法划分网格，附加源项法处理边界[221]，追赶法 TDMA 算法求解线性代数方程组。

对于温度和敏感系数的微分方程，可以写成通式：

$$\rho C_p \frac{\partial \phi}{\partial t} = \frac{\partial}{\partial x}\left(k \frac{\partial \phi}{\partial x}\right) \tag{6-7}$$

网格系统如图 6-2 所示，对控制体 P 积分，有：

$$\int_t^{t+\Delta t} \int_{x_w}^{x_e} \rho C_p \frac{\partial \phi}{\partial t} \mathrm{d}x \mathrm{d}t = \int_t^{t+\Delta t} \int_{x_w}^{x_e} \frac{\partial}{\partial x}\left(k \frac{\partial \phi}{\partial x}\right) \mathrm{d}x \mathrm{d}t \tag{6-8}$$

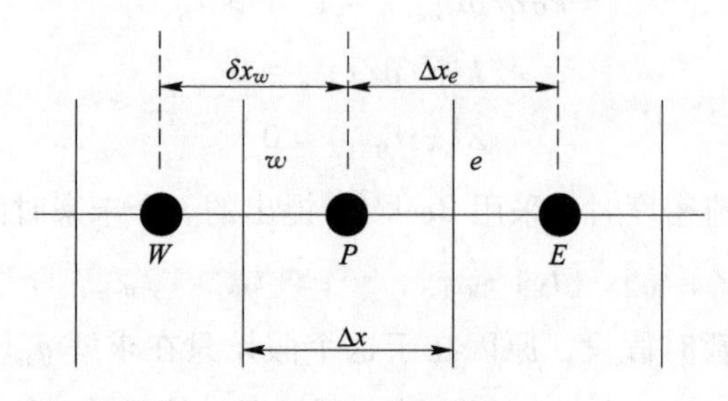

图 6-2　一维网格图

离散化得到：

$$A_W\phi_W + A_P\phi_P + A_E\phi_E = Su \tag{6-9}$$

$$A_E = -k_e/\delta x_e$$

$$A_W = -k_w/\delta x_w$$

$$A_P = -(A_E + A_W) + A_P^0$$

$$A_P^0 = \rho C_p \Delta x/\Delta t$$

$$S^0 = A_P^0 \phi_P^0$$

$$Su = S^0 + S^1$$

边界条件采用附加源项法处理，边界 $x=0$ 处，$A_W=0$，对于方程 T，边界源项 $S^1=q_M$，对于方程 Z，$S^1=S^1+1$；边界 $x=\delta$ 处，$A_E=0$，$S^1=0$。

由于敏感系数方程与温度方程形式一样，且边界条件类型一样，区别在于初始值和边界值数值不同，所以求解过程中有很多信息是公用的。假设时间层已推进至 t_{M-1}，确定 $[t_{M-1}, t_M]$ 时间层内热流密度 q_M 的计算步骤为：

(1) 初始化 $T=T_{M-1}$，$Z=0$，$q_M=q_M^*$。

(2) 时间推进 r 个步长，求解 $t=t_{M-1}+\Delta t$，…，$t_{M-1}+r\Delta t$ 共 r 个时刻的 T 和 Z 值，具体步骤为：

计算热物性，确定离散方程系数 A_E，A_W，$A_p(j=2, NI-1)$；计算 TDMA 算法中的系数 $B_{Pj}=1/(A_{Pj}-A_{Wj}A_{Ej}B_{Pj-1})$ $(j=2, NI-1)$。注意对于方程 T 和 Z 这四项是相同的。

计算方程 T 的边界源项 S^1，非稳态源项 S^0。

计算 TDMA 中系数 $V_j=Su_j-A_{Wj}B_{Pj-1}$，求解 $T_j=V_j-A_{Ej}T_{j+1}B_{Pj}$ $(j=2, NI-1)$。

计算边界温度值。

计算方程 Z 的边界源项 S^1，非稳态源项 S^0。

计算 TDMA 中系数 $V_j=Su_j-A_{Wj}\times B_{Pj-1}$，求解 $Z_j=V_j-A_{Ej}Z_{j+1}B_{Pj}$ $(j=2, NI-1)$。

计算边界 Z 值。

(3) 计算完 r 个时刻的 T 和 Z 值，采用式 (6-6) 估算表面热流 $\hat{q}_M$。

(4) 判断 $\hat{q}_M$ 是否满足收敛标准，如果未收敛，令 $q_M^*=\hat{q}_M$，重新执行步骤 (1)~(3)；如果满足收敛标准，利用 $T=T_{M-1}$，$q_M=\hat{q}_M$，计算温度场 T_M。推进到下一时间层，计算下一时间层的热流密度。

计算流程图如图 6-3 所示。

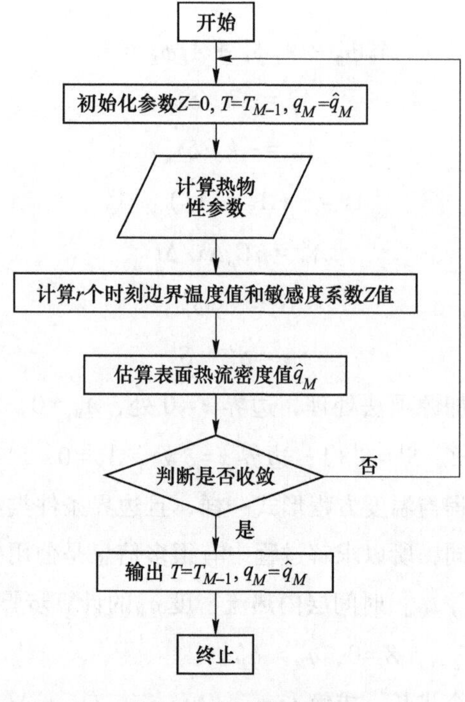

图 6-3　计算流程图

用 Fortran 语言编写求解一维瞬态导热问题的程序。将记录的测量时间和测量温度输入如图 6-4 所示的文件中，再将此文件导入 Fortran 程序，得出试样冷却表面的温度及热流，进而可以求出换热系数。

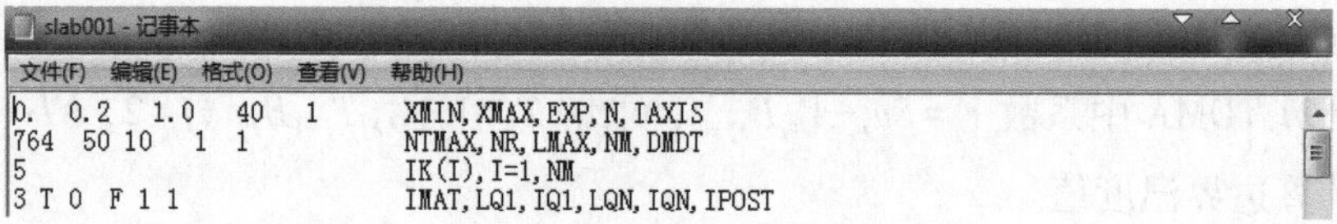

```
slab001 - 记事本
文件(F)  编辑(E)  格式(O)  查看(V)  帮助(H)
0.  0.2  1.0   40   1       XMIN,XMAX,EXP,N,IAXIS
764  50 10   1  1           NTMAX,NR,LMAX,NM,DMDT
5                           IK(I),I=1,NM
3 T 0  F 1 1                IMAT,LQ1,IQ1,LQN,IQN,IPOST
```

图 6-4　Fortran 程序初始值

图 6-4 中，程序的主要输入参数说明如下：XMIN、XMAX 表示一维方向上的两个坐标值；EXP 表示划分网格时不同网格的相对变化率；N 表示数值计算时内部控制体数目；IAXIS 表示选择坐标系的类型，IAXIS = 1 表示直角坐标系；NTMAX 表示随时间变化的测点数，即有多少测量步长；NR 表示未来时间步长数；LMAX 表示非线性迭代的次数；NM 表示时间空间测量点的数目；DMDT 表示测量周期/计算步长；IK 表示 NM 个测量点空间上对应网格中的编号；IMAT

表示材料物理性质的选择。

6.1.3 模型的验证

采用正算和反算对比的手段对本书的一维导热反问题数学模型和计算程序进行验证，并对热电偶的预埋位置进行评估。具体思路如下：对某一厚度平板，假设其为一维非稳态导热，构建一维导热正问题数学模型，在传热面施加一个交变的热流，进而获取不同热电偶预埋位置的温度值。然后将正问题计算获取的不同预埋位置的温度值作为导热反问题的已知条件，采用上述构建的导热反问题模拟及计算程序反演表面的热流，然后将获取的反演表面热流值和正问题施加的热流边界条件对比，进而验证模型及程序的正确性。正问题利用数值模拟软件进行计算，采用和反问题计算相同的网格。在验证过程中，比较了距离冷却表面不同热电偶的数据对反演结果精确度的影响。

建立的一维导热物理模型如图 6-5 所示，模型的厚度为 200 mm，宽度为 200 mm，模型的材质为碳钢，网格划分为 400×400。模型的初始温度为 1100 ℃，其中 1、2 和 3 三个面为绝热边界条件，面 4 施加一个交变的热流，如式（6-10）所示，其热流时间关系如图 6-6 所示。热流的周期为 40 s，计算过程中采用的等时间步长为 1 s，计算时长为 10 个周期，共计 400 s。

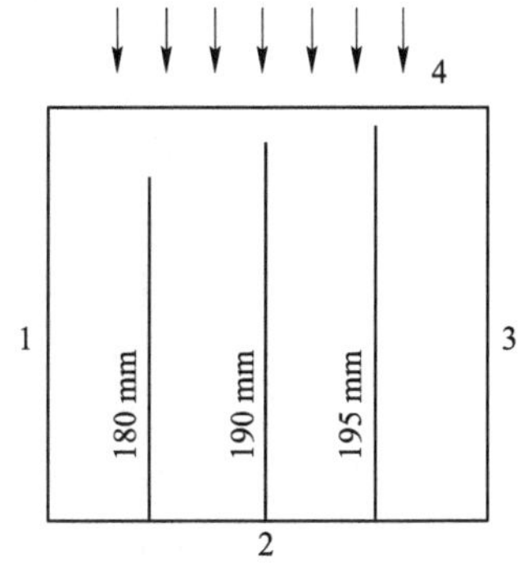

图 6-5 正问题计算模型

$$q(t)=\begin{cases}3000t+500000(0\leqslant t<10)\\-3000t+110000(10\leqslant t<30)\\30000t-700000(30\leqslant t<40)\end{cases}\tag{6-10}$$

将距离钢板表面 5 mm、10 mm 和 20 mm 的温度历程数据输入导热反问题程序获取冷却表面的温度及热流，将上述不同位置温度历程反演出的热流值和正问题施加的热流值对比，如图 6-7 所示。从图中可以看出，不同测温点反算的热流和施加的热流非常接近，说明计算程序对交变热流的反演较好。

表 6-1 对比了三个不同测温点反演的表面热流相对于施加热流的相对误差，表明对于距离表面 5 mm、10 mm 和 20 mm 的热电偶值几乎都能够获取接近于施加热流的值，距离表面越近的热电偶，测温结果反演热流的误差越小。

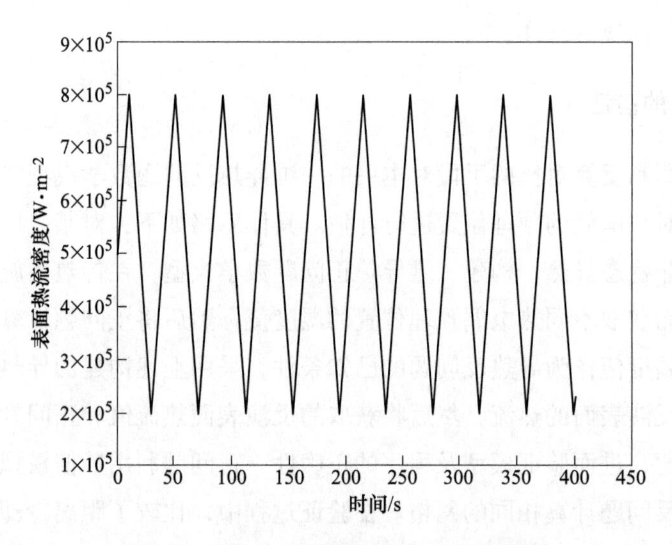

图 6-6　施加的热流随时间的变化曲线图

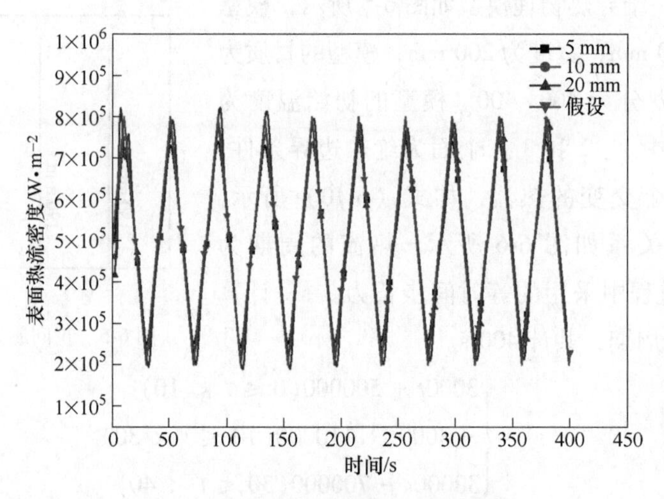

图 6-7 彩图

图 6-7　热流密度假设值与反算值关系

表 6-1　各个测温点反演的相对误差

测温点距离表面位置/mm	相对误差/%
5	0.55
10	0.68
20	1.4

在真实的实验过程中，测温点越接近表面，测点降温条件下获得高温区数据量越小，测量本身的误差会放大，所以评估选择合适热电偶预埋深度是必要的。

在本书中，对于阵列喷嘴气雾射流作用下的钢板的厚度为 200 mm，选取测温点距表面 20 mm 处作为热电偶的测温位置。对于气雾射流冷却厚度 16 mm 的平板或者较薄的空心圆柱，选取测温点距表面 2 mm 处作为热电偶的测温位置。

通过上述验证过程表明，本书建立的一维平板导热反问题数学模型以及 Fortran 语言编写的计算程序可信度比较高，可以用于本书的传热问题研究。

6.2 二维空心圆柱导热反问题

在上一章的连铸动态模拟平台中，以空心耐热不锈钢柱体表面模拟铸坯表面，24 支 K 型热电偶沿圆周均匀埋设在柱体外壳面下，将空心圆柱体预热到 1100 ℃以上，然后在圆筒动态旋转条件下进行气雾冷却，通过 24 支热电偶的温度值变化获取圆筒壁的动态传热过程。

空心圆柱体的导热可以简化为二维传热问题，对铸坯而言，沿铸坯厚度方向和长度方向具有很大温度梯度，是铸坯内部热量扩散主要方向，因此在连铸二冷气雾冷却周期性实验过程中，可将圆柱体试样内部传热过程简化为二维导热问题，根据冷却实验中测得的各个位置的离散温度值，再利用建立在柱坐标下二维非稳态导热反问题的模型，通过程序计算获得表面温度和表面热流密度[222-228]。

6.2.1 数学模型

实验条件下，可认为是一个有限柱体内的瞬态热传导问题，其物理模型如图 6-8 所示，忽略轴向热传导、忽略冷却过程中高温材料的固态相变，忽略热胀冷缩引起的尺寸变化。

建立正问题的数学模型，如下：

$$\rho C_p \frac{\partial T}{\partial \tau} = \frac{1}{r}\frac{\partial}{\partial r}\left(r\lambda \frac{\partial T}{\partial r}\right) + \frac{1}{r}\frac{\partial}{\partial \theta}\left(\frac{\lambda}{r}\frac{\partial T}{\partial \theta}\right) \tag{6-11}$$

$$-\lambda \frac{\partial T}{\partial r} = 0 \quad r = r_1, t > 0$$

$$-\lambda \frac{\partial T}{\partial r} = h(T|_{r=r_2} - T_f) \quad r = r_2$$

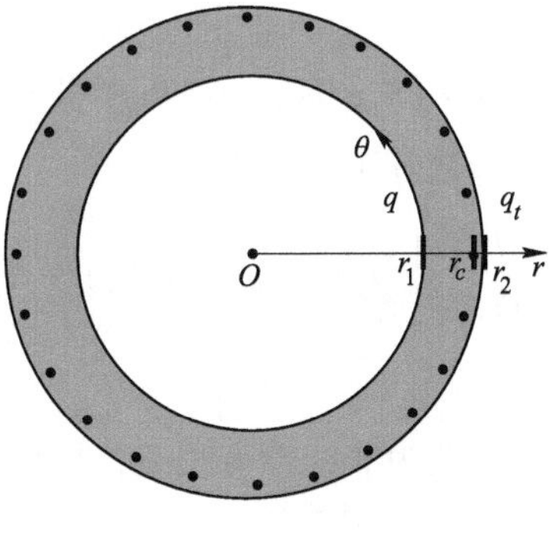

图 6-8 物理模型示意图

$$T(r,\theta,t) = T_0(r,\theta) \quad r \in [r_1,r_2], \theta \in [0,2\pi), \ t = 0$$

式中　r_1——空心柱体内径，mm；

r_2——柱体外径，mm；

h——对流换热系数，W/(m^2·K)；

T_f——外部介质温度，℃；

$T_0(r, \theta)$——铸坯初始温度，℃。

采用控制容积法对控制方程进行离散，由边界条件和初始条件对方程进行封闭，时间上选用隐式格式求解。

6.2.2　正则化泛函方法

在反问题求解过程中，通过将某节点处实验测得的温度值与假设已知边界条件后计算得到的温度值进行比较，当两者差最小时认为此时的边界条件假设值即为真实的边界条件，通过引入泛函将反问题求解过程转化为一个优化过程，用以解决唯一性的问题[229]。本书针对导热反问题建立的泛函如下：

$$F(h_1,h_2,\cdots,h_n) = \sum_{i=1}^{m} [T_i(h_1,h_2,\cdots,h_n) - T_i^c]^2 + \alpha \sum_{j}^{n} \Omega(h_j) \tag{6-12}$$

式中　$T_i(h_1, h_2, \cdots, h_n)$——假设的边界条件求出的测点位置处的温度信息；

T_i^c——测量得出的测点位置温度信息；

α——正则化系数；

$\Omega(x)$——稳定泛函数；

$\alpha \sum_{j}^{n} \Omega(h_j)$——Tikhonov 正则化方法的稳定泛函数项，起到使泛函方程中矩阵变为对角占优阵和抑制测量误差的作用，以解决存在性与稳定性问题。

让 $F(h_1, h_2, \cdots, h_n)$ 分别对 $h_1, h_2, \cdots, h_n$ 求导 $h_k(k = 1, 2, \cdots, N_h)$，并令导数等于零，得：

$$\frac{\partial F}{\partial h_k} = \left\{ \sum_{i=1}^{m} [T_i(h_1,\cdots,h_n) - T_i^c] \frac{\partial T_i}{\partial h_k} + \alpha \sum_{j}^{n} \Omega'(h_k) \right\} = 0 \quad k \in [1,2,\cdots,n] \tag{6-13}$$

上式为非线性方程组，用牛顿-拉夫逊法求解。令：

$$f_k = \frac{1}{2} \frac{\partial F}{\partial h_k} \tag{6-14}$$

式中, $k \in [1, 2, \cdots, n]$。

对式（6-14）中 $f_k(h_1, h_2, \cdots, h_{N_h}) = 0$，将其泰勒级数展开，并令：

$$f_k(h_1,\cdots,h_n) = f_k(h_1^{(0)},\cdots,h_n^{(0)}) + \frac{\partial f_k}{\partial h_1}\Delta h_1 + \cdots + \frac{\partial f_k}{\partial h_n}\Delta h_n \quad k \in [1,2,\cdots,n] \tag{6-15}$$

$$\begin{cases} \dfrac{\partial f_1}{\partial h_1}\Delta h_1 + \cdots + \dfrac{\partial f_1}{\partial h_n}\Delta h_n = -f_1(h_1^{(0)},\cdots,h_n^{(0)}) \\ \vdots \\ \dfrac{\partial f_n}{\partial h_1}\Delta h_1 + \cdots + \dfrac{\partial f_n}{\partial h_n}\Delta h_n = -f_n(h_1^{(0)},\cdots,h_n^{(0)}) \end{cases} \tag{6-16}$$

$$\frac{\partial f_k}{\partial h_j} = \begin{cases} \displaystyle\sum_{i=1}^{m}\left(\frac{\partial T_i}{\partial h_j}\right)\left(\frac{\partial T_i}{\partial h_k}\right) + 0 & j \neq k \\ \displaystyle\sum_{i=1}^{m}\left(\frac{\partial T_i}{\partial h_j}\right)^2 + 0.5\alpha\Omega''(h_k) & j = k \end{cases} \quad j,k \in [1,2,\cdots,n] \tag{6-17}$$

式中, j、k 互不相关。

矩阵形式为：

$$A\begin{pmatrix}\Delta h_1 \\ \vdots \\ \Delta h_n\end{pmatrix} = -\begin{pmatrix} f_1(h_1^{(0)},\cdots,h_n^{(0)}) \\ \vdots \\ f_n(h_1^{(0)},\cdots,h_n^{(0)}) \end{pmatrix} \tag{6-18}$$

其中

$$A = \begin{pmatrix} \displaystyle\sum_{i=1}^{m}\left(\frac{\partial T_i}{\partial h_1}\right)^2 + \alpha & \displaystyle\sum_{i=1}^{m}\left(\frac{\partial T_i}{\partial h_1}\right)\left(\frac{\partial T_i}{\partial h_2}\right) & \cdots & \displaystyle\sum_{i=1}^{m}\left(\frac{\partial T_i}{\partial h_1}\right)\left(\frac{\partial T_i}{\partial h_n}\right) \\ \displaystyle\sum_{i=1}^{m}\left(\frac{\partial T_i}{\partial h_2}\right)\left(\frac{\partial T_i}{\partial h_1}\right) & \displaystyle\sum_{i=1}^{m}\left(\frac{\partial T_i}{\partial h_2}\right)^2 + \alpha & \cdots & \displaystyle\sum_{i=1}^{m}\left(\frac{\partial T_i}{\partial h_2}\right)\left(\frac{\partial T_i}{\partial h_n}\right) \\ \vdots & \vdots & \ddots & \vdots \\ \displaystyle\sum_{i=1}^{m}\left(\frac{\partial T_i}{\partial h_n}\right)\left(\frac{\partial T_i}{\partial h_1}\right) & \displaystyle\sum_{i=1}^{m}\left(\frac{\partial T_i}{\partial h_2}\right)\left(\frac{\partial T_i}{\partial h_2}\right) & \cdots & \displaystyle\sum_{i=1}^{m}\left(\frac{\partial T_i}{\partial h_n}\right)^2 + \alpha \end{pmatrix} = ss' + \alpha I \tag{6-19}$$

S 为灵敏度矩阵，其具有以下形式：

$$\boldsymbol{S} = \begin{pmatrix} \frac{\partial T_1}{\partial h_1} & \frac{\partial T_2}{\partial h_1} & \cdots & \frac{\partial T_m}{\partial h_1} \\ \vdots & \vdots & \ddots & \vdots \\ \frac{\partial T_1}{\partial h_n} & \frac{\partial T_2}{\partial h_n} & \cdots & \frac{\partial T_m}{\partial h_n} \end{pmatrix} \tag{6-20}$$

视所有的 $\frac{\partial T_i}{\partial h_j}$ 为已知量，可通过下式求出：

$$\frac{\partial T_i}{\partial h_j} = \frac{T_i(h_1^{(0)}, \cdots, h_j^{(0)} + \delta h_j^{(0)}, \cdots, h_i^{(0)}) - T_1(h_1^{(0)}, \cdots, h_i^{(0)})}{\delta h_j^{(0)}} \tag{6-21}$$

则：

$$(SS' + \alpha I)\begin{pmatrix} \Delta h_1 \\ \vdots \\ \Delta h_n \end{pmatrix} = S\begin{pmatrix} [T_1(h_1^{(0)}, \cdots, h_n^{(0)}) - T_1^c] - 0.5\alpha\Omega'(h_1) \\ \vdots \\ [T_m(h_1^{(0)}, \cdots, h_n^{(0)}) - T_m^c] - 0.5\alpha\Omega'(h_n) \end{pmatrix} \tag{6-22}$$

$$\begin{pmatrix} \sum_{i=1}^{m}\left(\frac{\partial T_i}{\partial h_1}\right)^2 + 0.5\alpha\Omega''(h_k) & \sum_{i=1}^{m}\left(\frac{\partial T_i}{\partial h_1}\right)\left(\frac{\partial T_i}{\partial h_2}\right) & \cdots & \sum_{i=1}^{m}\left(\frac{\partial T_i}{\partial h_1}\right)\left(\frac{\partial T_i}{\partial h_n}\right) \\ \sum_{i=1}^{m}\left(\frac{\partial T_i}{\partial h_2}\right)\left(\frac{\partial T_i}{\partial h_1}\right) & \sum_{i=1}^{m}\left(\frac{\partial T_i}{\partial h_2}\right)^2 + 0.5\alpha\Omega''(h_k) & \cdots & \sum_{i=1}^{m}\left(\frac{\partial T_i}{\partial h_2}\right)\left(\frac{\partial T_i}{\partial h_n}\right) \\ \vdots & \vdots & \ddots & \vdots \\ \sum_{i=1}^{m}\left(\frac{\partial T_i}{\partial h_n}\right)\left(\frac{\partial T_i}{\partial h_1}\right) & \sum_{i=1}^{m}\left(\frac{\partial T_i}{\partial h_2}\right)\left(\frac{\partial T_i}{\partial h_2}\right) & \cdots & \sum_{i=1}^{m}\left(\frac{\partial T_i}{\partial h_n}\right)^2 + 0.5\alpha\Omega''(h_k) \end{pmatrix}^{-1}$$

$$\begin{pmatrix} -\sum_{i=1}^{m}[T(h_1^0, \cdots, h_n^0) - T^c]\frac{\partial T_i}{\partial h_1} - 0.5\alpha\Omega'(h_1) \\ -\sum_{i=1}^{m}[T(h_1^0, \cdots, h_n^0) - T^c]\frac{\partial T_i}{\partial h_2} - 0.5\alpha\Omega'(h_2) \\ \vdots \\ -\sum_{i=1}^{m}[T(h_1^0, \cdots, h_n^0) - T^c]\frac{\partial T_i}{\partial h_n} - 0.5\alpha\Omega'(h_n) \end{pmatrix} = \begin{pmatrix} \Delta h_1 \\ \Delta h_2 \\ \vdots \\ \Delta h_n \end{pmatrix} \tag{6-23}$$

$$\begin{pmatrix} h_1^{(1)} \\ \vdots \\ h_n^{(1)} \end{pmatrix} = \begin{pmatrix} h_1^{(0)} \\ \vdots \\ h_n^{(0)} \end{pmatrix} + \begin{pmatrix} \Delta h_1 \\ \vdots \\ \Delta h_n \end{pmatrix} \tag{6-24}$$

对式（6-24）迭代求解即可。

取 $\varepsilon > 0$，使得 $\max\left|\dfrac{h_j^{(1)} - h_j^{(0)}}{h_j^{(1)}}\right| < \varepsilon$ 成立，则用得出的 $\begin{pmatrix} h_1^{(1)} \\ \vdots \\ h_n^{(1)} \end{pmatrix}$ 计算空心柱体的瞬时温度场，如不满足上式，令 $\begin{pmatrix} h_1^{(0)} \\ \vdots \\ h_i^{(0)} \end{pmatrix} = \begin{pmatrix} h_1^{(1)} \\ \vdots \\ h_i^{(1)} \end{pmatrix}$ 并再次迭代直至 $\max\left|\dfrac{h_j^{(1)} - h_j^{(0)}}{h_j^{(1)}}\right| < \varepsilon$ 成立[230-236]。计算流程如图 6-9 所示。

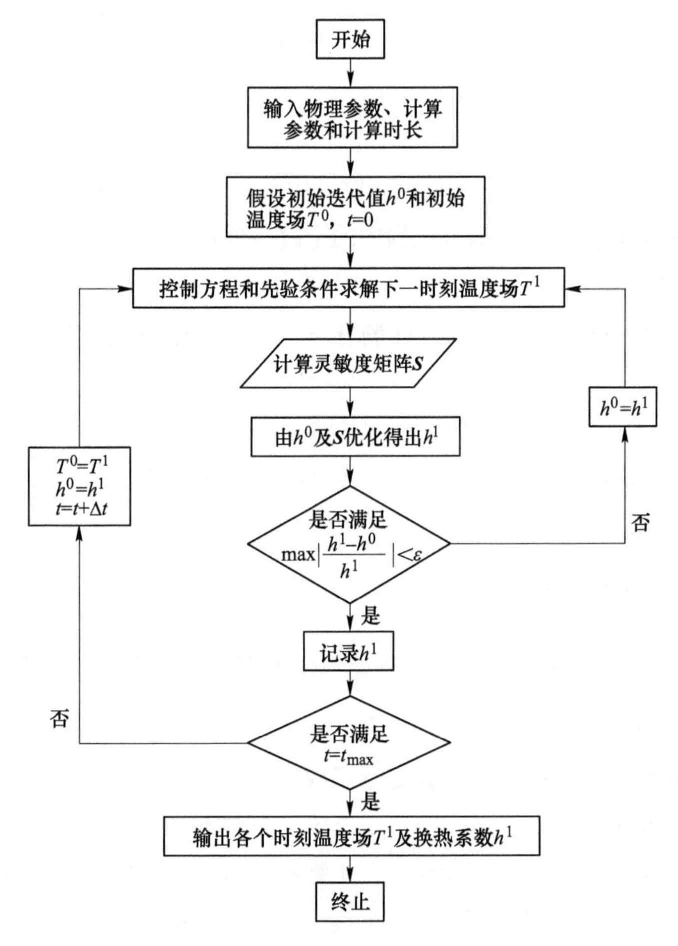

图 6-9 Tikhonov 反问题反演流程图

6.2.3 数学模型和计算程序的检验

连铸二冷周期性换热实验台经历周期性边界条件，计算过程也经历周期性变化，假设数值算例满足下述条件：

$$T^0(r,\ \theta) = 1000\ ℃,\ r_1 = 93,\ r_2 = 108,\ r_c = 106,\ n = 24$$

外边界条件为：

$$-\lambda\frac{\partial T}{\partial r} = \begin{cases} 300(T_B - 22.5\ ℃) & \dfrac{2\pi}{\dfrac{1}{15}\pi/s}t + \theta \in \left[\dfrac{19\pi}{12}, 2\pi\right) \cup \left[0, \dfrac{5\pi}{12}\right) \\ 100(T_B - 22.5\ ℃) & \dfrac{2\pi}{\dfrac{1}{15}\pi/s}t + \theta \in \left[\dfrac{5\pi}{12}, \dfrac{19\pi}{12}\right) \end{cases} \tag{6-25}$$

式中，$r = r_2$，$t > 0$。

取距离圆柱体外表面 2 mm 处的绕圆柱中轴均匀分布的 24 个点为测量点，取这些点的温度信息为反问题求解过程中的定解条件：

$$T(r,\theta,t) = T^c(\theta,t),r = r^c,\theta \in (\theta_1,\theta_2,\cdots,\theta_m) \quad t > 0 \tag{6-26}$$

距离钢坯外表面 2 mm 处的温度场分布，考虑测量误差，$T^c(\theta,\ t)$ 值由下式确定：

$$T^c(\theta,t) = T^{exa}(\theta,t) + \omega\sigma \tag{6-27}$$

式中 ω ——符合均匀分布的 [- 1，1] 区间内的随机数；

σ ——该分布的标准差。

取 $\sigma = 0$，分别取 $\Omega(h) = \|h\|^2_{L^2(a,\ b)} = \int_a^b h^2(t)\mathrm{d}t$ 和 $\Omega(h) = \|h - h_0\|^2_{L^2(a,\ b)} = \int_a^b [h(t) - h_0(t)]^2\mathrm{d}t$ 为 Tikhonov 正则化方法的稳定泛函数并由正算得出的测点信息计算钢坯外边界条件和温度场分布。

以 $\Omega(h) = \|h - h_0\|^2_{L^2(a,\ b)}$ 为稳定泛函数，取正则化参数为 0.0001，在没有引入模拟误差时反演结果如图 6-10（b）所示，与图 6-10（a）的给定的边界换热系数对比，可直观看出反演精度良好，正算条件与反演结果同样具有明显的周期性，取单个测点位置所对应的表面换热系数做对比，反演结果的方差为 22.60544，R^2 值为 0.999989。

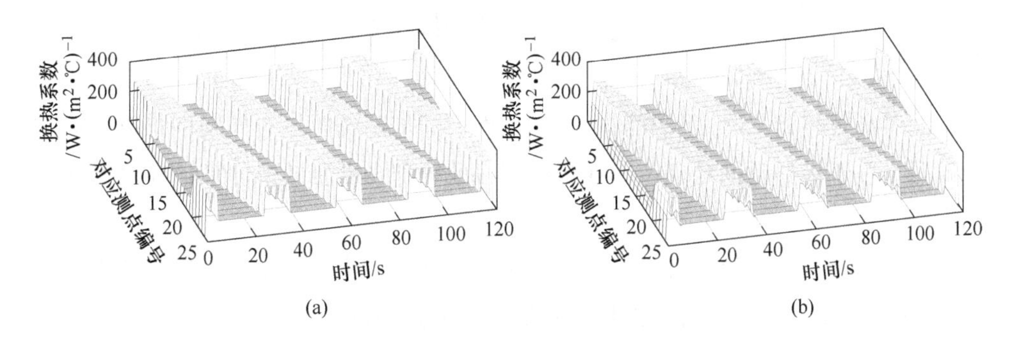

图 6-10 以 $\Omega(h) = \|h - h_0\|^2_{L^2(a,\ b)}$ 形式下正算与反演的表面换热系数对比

（a）数值算例外边界换热系数分布；（b）反演对流换热系数分布图

图 6-10 彩图

以 $\Omega(h) = \|h\|^2_{L^2(a,\ b)}$ 为稳定泛函数，取正则化参数为 0.0001，在没有引入模拟误差时反演结果如图 6-11（b）所示，由图可知，正算条件与反演结果同样具有明显的周期性，取单个测点位置所对应的表面换热系数做对比，反演结果的方差为 18.09247，R^2 值为 0.999992。

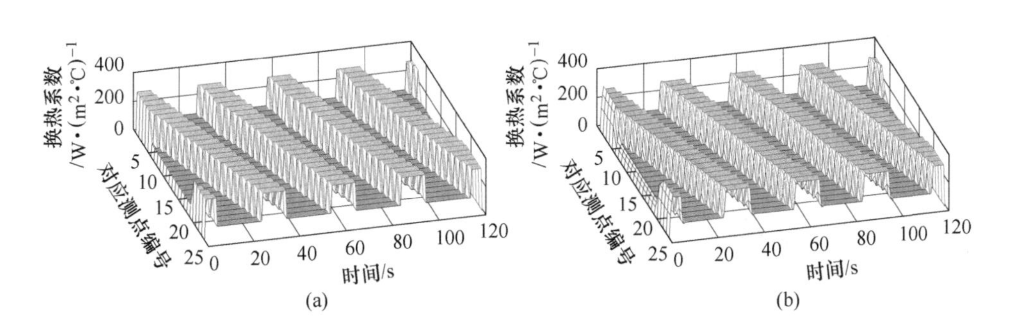

图 6-11 以 $\Omega(h) = \|h\|^2_{L^2(a,\ b)}$ 形式下正算与反演的表面换热系数对比

（a）数值算例外边界换热系数分布；（b）反演对流换热系数分布图

图 6-11 彩图

对于 $\Omega(h) = \|h - h_0\|^2_{L^2(a,\ b)}$ 和 $\Omega(h) = \|h\|^2_{L^2(a,\ b)}$ 两种稳定泛函数，施加的表面换热系数与反演的表面换热系数非常接近，R^2 值为 0.999 以上。本书利用 Tikhonov 正则化方法通过稳定泛函数和与正则化系数，解决反演过程中解的存在性与稳定性问题，进而在后续的周期性换热过程使用该模型对周期性换热条件进行计算。

6.3 本章小结

针对高效连铸二冷区气雾射流冷却条件下铸坯表面的热边界条件难以准确测量问题，基于传热反问题理论，通过冷却对象内部温度测量来计算试样表面热流和换热系数。

（1）基于平板及铸坯气雾射流冷却过程，建立一维非稳态导热数学模型，利用 Beck 顺序函数法引入敏感系数，来估算表面热流值，利用 Fortran 语言编写计算程序，与数值模拟软件构建的相同正问题计算结果相比较，确认数学模型的正确性，同时证明了计算算法的合理有效性，计算结果的准确可靠性。

（2）基于圆柱体旋转的周期性气雾射流冷却问题，基于 Tikhonov 正则化算法，反演表面边界条件，并对数学模型和计算程序进行检验，证明其准确性及可靠性。

7 气雾射流作用下铸坯传热特性研究

本章基于前述建立的高效连铸气雾射流传热实验台，开展气雾射流作用下的连铸平板传热实验研究、连铸周期性换热特性研究和连铸阵列喷嘴射流换热研究。平板传热实验研究重点关注单喷嘴射流条件下冷却高温钢板的沸腾传热特征、气雾喷嘴形成的气雾射流特征导致的冷却表面局部呈现不同的换热特征，并探寻不同射流特征下传热的实验关联式；连铸周期性换热实验重点关注由于气雾射流冷却、空冷辐射的周期性边界条件对连铸整个换热过程的影响；连铸阵列喷嘴射流换热研究基于现场生产的连铸二冷多喷嘴冷却设计并开展实验研究，期望建立起可应用于实际生产的铸坯表面水流密度与表面换热系数之间的函数关系。

7.1 气雾射流作用下平板传热实验研究

为探索气雾射流参数对气雾射流冷却效果的影响机理，基于建立的实验平台，开展了连铸二冷气雾射流作用下平板的传热实验研究。该实验的目的在于揭示气雾射流参数对高热表面的冷却特点，并未考虑连铸二冷液芯凝固释放潜热和铸坯的移动速度。在第 4 章研究气雾特征时，明确该喷嘴的建议工况（气压 0.20 MPa、水压 0.40 MPa，喷嘴距离冷却表面为 285 mm）下，气雾射流作用高温铸坯热表面的传热特征。

7.1.1 气雾射流作用下平板传热实验参数

气雾射流作用下平板传热实验参数见表 7-1[237-238]。

表 7-1 气雾射流作用下平板传热实验参数

实验条件	参数
试样尺寸/mm×mm×mm	400×300×16
喷嘴高度/mm	285
打孔直径/mm	4

续表 7-1

实验条件	参数
孔与冷却钢板表面距离/mm	2
喷嘴气压/MPa	0.20
喷嘴水压/MPa	0.40
试样材料	0Cr18Ni9
加热目标温度/℃	1200
冷却条件	顶部冷却
冷却水温/℃	24

热电偶的布置主要考虑喷嘴的射流特性，在射流冲击区布置热电偶，为了减小实验误差，利用喷嘴射流区域的对称性特点，采用前后左右交替的热电偶布置方式，测温点位置如图 7-1 所示，平板中心 C 点为坐标原点，也为射流中心点。其中 X 方向为射流的长度方向，Y 方向为射流的宽度方向。水流密度主要分布在 $Y=0$ 的直线两侧。表 7-2 为图 7-1 热电偶所在位置处的水流密度及测点位置喷射角度。

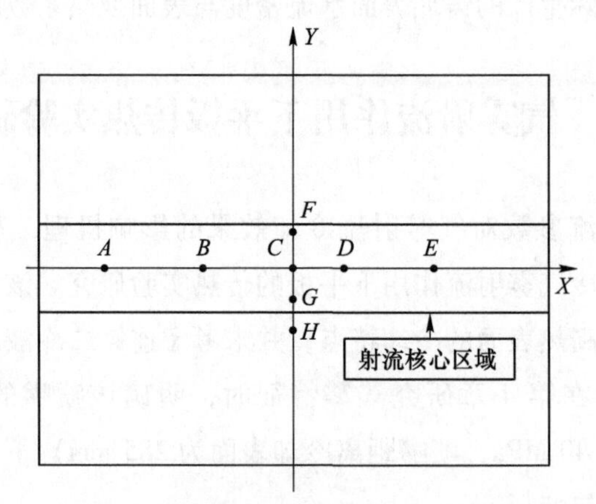

图 7-1　热电偶布置方式示意图

$A(-120\ \text{mm},0)$，$B(-60\ \text{mm},0)$，$C(0,0)$，$D(30\ \text{mm},0)$，

$E(90\ \text{mm},0)$，$F(0,25\ \text{mm})$，$G(0,-20\ \text{mm})$，$H(0,-40\ \text{mm})$

表 7-2　水流密度及位置喷射角度

测温点	A	B	C	D	E	F	G	H
水流密度/$L\cdot(m^2\cdot s)^{-1}$	3.9	4.2	6.3	5.4	4.1	3.6	3.6	—
测点位置喷射角度/(°)	31	16.7	0	8.5	24.2	7.1	5.7	11.3
索特尔平均粒径/μm	100	106	117	107	105	—	—	—
平均速度/$m\cdot s^{-1}$	14.4	17.2	18.9	18.8	14.9	—	—	—

7.1.2　气雾作用下静态平板换热实验研究

图 7-2 给出了气雾冷却开始后 0 s、1 s、20 s 和 40 s 的平板冷却过程图片。从图 7-2 彩图中可以看出，冷却开始后铸坯试样表面由赤红色逐渐变暗，且在扇形气雾射流冷却区出现黑色条状，黑色区域由细逐渐变宽，最终由条形变成椭圆形。这表明喷嘴正下方冷却强度要大于未冷却区，同时由于液滴蒸发形成了大量的水雾。

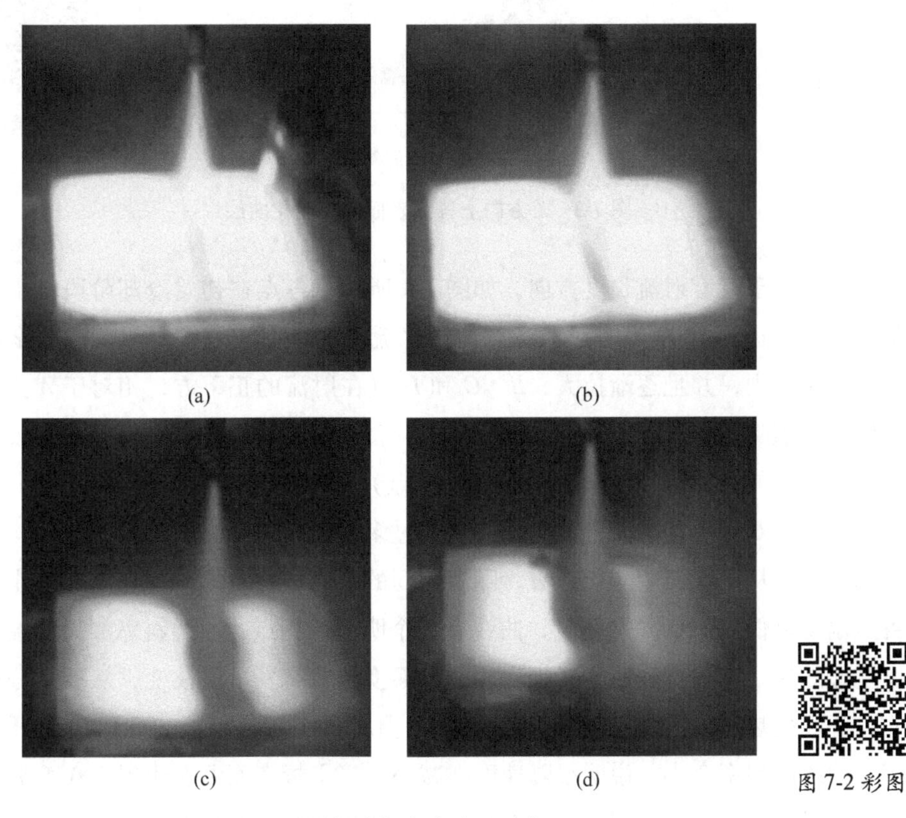

图 7-2 彩图

图 7-2　平板冷却实验过程照片

(a) 0 s；(b) 1 s；(c) 20 s；(d) 40 s

布置的热电偶主要反映射流冷却区的温度变化过程，图 7-3 和图 7-4 给出了射流长度方向（X 方向）和宽度方向（Y 方向）各测量点（A～H 点）随着气雾射流开始后，温度随时间的变化过程。A～E 测点所处的位置不同，每个测点的水流量及喷射角度有所不同，对比各测点的水流密度和相对位置可更好地分析冷却表面各局部沸腾换热的规律。

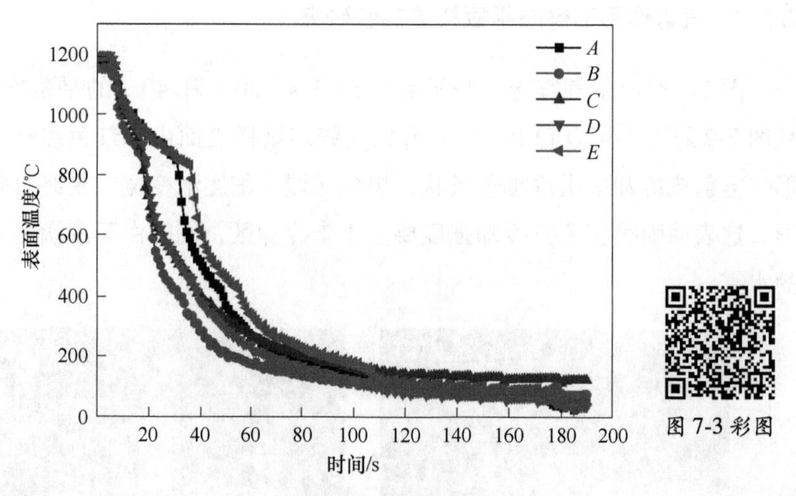

图 7-3　*X* 方向上各点表面温度变化曲线

对于气雾射流长度方向，如图 7-3 所示，各点在初始冷却阶段，步调一致，当温度达到 1000 ℃时候，各点由于水流密度、射流速度等原因，温度的差异性开始体现，并且逐渐拉大，*B*、*C* 和 *D* 点在射流的正下方，相对于 *A* 点和 *E* 点温度剧烈降低。从 *B*、*C* 和 *D* 点所在区域看，喷雾过程在中心引起的平板温降是较为一致的。对于边缘区域（*A* 点和 *E* 点），相对于中心区域的冷却能力有明显的差异，对于冷却较大平面时，需要通过多喷嘴的相互交叠配合，达到均匀冷却的目的。从曲线斜率变化上看，随着时间的推进，各点的冷却速率在减小。当各点温度降低到 800 ℃左右时，曲线有一个明显的拐点，曲线斜率加大，温降速度明显加快，该拐点表明，平板表面的界面换热状态发生了改变，从后续分析得知，界面换热从过渡沸腾状态演变到核态沸腾状态。各点从 800 ℃左右开始降温，曲线的斜率变小，说明温降速度在减小，当平板表面温度达到 100 ℃后，降温速率最低，也侧面说明了相变对流换热要比单相对流换热的强度要大。图中还有一个需要关注的地方，平板表面温度沿射流展开方向下降最快的并不是射流中心，而会向两侧偏移，这个和单相冲击射流换热类似[239]，在某些条件下，单相冲击射流的最大热流位置并不在对应的驻点位置，偏离驻点位置的湍流强度大，热交换强烈，往往在偏离驻点位置附近出现热流最大值。对于 *A*、*B*、*C*、*D* 和 *E* 点处的水流密度分布，边部的 *A* 点和 *E* 点由于水流密度小，导致沸腾换热阶段退后，实际冷却过程中需要平板表面温度均匀下降，其表面各处的水流密度应趋于一致，也是考核喷嘴能力的核心指标之一。

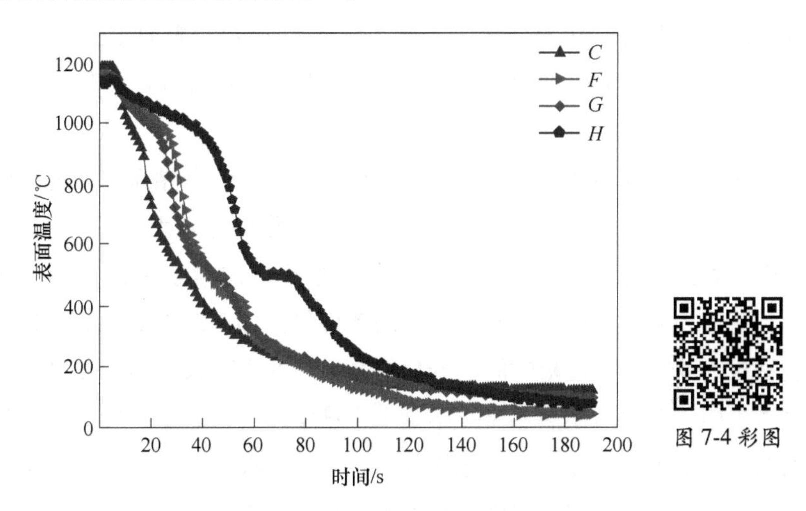

图 7-4 Y 方向上各点表面温度变化曲线

相对于图 7-3 给出的射流长度方向上的测温点的温度变化，图 7-4 给出宽度方向上测点温度变化。F、G 和 H 点在射流影响区，各点的温降曲线还是较为一致的，特别是在 800 ℃左右的温降速率变化也是较为明显的。但是在射流影响区域外的 H 点，虽然 G 和 H 两点的距离很近，但是一旦离开了射流影响区，测温点表现的温度差异性是非常明显的。从图中可以看出，对于偏离射流核心区，由于水流密度迅速下降，导致冷却效果相对于射流冲击区变化明显。结合上述四点可以看出，相对于射流长度方向，各测温点表现出较大的差异性，各点降温曲线类似，但是有类似时间“推后”的倾向，这种倾向，预示着喷嘴的水流密度在垂直扇形面的分布差异大，影响区域集中，该特点在应用于一个运动的冷却表面时，例如连铸二冷过程，没有什么影响，但是当喷嘴冷却一个固定面时，热影响区的评估就显得重要，从图 7-2 彩图冷却开始 1 s 后的黑色冷却区，可以明显看出该喷嘴纵向的热影响区。当然随着时间的推后，纵向的热影响区是扩展的。结合 X 与 Y 方向的各测点的温度变化，可以清晰显示本扁平气雾射流喷嘴的热影响区，结合射流展开方向及各测温点处的水流密度，可以评估喷嘴的综合热影响区，当冷却较大范围区间时，必须考虑喷嘴之间的过渡，测试为多喷嘴的布置提供参考。

图 7-3 和图 7-4 给出了测点处的温度变化，根据上述温度变化推测表面的传热状态、换热热流，进而定量描述气雾射流界面换热的传热状态的演变过程。将

获取的各测点的时间历程信息输入到导热反问题数学模型中，获取各测点对应于表面的温度变化、热流变化，并将各测点位置处的界面温度和界面热流联系起来，构建各测点的界面沸腾曲线，通过沸腾曲线研究界面的传热状态，进而揭示冷却表面的换热特征。

对于平板表面的气雾射流换热过程，实质是一个界面相变传热的过程，水滴在热表面形成气化核心、吸收固体热量、气化核心长大然后水蒸气排出的过程，进而把表面的热量带走。影响整个传热过程的因素众多，例如，冷却表面的温度、冷却表面的粗糙度、蒸汽排出的条件等。图 7-5 和图 7-6 给出了 *X* 和 *Y* 方向上平板表面热流密度随时间的变化关系，从图中可以看出，在平板随着时间的温降过程中，表面的换热热流并不是一个稳定的值，而是呈现一个差异性非常明显的曲线，这说明，在整个平板冷却过程中，平板表面的换热特征是不同的，不同时刻的换热机理不同。图中呈现的平板局部表面热流，表明平板在不同时刻、不同位置换热特征的不同，通过热流的特征可以定量的反映该处传热特征。后续的传热特征研究都以表面的热流密度和表面换热系数展开，进而揭示不同条件下的传热特征。

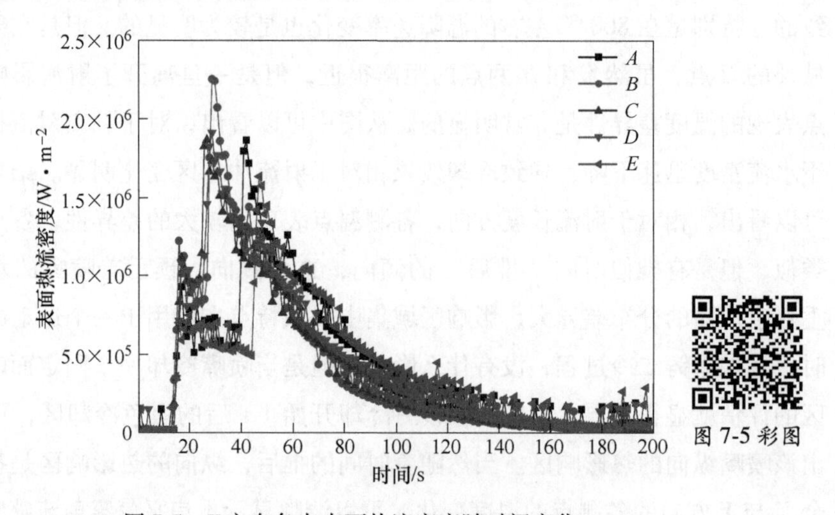

图 7-5　*X* 方向各点表面热流密度随时间变化

从图 7-5 中可以看出，在初始时刻，热流是接近于 0 的，这是冷却实验未开始的冷却对象保温阶段，在气雾射流冷却开始后，界面热流剧烈上升，界面处于非正规传热阶段，该阶段平板表面未建立起稳定的传热过程，铸坯表面温度剧烈变化。冷却开始后的大约 5 s 后，各个测温点反映的表面热流达到相对稳定，说明界面的换热过程稳定，对于射流正下方的 C 点，热流值为 1.0×10^6 W/m^2，经过短暂的相对稳定后，随着界面温度的降低，界面的热流再次显著增大，直至达到最大热流值，即临界热流密度值，热流明显增大，反映图 7-3 和图 7-4 中的 800 ℃左右降温曲线的斜率增大。后续的热流随着气雾射流的进行，热流值呈现递减规律，热流的变化也呈现递减的变化规律。$A \sim E$ 点所处位置的不同，同一时刻达到的热流值是不同的，但是其呈现的热流变化是相同的，即每个点经历的传热过程是类似的，只是各个阶段达到的热流值有差异。

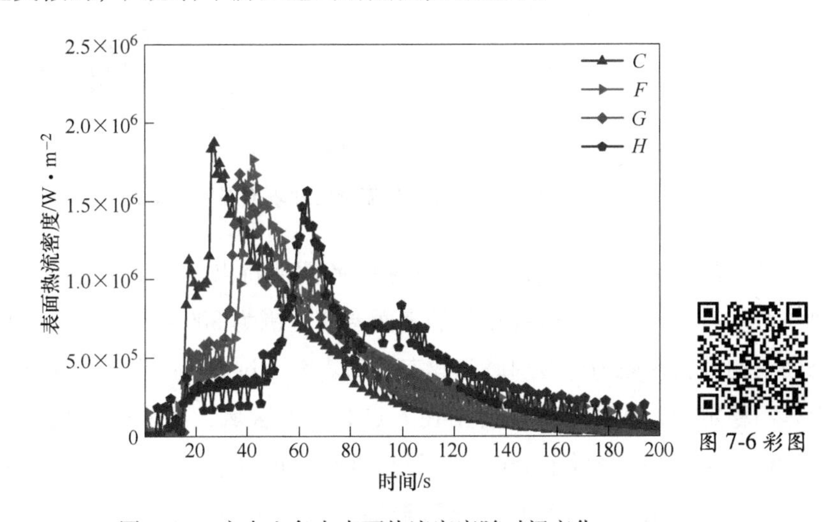

图 7-6　Y 方向上各点表面热流密度随时间变化

图 7-6 反映的 Y 方向上的热流变化相对于 X 方向变化也是类似的，由于 H 点处于射流核心区外，呈现的热流变化规律是异于射流区域内各点的，最大热流值出现的较晚，且在最大热流出现之前，呈现的热流值是稳定的辐射换热热流，可以推断，在射流开始时，H 点是没有气雾射流相变换热的，当射流核心区冷却到一定程度后，冷却区扩大延伸，才引起 H 点出现相变换热，从图 7-2 平板的冷却区域的扩大，也明显的表现了这一点。

图 7-7 为测温点 C 对应的表面热流密度随表面温度变化的关系图，也称为 C 点处的气雾射流沸腾曲线。对比大容积或池内沸腾曲线，发现两者是相似的，根据表面热流密度的变化趋势，用四个点将其分为三个区（a 点的温度 1060 ℃，b 点的温度 912 ℃，c 点的温度 756 ℃，d 点的温度 120 ℃），膜态沸腾、过渡沸腾和核态沸腾区，相邻两个区域的拐点代表冷却表面的传热机理发生了变化，图中展现的 c 点代表 CHF 点，$q_{max} = 1.91\times10^6$ W/m^2，代表平板表面换热过程中能够

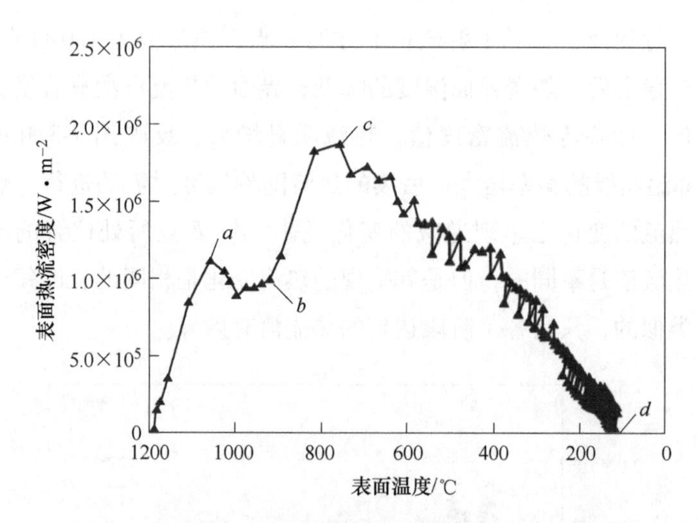

图 7-7　测温点 C 表面热流密度随表面温度变化关系图

达到的换热热流的极值点，b 点代表莱顿弗罗斯特点，代表稳定膜态沸腾的最小热流密度点。连铸二冷过程涉及的表面温度范围为 800～1100 ℃，很明显，其沸腾曲线的沸腾区域为过渡沸腾和膜态沸腾。对于过渡沸腾区域，由于过渡沸腾区间是不稳定的，从图中可以看出在 b 点和 c 点区域，平板表面从 912 ℃冷却到 756 ℃，表面温度降低了 156 ℃，但是界面的热流增大了将近一倍，较短的温度区间，热流变化剧烈，往往会导致界面的换热失控，从而增大了传热控制的难度。如果表面温度大于莱顿弗罗斯特温度，会发生稳定膜态沸腾，在传热面和平板之间形成蒸汽膜，这种蒸汽薄膜使冷却表面与冷却介质隔离，传热面的热传递通过蒸汽膜的热传导控制，由于蒸汽的导热系数比液体的导热系数小得多，导致表面的热流较小。在诸如大多数金属淬火过程中，由于金属表面温度很高，导致在高温金属的表面热流由于蒸汽膜的存在并没有达到预想的热流密度，所以莱顿弗罗斯特温度区域是一个尽量避免的温度区间。对于铸坯冷却过程由于其冷却表面温度在 800～1100 ℃区间，因此处于过渡沸腾与膜态沸腾在空间和时间的混合作用。

图 7-8 为射流长度方向上的各点表面温度与热流密度的变化关系，图 7-9 为射流宽度方向上各点表面温度与热流的变化关系图。从图中可以看出，在射流影响区中各点的沸腾曲线类似，核态沸腾、过渡沸腾和膜态沸腾区域明显，由于各个测温点的位置不同，各个区域所能达到的热流密度数值有差别。C 点和 D 点在射流下方，水流密度、射流速度接近，两者的界面换热保持的较为一致，E 点作

为射流展开区的边缘，稳定膜态沸腾和能够达到的 *CHF* 较低。对于射流宽度，影响的区域较为有限，在射流影响区边缘，其展示的热流值在 5.0×10^5 W/m^{2}以下，这部分的热流值大部分是由于热辐射产生的，水的相变换热的占比较小。

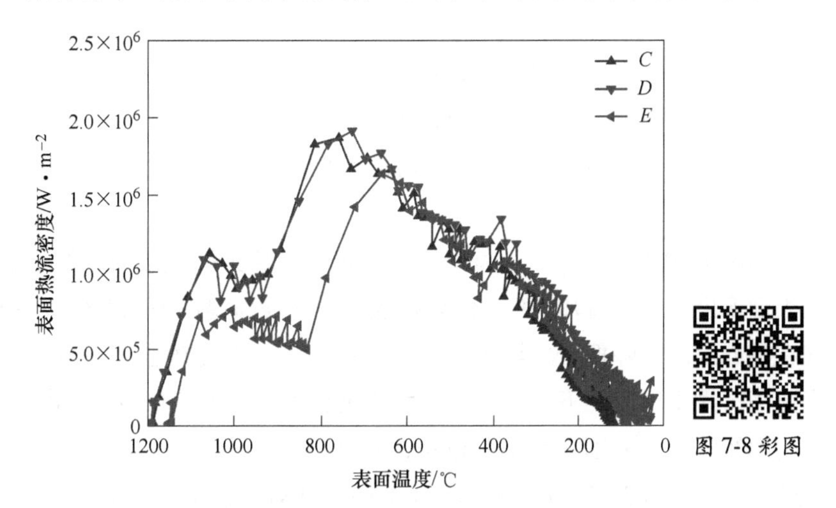

图 7-8 *C*~*E* 点处表面热流密度随表面温度变化关系图

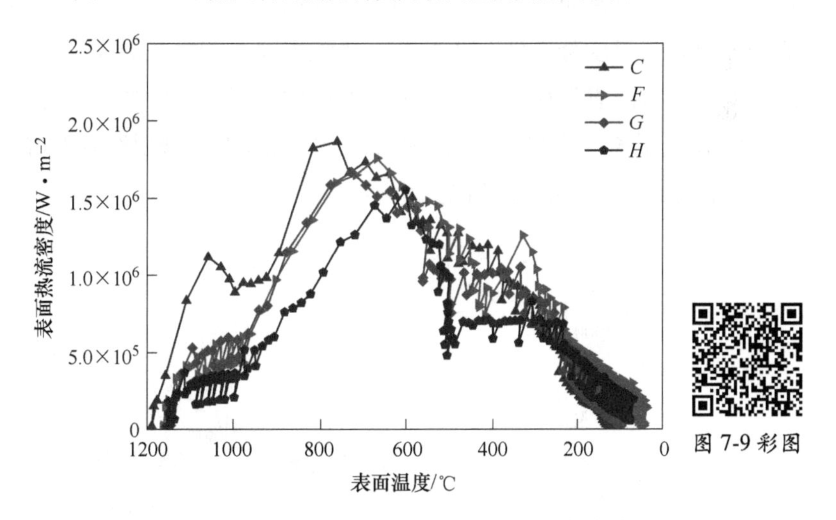

图 7-9 *C*、*F*、*G* 和 *H* 四点表面热流密度随表面温度变化关系图

A~*H* 点由于其所处的气雾射流影响区域的不同位置，导致了其引起的局部换热过程不同，可将前述研究的不同点的气雾射流特征与其对应点的换热过程联系起来，构建起平板气雾射流冷却下，喷嘴的局部对流换热特征数方程。

喷雾冷却曲线和换热系数是评价喷雾冷却换热能力的重要特性。上述的喷雾冷却曲线表示喷雾冷却过程中，冷却表面的温度和单位面积换热量之间的关系；

而换热系数则表示的是喷雾冷却中，通过提高 1 ℃的工质温度可以在单位面积的加热表面上带走的热量，其定义为：

$$h = \frac{q}{t_w - t_{in}} \tag{7-1}$$

式中　t_w——加热表面的平均温度，℃；

t_{in}——液体工质离开喷嘴时的温度，℃。

本书除特别说明，获取的表面对流换热系数都是包含辐射换热的综合表面换热系数 h。

如图 7-10 所示为 C、D 和 E 三点冷却表面温度和对流换热系数关系图，当平板表面温度为 950~1100 ℃，传热系数和平板表面温度关系变化不明显，主要表现在随着温度的降低，换热系数不变，在连铸二冷的铸坯表面 1000 ℃左右的温度范围，冲击射流正下方的铸坯表面的换热系数约为 1000 W/(m^2 · K)；随着温度的继续降低，分别在 950 ℃和 820 ℃时，传热系数迅速增加；当 C 点、D 点和 E 点的温度在 780 ℃、740 ℃、650 ℃时，随着温度的继续降低，换热系数基本保持不变；三个点到 400 ℃又开始剧烈地变化，在 300 ℃的时候达到各自最大的热流密度值。当温度降低到 100 ℃时，热流密度也随之降低。总之，平板三个点的局部换热系数随着温度的降低均呈现了增加—不变—增加—不变—再增加的状态。虽然 E 点距离射流中心较远，但是呈现的沸腾传热规律是相同的，只是发生沸腾的表面温度点和换热系数的大小不同。

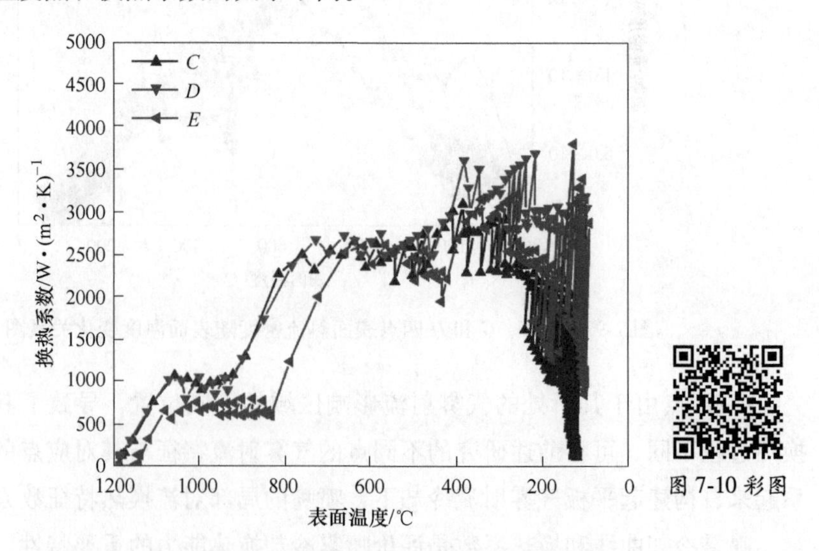

图 7-10　C、D 和 E 三点表面温度和对流换热系数的关系图

射流中心点 C 处的温度、热流密度和换热系数随时间变化的关系如图 7-11 所示。从图中可以看出，在高温区，平板表面的传热特征剧烈变化，且维持的时间很短，在平板达到 CHF 点后，后续大部分时间都是持续的核态沸腾阶段，且随着冷却表面温度的降低，随着降温曲线温度变化率减小，表面的热流剧烈减小。发生最大热流密度的时刻和最大表面换热系数的时刻并不一致，这主要是表面换热系数和表面热流之间还有一个过热度的参数影响。

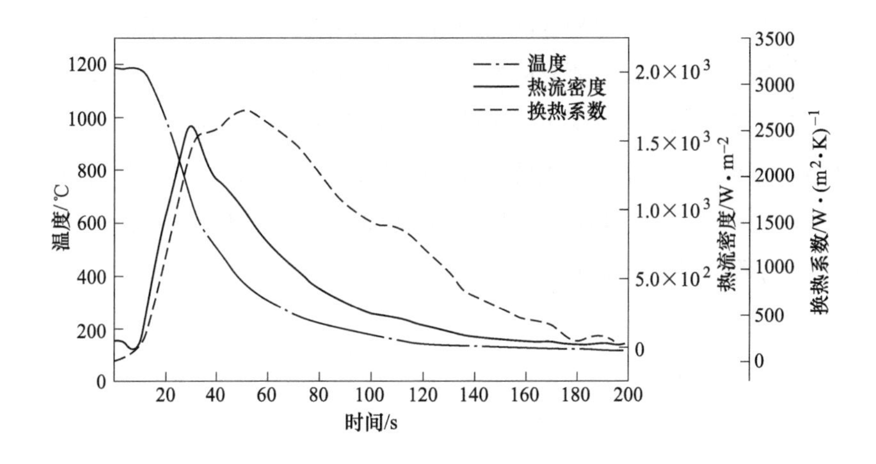

图 7-11 温度、热流密度和换热系数随时间变化的关系

针对气雾射流典型工况下冷却平板热态实验，通过温度-时间曲线图比较直观的了解了连铸二冷气雾射流冷却过程中冷却对象温度的基本变化规律，以实验数据作为输入值利用导热反问题计算模型分别算得平板试样在冷却过程中各测温点所对应的表面温度、表面热流密度，通过获取的沸腾曲线，理解高温金属表面气雾射流换热的特征。(1) 在整个平板气雾射流冷却过程中，温度的下降是非线性的，温度变化率整体呈现增大—减小—增大—减小的规律，这种变化规律表明，平板表面的传热状态是变化的，并且和水在热表面的沸腾现象密切相关。(2) 气雾射流平板表面的传热特征与大容池沸腾的传热特征类似，CHF 点和莱顿弗罗斯特点明确表明高温平板表面冷却过程经历了膜态沸腾、过渡沸腾、核态沸腾区。(3) 在气雾射流长度方向，水流密度分布较为均匀，各测温点的沸腾曲线类似，综合换热强度差别不大，在离开射流核心区，冷却强度迅速下降，所以，对于利用射流喷嘴冷却较大平面时，多喷嘴的交叉耦合需要特别关注。

(4) 连铸二冷控制与连铸钢种的高温物理及力学性能密切相关，其不同钢种对连铸二冷温度控制有着不同的要求，由于气雾射流冷却高温金属表面的热流与冷却表面温度的非线性关系，导致连铸二冷动态配水的复杂性增大，控制难度增大。

7.2 气雾射流作用下铸坯周期性传热实验研究

连铸二冷过程经历了间隔式的气雾射流冷却过程，这种间隔式的气雾射流过程，在整个连铸二冷过程铸坯表面形成一个类似周期性的变边界条件的传热变化过程。从整个连铸二冷过程来说，通过切片法将完整铸流离散成若干切片，如图 7-12 所示，可以看成移动坐标系下，单元体经历不同的近似周期性边界条件，通过求解单元体的含有内热源（钢液凝固潜热的释放）的导热微分方程，可以对整个连铸过程温度进行研究。

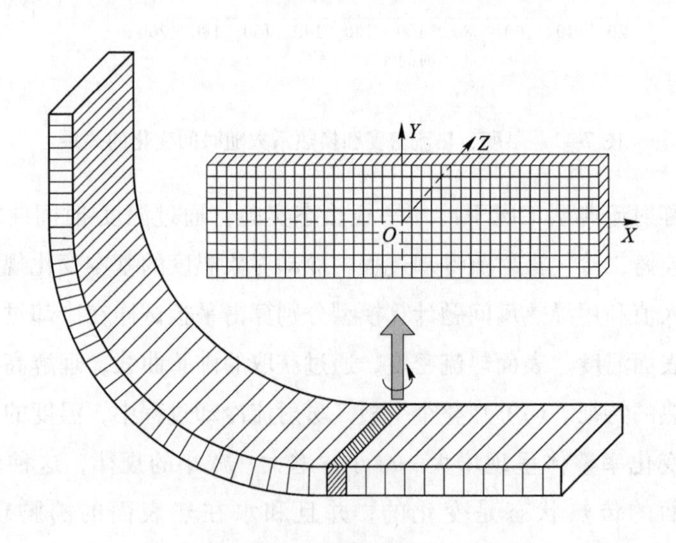

图 7-12 连铸二冷铸坯离散化的切片法

为了更好地模拟连铸二冷的周期性换热过程，特别是关注这种周期性换热对铸坯内部温度场的影响，本研究开发了空心圆柱体的喷雾射流冷却过程，利用圆筒旋转来模拟冷却表面周期性的经历相同的气雾射流冷却过程。选取和前述研究相同的气雾射流组织方案，组织了气雾射流作用下圆筒在静止和旋转两种情况下的传热实验。

7.2.1 气雾射流作用下圆柱体传热实验参数

气雾射流作用下空心圆柱体传热实验主要参数见表 7-3。实验过程中布置了 24 支测温热电偶，沿圆周均匀布置，如图 7-13 所示，测点位置距离柱体表面 2 mm，喷射高度为 285 mm 时，喷嘴气压为 0.20 MPa，水压为 0.40 MPa，射流喷射中喷射宽度为 π/12[240]。

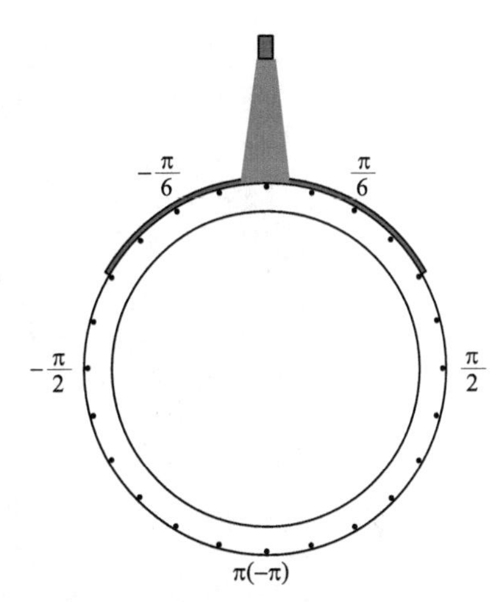

图 7-13 圆柱体热电偶测温点位置及射流冲击区示意图

表 7-3 空心圆柱体传热实验过程参数

参数名称	参数值
柱体外径，内径/mm	216，186
射流高度/mm	285
打孔直径/mm	2.5
热电偶距外表面距离/mm	2
喷口气压和水压/MPa	0.20 和 0.40
试样材质	06Cr25Ni20
密度/kg · m^{-3}	7800
目标温度/℃	1150
柱体转速/r · min^{-1}	0，2，5，10，12
冷却条件	周期性换热
冷却水温度/℃	24
温度采样频率/s	0.1

7.2.2 气雾射流作用下圆柱体周期性传热实验研究

图 7-14 彩图为气雾射流作用下圆柱体周期性冷却的实验过程记录照片，柱体以一定的速度旋转，随着气雾射流冷却，柱体冷却时间的延长，热柱体由最初的亮红色，转变为红色、暗红色，直到最后的黑色，柱体表面温度逐渐降低，而预埋的热电偶获知了柱体温度变化情况，随后通过传热反问题数学模型及其计算程序获得了柱体表面温度、表面热流和对流换热系数及其随时间的变化情况。

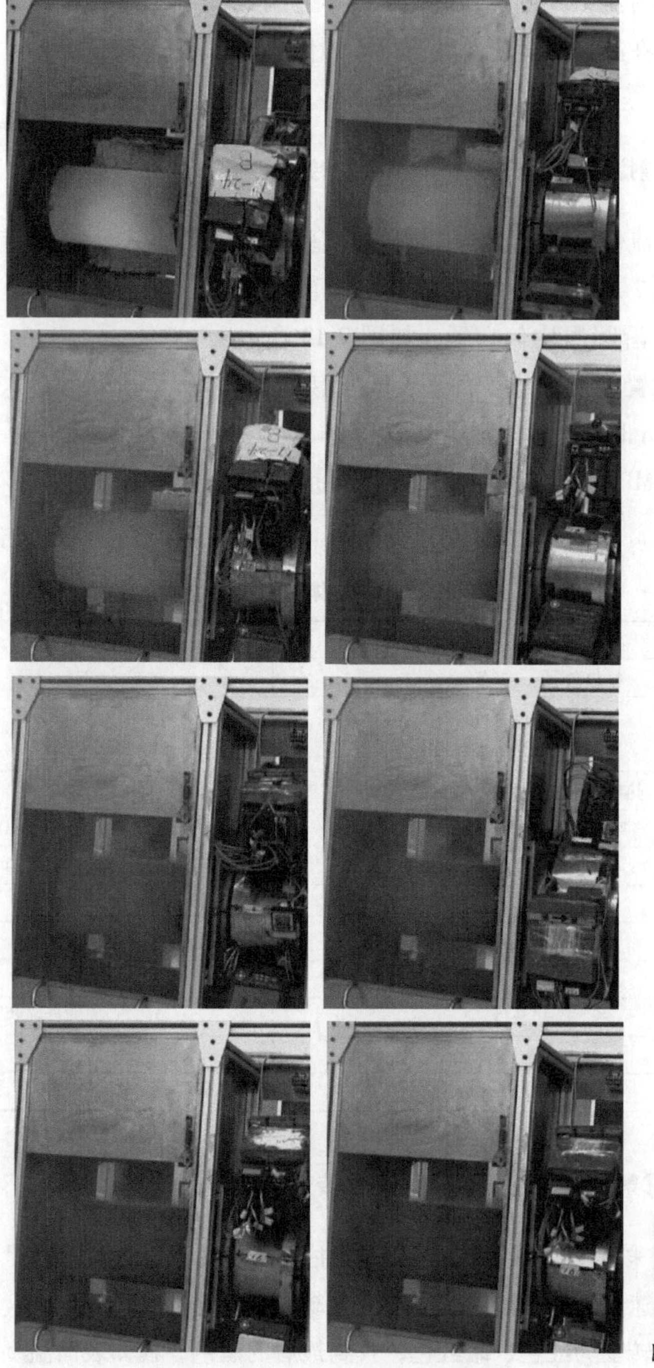

图 7-14 彩图

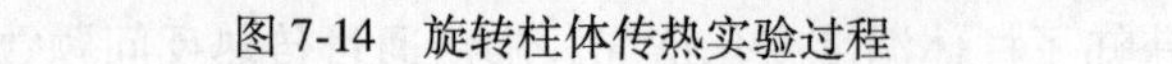

图 7-14　旋转柱体传热实验过程

7.2.2.1 空心圆柱体静止传热实验研究

设定射流中心为中心位置，其余位置与中心位置的夹角逐步增大，直到最下端为 π，如图 7-15 所示。分别对圆柱体 24 根热电偶所在的位置划分区域，以喷嘴正下方计为 0，依次向两边划分 $\pi/6(-\pi/6)$、$\pi/2(-\pi/2)$ 和 $\pi(-\pi)$。利用 24 根热电偶采集并反算表面的温度，如图 7-15（a）和（b）所示，射流中心位置的测点温度和表面温度瞬间迅速降低，随着距中心位置夹角的增大，测点温度和表面温度先缓慢降低，而后较为迅速地降低。上述测点温度的差异性和热电偶所在位置密切相关，热电偶位置的不同也表明了当柱体位置不同时，表面经历的换热过程不同。

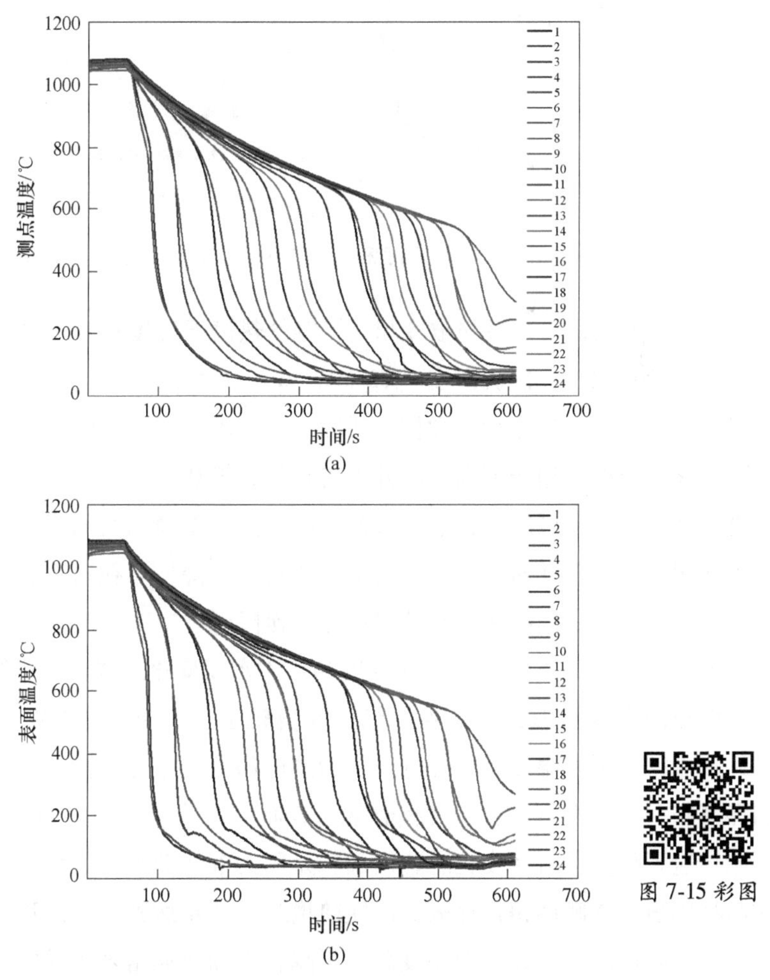

图 7-15 柱体静止传热实验测定的测点温度及其对应表面温度变化

（a）测点温度；（b）测点温度对应表面温度变化

在射流冲击区、漫流区和空冷辐射区分别选取不同位置的表面热流，对比其变化情况，如图 7-16 所示，其中 0 点在射流冲击区，π/6 点在漫流区，π/2 点和 π 点在空冷辐射区。

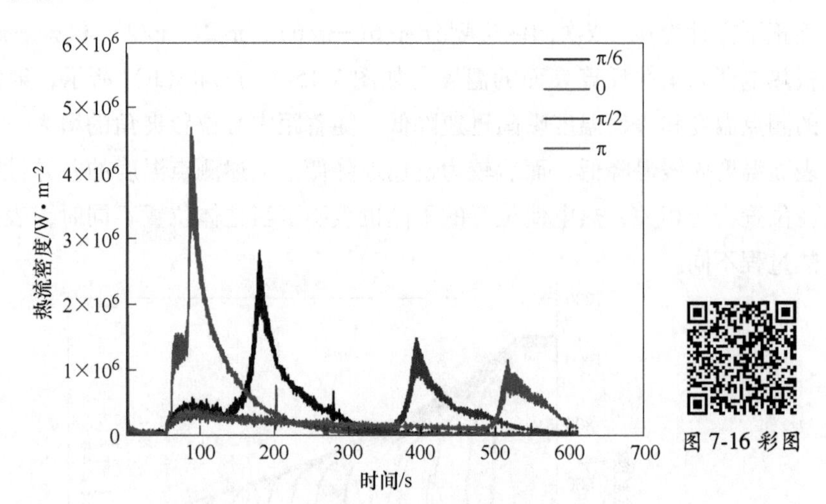

图 7-16　柱体静止传热实验中不同位置表面热流变化情况

射流中心（0 点）最先被冷却，接触的热表面温度迅速下降，该点的热流密度快速上升直到临界热流密度 4.73 MW/m^2，这个区间为过渡沸腾区域。这是因为射流冲击点受到气流冲击和柱体弧面的作用不易形成气膜或是不能生成稳定的气膜，雾滴能很好地与壁面接触并带走热量，换热效率很高。在这之后，热流开始迅速降低，这个区间是核态沸腾区，因为随着壁面温度的降低，生成气泡的速率和体积减小，因此对冷却介质的加速扰动作用降低。在这之后是强制对流换热区，壁面温度会继续减小，热流密度也缓慢降低。

处于漫流区的 π/6 处，表面温度和热流密度变化形式在经过缓慢的冷却阶段后与射流冲击区类似，但临界热流密度值较小。射流冲击开始时，温度缓慢下降，热流密度随着温度缓慢降低，因为热电偶处于空冷阶段，换热主要是通过周围环境和一部分有可能由于飞溅而落到表面上的雾滴。到大约 170 s 时表面温度开始快速下降，热流密度也急速增加，是因为液体流到此区域柱体表面，冷却介质与柱体表面接触使得柱体表面的换热增强，逐步达到临界热流密度，这区间为过渡沸腾阶段。随后，表面温度急速下降，表面热流密度也随之迅速降低，这区间为核态沸腾阶段。

对于空冷区（π/2 点和 π 点）的表面温度和表面热流变化情况，其特点在于有一个稳定且较长的缓慢冷却阶段，属于典型的辐射散热过程，直到冲击射流区及漫流区温度降低，冷却水沿着曲面流到这一区域，才能使表面温度和表面热流迅速降低，但临界表面热流要小得多。

图 7-17 给出了圆柱体不同测温位置的表面温度与表面热流的关系，从图中可以看出，其沸腾曲线呈增大再减小的趋势，临界热流密度出现在 400 ℃附近，由于四点处在柱体的位置不同，其经历冷却的时间不同，表面热流增大的顺序和水漫流到相应区域的顺序相一致，且临界热流密度逐步减小。

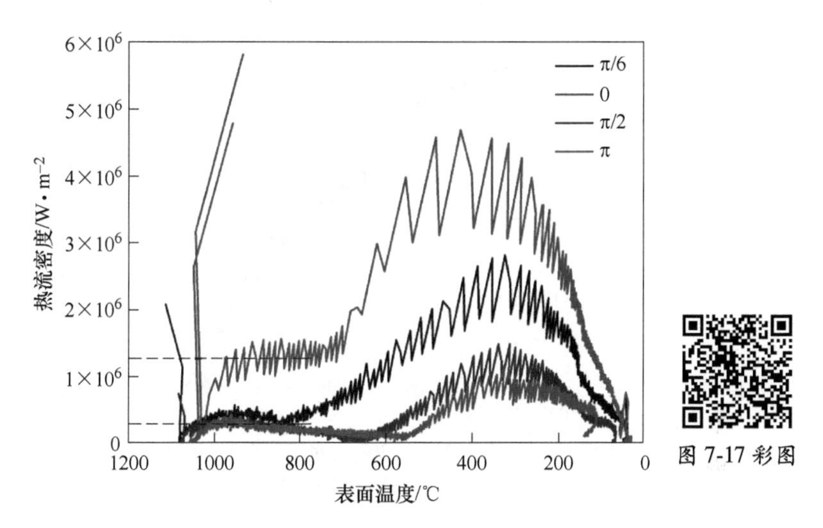

图 7-17　冲击区 0、π/6、π/2 和 π 点位置表面温度热流曲线

对于 1000 ℃左右的连铸二冷温度区间，π 点长时间处于空冷阶段，可以看出，其空冷阶段的辐射热流和强制空气对流换热下的平均热流为 0.29×10^{6} W/m²，而对于处于气雾射流冷却的 0 点，其综合平均热流为 1.32×10^{6} W/m²，可以看出在高温气雾射流冷却过程中，纯气雾射流引起的热流占综合热流的 82%，在高温下，热流大部分被水的沸腾换热带走。辐射与单相对流换热占比不超过 20%，说明连铸二冷换热过程核心还是依靠水的相变换热，需要优化二冷水的合理分配。

7.2.2.2　柱体周期性运动传热实验研究

为模拟连铸二冷区铸坯表面热边界的周期性变化，实验研究平台设计上，选择了可旋转的空心圆柱体为冷却对象，用来模拟连铸坯周期性通过气雾射流区、强制对流区、辐射区不同的换热过程，圆柱体转速分别设定 2 r/min、5 r/min、10 r/min 和 12 r/min 四种实验方案，模拟连铸过程中拉速的变化对传热过程的影响。

图 7-18（a）为气压为 0.20 MPa，水压为 0.40 MPa，喷射高度为 285 mm，圆柱体以 5 r/min 旋转时，不同位置柱体表面温度随时间的变化曲线，总体来看，柱体表面温度呈现了周期性换热的特征，且规律性下降，其中表面温度迅速下降阶段对应射流冷却区，表面温度平稳变化阶段对应裸露辐射区，中间的过渡阶段为强制对流区。冷却开始阶段降温速率较慢，而大约 500 ℃后降温速率明显增大，并且在每一周期的表面温度平缓变化区中表面温度的回升越来越明显。图 7-18（b）

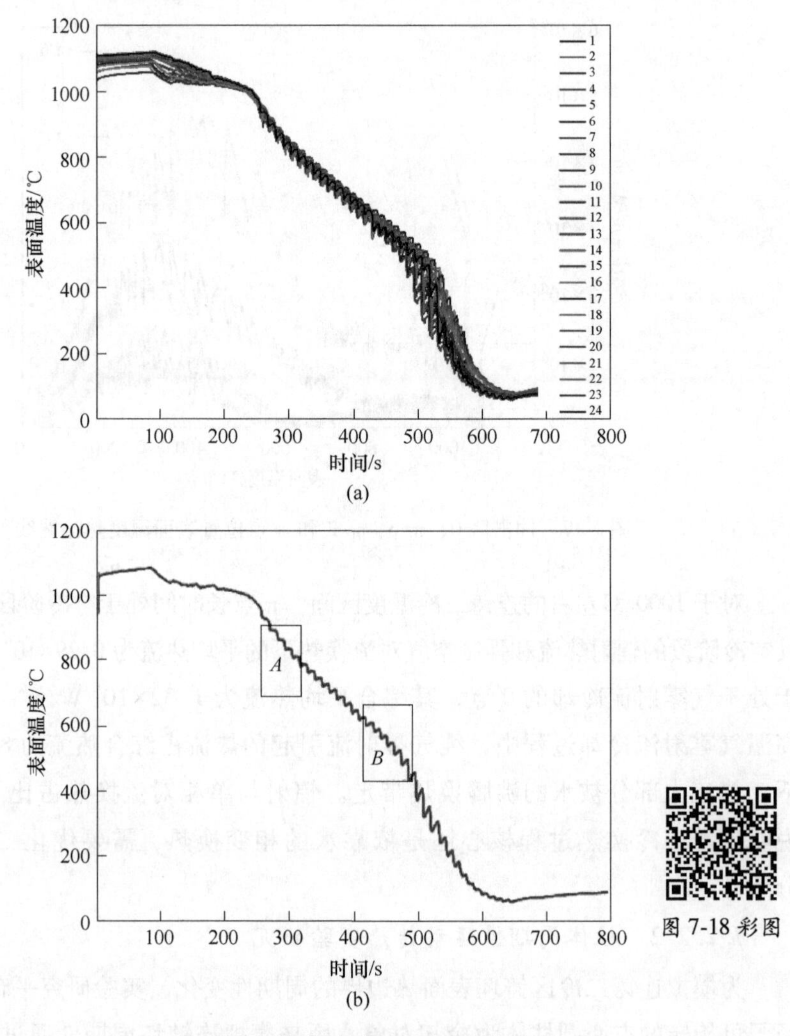

图 7-18　周期性换热实验过程的表面温度变化

（a）24 根热电偶；（b）单根热电偶

为单根热电偶的温度变化过程，可以看出，随着柱体转动，柱体一定点上的温度呈周期性下降，在 500 ℃以后，温度下降速率增大，温度降至 100 ℃以下时，相变换热消失，表面温度变化平缓，且不再表现出周期性。为了了解周期性细节变化，特别在热电偶变化中选取 A 与 B 两个区域。图 7-18（b）中单根热电偶周期性变化的局部放大图如图 7-19 所示。从图中可以看出，圆柱体周期性的转动，导致圆柱体上任一点的温度呈周期性变化，且由于气雾射流和空冷辐射区交替进行，冷却表面在空冷辐射区有回温的现象，对比 A 与 B 不同区域可以看出，较低温度区间的 B 区铸坯表面回温要比高温下的铸坯回温大。同时对比两个图可以看出，在 A 区内，单位时间内温度下降均匀，表明在 790～950 ℃内，热流周期性的一致性好，在 B 区内，单位时间内温度下降变大，说明在 440～630 ℃之间，热流是增大的，这点也从后面的温度-热流曲线上反映出来。

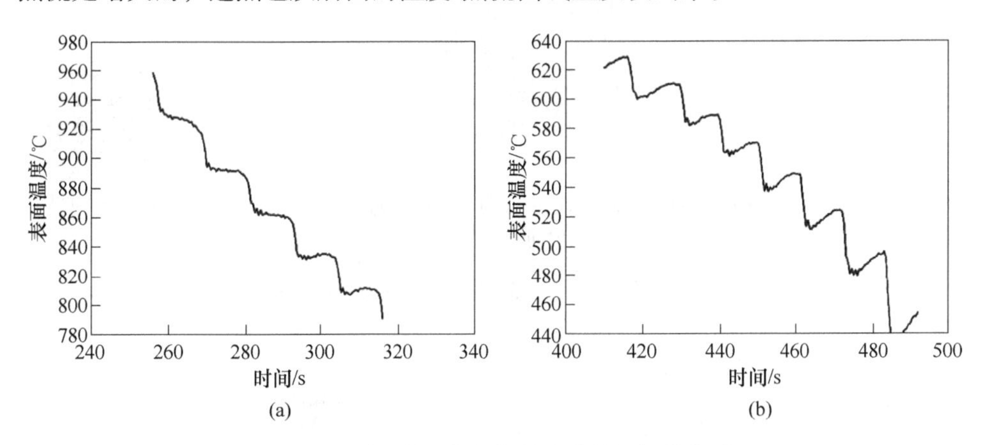

图 7-19　单根热电偶周期性变化的局部放大图

（a）A 区；（b）B 区

24 根热电偶的温度变化相似，获取的热流曲线也是相似的，整体来看，表面热流在冷却过程中不断波动，这也是周期性换热的基本特征。空心圆柱体表面热流在冷却初期呈现振幅相对稳定的波动，后期波动范围加大。

图 7-20 和图 7-21 分别为转速 5 r/min 和 10 r/min 时，单根热电偶获取的表面温度和热流密度随时间的变化图，可以看出空心圆柱体表面经过了保温段、空冷段和冷却段三个部分。开始段为保温段的保温加热段，柱体温度保持不变，热流接近于 0，这时整个装置处于保温材料包裹中。第二段为移出保温材料实验准备阶段的圆柱体的空冷辐射段，表面温度下降，表面热流符合斯忒藩-玻尔兹曼定律。空冷段根据不同的实验过程，会有长有短。第三阶段是实验进行阶段，即周

期性换热阶段，由于圆筒的旋转，对于圆柱体表面上任意一点，周期性的经历表面热流增大—减小—增大—减小的过程，在圆筒表面形成周期性的换热过程，转筒表面上任意点、温度呈周期性剧烈下降，热流也呈周期性变化。转速 10 r/min 较 5 r/min 而言，在 500~950 ℃热流密度周期性波动更为均匀且平缓，热流波动振幅为 0.8×10^5 W/m^2，而 5 r/min 波动的振幅为 2.0×10^5 W/m^2。

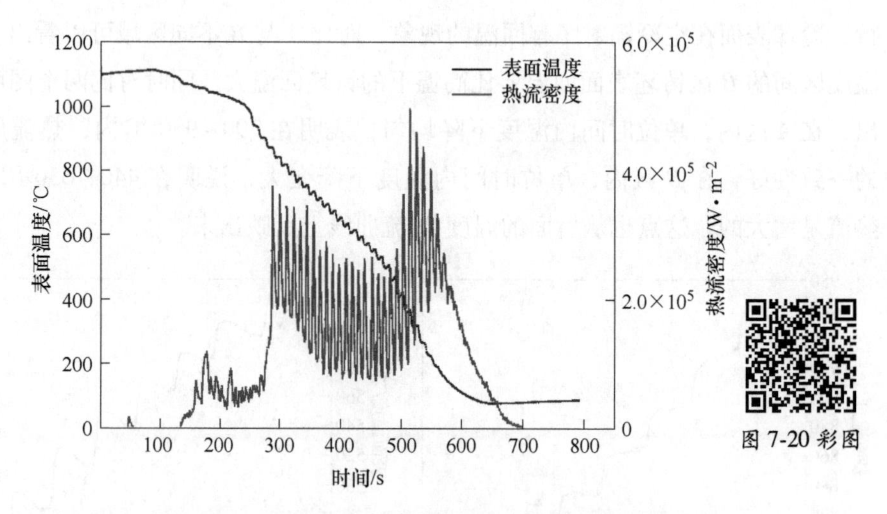

图 7-20　转速 5 r/min 柱体表面温度和热流密度随时间的变化

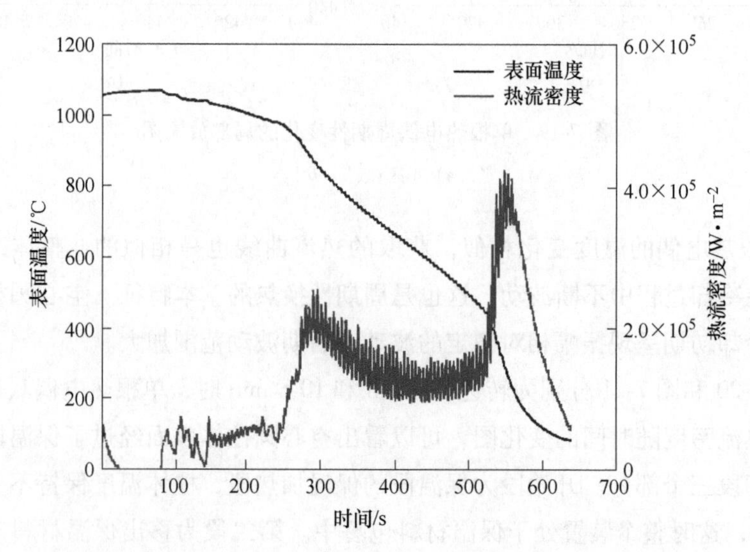

图 7-21　转速 10 r/min 柱体表面温度和热流密度随时间的变化

7.2.2.3 周期性换热特点

从实验本身的设计看，实验台很好地模拟了连铸过程中的周期性气雾冷却过程。通过圆筒壁的转动，同一位置周期性的通过气雾冷却，圆柱体表面任一点的温降呈现阶梯状，圆筒壁表面有回温现象发生。随着圆筒的转速提高，可以模拟连铸过程拉速增大的情况，本实验过程模拟了转速为 2 r/min、5 r/min、10 r/min 和 12 r/min 四种情况。

由于 24 根热电偶降温过程几乎相同，对比不同转速时，特别针对某一点位置进行不同转速的对比研究，如图 7-22 所示。从图中可以看出，随着转速增大，圆筒表面的热周期的频率变化增大，同时，随着转速的增大，热流的波动幅度在减小。

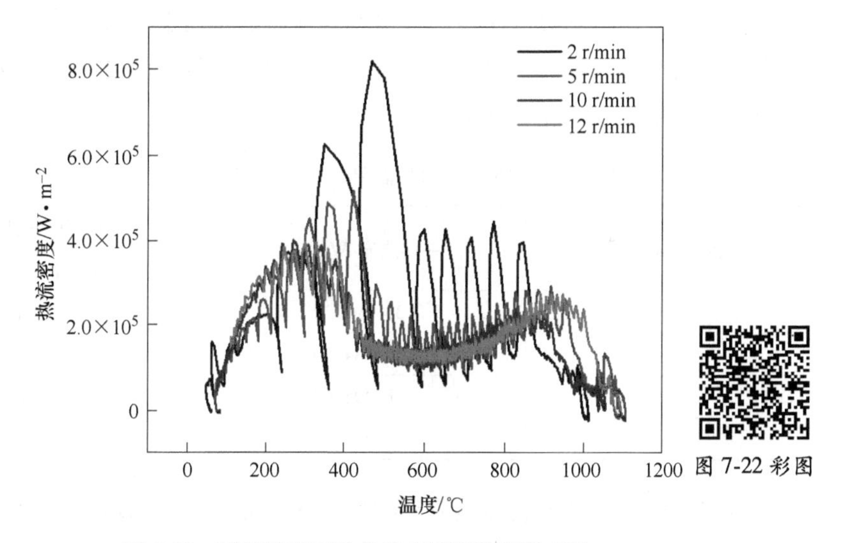

图 7-22 不同转速下的热流密度随温度的变化

前面平板气雾冷却换热过程已经讨论，随着表面温度的降低，传热机理由膜态沸腾转变为过渡沸腾，达到临界温度莱顿弗罗斯特温度。在冷却对象较高的温度下，传热系数对表面温度相对不敏感（在膜态沸腾条件下），但在冷却对象温度降低到莱顿弗罗斯特温度以下急剧增加。在莱顿弗罗斯特温度以上，表面温度足够热，形成蒸汽层，水滴不能完全穿透蒸汽层，冷却效果变化不明显，随着温度的降低，表面沸腾时传热机制发生了变化。莱顿弗罗斯特温度取决于表面质量、水量等。莱顿弗罗斯特效应在连铸过程中起着重要作用，在确定有效传热系数与冷却参数之间的关系时应考虑莱顿弗罗斯特效应。由于空心圆柱体旋转导致圆柱体上任意点经历气雾射流高强度换热及空冷辐射的低强度换热的交替，导致沸腾现象本身涉及的膜态沸腾、过渡沸腾、核态沸腾现象三者之间的变化不明显，判别圆柱体表面所处的传热阶段变化困难，表面周期性的换热过程增大了气雾射流冷却过程认识的复杂性。

在连铸二冷换热过程中，平均对流换热系数对连铸二冷的设计及工艺过程有积极的作用。在周期性换热实验过程中，有 24 支热电偶采集温度数据，需要统计 24 支热电偶的平均数据。同时，连铸工业生产中二冷区的温度一般为 800～1100 ℃，现针对本实验过程中，不同转速下 800～1000 ℃时的平均热流密度进行统计平均，获取不同转速下的柱体表面在 800～1000 ℃下的平均热流和平均对流换热系数，从表 7-4 可以看出，虽然不同转速下热流和对流换热系数有差异，但是变化不大。一方面说明，柱体的转速或者连铸的拉速在连铸二冷温度条件下对铸坯表面的换热系数影响不大，另一方面也说明在二冷段温度区间，热表面的行为较为稳定，且随着温度变化不大。

表 7-4　不同转速下的柱面平均热流和平均对流换热系数

转速/$r \cdot min^{-1}$	平均热流/$W \cdot m^{-2}$	平均对流换热系数 /$W \cdot (m^2 \cdot K)^{-1}$
2	339096.78	413.44
5	376384.90	456.46
10	365495.00	444.86
12	367767.16	446.84

在时间历程中，冷却表面热流周期性变化明显，且中间段的回温明显。由于整个温降过程是周期性降低的，相对于平板的单向冷却过程，从高温到低温呈现的换热特征由于有更多的数据支撑，其呈现的传热现象比平板传热实验更丰富，数据的表现力更强，其周期性换热的展示，可以为认识连铸过程表面温度，边界条件呈现周期性变化对铸坯本身有温度场的影响，呈现定量直观的信息。

图 7-23 为 2 r/min 时圆筒的温降测量曲线，图中各点表示了周期性换热时，测量点的温度变化，表 7-5 展现了各个周期下，测量点在一个周期内的回温值，一个周期内的最大温差值。通过对比数值可以看出，由于每一个周期处于传热的不同阶段，其回温和一个周期内的温差是有区别的，但是在高温段（表面温度大于 600 ℃），周期内表面温降，与回温值呈现较为一致的情况。说明在大于 600 ℃区间，圆柱体表面经历的传热特征相似。

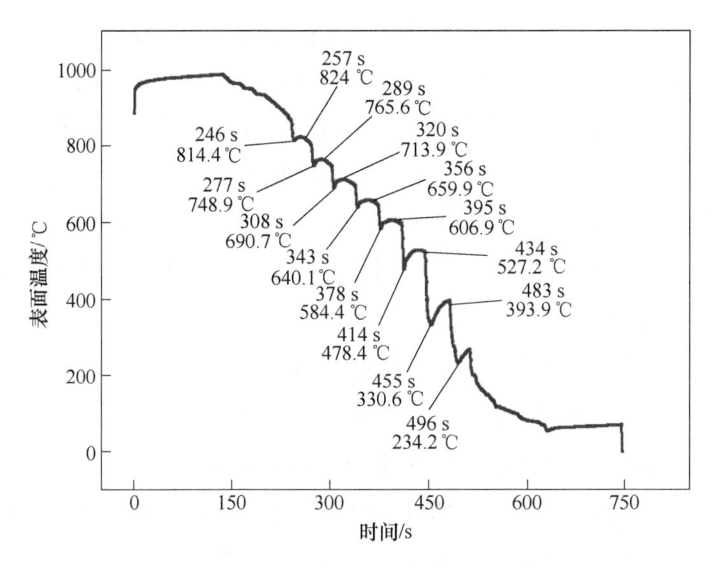

图 7-23 转速 2 r/min 的圆柱体周期性换热特点

表 7-5 转速 2 r/min 的圆柱体周期性换热特征温度值

周期编号	温降	回温
1	—	10
2	81. 1	16. 7
3	74. 9	23. 2
4	73. 8	19. 8
5	75. 5	22. 5
6	128. 5	48. 8
7	196. 6	63. 3
8	159. 7	—

从温度-时间曲线分析可得，每一个周期变化的时间为转速的倒数，即每一个周期换热由转筒的转速决定，转速越快，不同转速下的每一个周期换热的时间越短，每一个周期下的圆筒壁的温度变化越不明显。对于 2 r/min 实验条件下，圆筒壁的每一个周期的换热周期为 $\Delta t = 60/2 = 30$ s。从曲线上看，在换热前期，每个周期的温差变化不大，对比热流图，可以认为在 600 ℃以上气雾射流与空气辐射段交替进行的换热较为稳定，本书认为其处于稳定膜态沸腾阶段，当圆筒壁温度低于 600 ℃以下时，周期性换热过程热流增大，本研究认为这时气雾射流换热处于过渡沸腾阶段。

对于气雾射流下的周期性传热特征，气雾射流导致圆柱体局部温度下降，然后由于柱体内部温差导致冷却部位在空冷阶段产生回温，回温的温差和其处于的表面沸腾状态密切相关。整体上看，整个周期性换热的换热特征符合典型的池态沸腾曲线，相对于平板气雾射流换热过程，曲线处于膜态沸腾区的占比加大，主要由于周期性换热过程中，气雾射流冷却区一直处于对空冷回温区的初始冷却，冷却表面的沸腾现象剧烈，蒸汽产生剧烈。圆柱体处于膜态沸腾的区间延伸压缩了后续的过渡沸腾和核态沸腾的区间。对于连铸生产过程，铸坯持续的处于气雾射流冷却、支撑辊接触换热、空冷辐射区，其气雾射流区间更加趋于膜态沸腾区。增加蒸汽膜的破坏和排出，会强化连铸二冷阶段的换热。

7.2.2.4　周期性热边界条件对冷却对象的影响

为对比不同时间历程下的圆筒壁的温度变化，将圆筒壁认为沿着径向的一维散热过程，只关注圆筒壁的平均温度。圆筒壁的温降主要是空冷过程和气雾相变对流换热过程引起的。参考圆筒壁的内能变化，可建立以下能量平衡方程：

$$Q_{kl} = c_{Fe} M(T_{orig} - T_0) \tag{7-2}$$

式中　Q_{kl}——冷却过程中的热能损失，J；

c_{Fe}——圆筒壁的定压比热容，J/(kg·K)；

T_{orig}——圆筒壁的开始冷却温度，℃；

T_0——圆筒壁平均温度，℃；

M——质量，kg。

对于圆筒壁内侧假定绝热边界条件，圆筒壁的散热过程等效为单位体积的一维方向的散热过程，则有：

$$Q_{kl} = F\left(\frac{T_{orig} + T_0}{2} - T_\infty\right) h_{Fe} \tau_{kl} + \sigma \varepsilon X F \tau_{kl} \left[\left(\frac{T_{orig} + T_0}{2} + 273\right)^4 - (T_\theta + 273)^4\right] \tag{7-3}$$

式中　F——一维方向的等效换热面积，m²；

τ_{kl}——冷却过程的时间，s；

h_{Fe}——表面对流换热系数，W/(m²·K)；

σ——斯忒藩-玻尔兹曼常数，W/(m²·K⁴)；

ε——圆通壁的发射率；

X——角系数；

T_θ——环境温度，℃。

对单位体积圆筒壁一维方向的散热过程建立如下能量平衡方程：

$$c_{\mathrm{Fe}}M(T_{\mathrm{orig}}-T_0)=F\left(\frac{T_{\mathrm{orig}}+T_0}{2}-T_{\infty}\right)h_{\mathrm{Fe}}\tau_{kl}+\sigma\varepsilon XF\tau_{kl}\left[\left(\frac{T_{\mathrm{orig}}+T_0}{2}+273\right)^4-(T_{\theta}+273)^4\right] \tag{7-4}$$

对于圆筒壁处于不同的换热阶段，等式右边的换热条件是不同的，对于周期性换热而言，可以将等式右边的第一项看作是周期性出现的边界条件，整个圆筒壁的平均温度呈现不同的温降速率。

利用 Bi 分析不同阶段下圆筒壁内部的温差，圆筒壁厚度为 15 mm，取特征长度为 15×10^{-3} m，高温区 1000 ℃以下，圆筒壁材料导热系数取值为 29 W/(m · K)。

$$Bi=\frac{hl}{\lambda}=\frac{15\times10^{-3}}{29}h=0.52\times10^{-3}h \tag{7-5}$$

对于平板换热，一般 $Bi<0.1$，可以认为平板的非稳态过程与尺寸无关，则表面的综合换热系数 $h<192$ W/(m^2 · K)，对于周期性换热实验过程，当圆筒壁温度下降到接近室温水的沸点时，相变换热消失，h 较小，这时内外温差趋于一致，圆筒壁径向内部温度场趋于均匀。当圆筒壁表面的综合换热系数越大时，圆筒壁内部的温差越大。

圆筒壁内部热流的定义如下：

$$q=-\lambda r\frac{\mathrm{d}t}{\mathrm{d}r} \tag{7-6}$$

根据热流的定义和求解方法，其主要被相邻两点的温度梯度决定，如果热流大，表示温度梯度大，热流小代表温度梯度小，如果热流等于 0 代表没有温度梯度，如果热流是负值，表示热流反向。

图 7-24 为 2 r/min 转速下，圆筒壁外表面，热电偶测温点，圆筒壁内表面三个特征位置的温度变化图。从图中可以看出越接近表面，温度变化越明显，热流随之也就越大，且这种随时间周期性变化的热流随着距离圆筒壁表面距离的增大，越来越不明显。

对于圆筒壁离开气雾射流区域，进入到空冷区，有明显的表面回热现象，引起回热的主要原因是圆筒壁的温差导致热流向表面流动，且这个热流大于表面的辐射换热热流。

对于圆筒壁的内部温差，根据前面分析，高温区换热过程，h 较小，圆筒壁的温差较小，导致向表面流动的热流较小，从对比圆筒壁周期性冷却过程中不同周期的回热温度也可以看出。

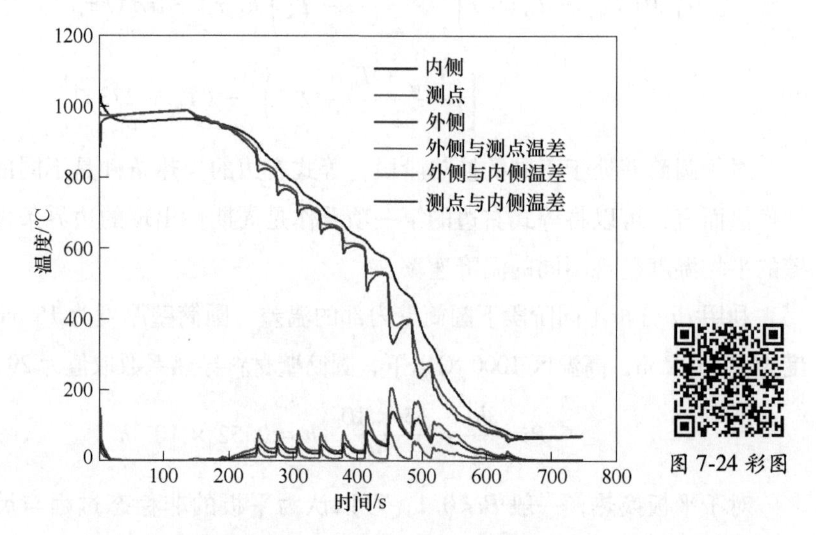

图 7-24　柱体内侧、测点及外侧、测点的温度分布

分析周期性换热过程可以看出，随着圆筒壁的厚度增加，这种周期性的温度变化增幅越来越小，到了圆筒壁的内侧，表面的这种周期性换热的热影响非常有限，为了理论分析这种变化，引入如下一般性问题：

对于半无限大物体，$0 \leqslant x < \infty$，初始温度为 0 ℃，当时间 $t>0$ 时，$x=0$ 的边界面处保持温度 $f(T)$，则有：

$$f(T) = T_0 \cos(\omega t - \beta) \tag{7-7}$$

则时间 $t>0$ 时物体内部温度分布 $T(x, t)$ 可以通过如下数学描述表达：

$$\frac{\partial^2 T(x,t)}{\partial x^2} = \frac{1}{\alpha}\frac{\partial T(x,t)}{\partial t} \qquad 0 < x < \infty,\ t > 0 \tag{7-8}$$

$$T(x,t) = f(t) \qquad x=0, t>0$$

$$T(x,t) = 0 \qquad 0 \leqslant x < \infty,\ t=0$$

基于数理方法里的杜哈美尔定律可以求解该问题的解析解如下[235]：

$$\frac{T(x,t)}{T_0} = \exp\left[-x\left(\frac{\omega}{2a}\right)^{\frac{1}{2}}\right]\cos\left[\omega t - x\left(\frac{\omega}{2a}\right)^{\frac{1}{2}} - \beta\right] - \frac{2}{\sqrt{\pi}}\int_0^{\frac{x}{\sqrt{4at}}} e^{-\eta^2}\cos\left[\omega\left(t - \frac{x^2}{4a\eta^2}\right) - \beta\right] d\eta \tag{7-9}$$

式中，$\eta=\frac{x}{\sqrt{4a(t-\tau)}}$，$t-\tau=\frac{x^2}{4a\eta^2}$。

等号右边第一项表示瞬态过程结束后半无限大物体内稳定的温度振荡过程，第二项表示初始温度向温度振荡的过渡阶段的影响，时间越长，这种影响越小，当 $t\to\infty$ 时，第二项为零。

对于本实验过程的周期性换热过程，如果不考虑圆柱体表面温降，表面温度周期性变化如下：

$$\theta_\omega=A_\omega\cos\left(\frac{2\pi}{T}\tau\right)\quad \tau>0 \tag{7-10}$$

式中 A_ω——边界温度的波幅；

T——波动周期。

根据前式，半无限大物体达到准稳态内部温度场的变化规律为：

$$\theta(x,\tau)=A_\omega e^{-x\sqrt{\frac{\pi}{aT}}}\cos\left(\frac{2\pi}{T}\tau-x\sqrt{\frac{\pi}{aT}}\right) \tag{7-11}$$

上式给出了冷却表面温度波和物体内部某点温度波的相对关系。从式中可以看出，第一，物体内部的温度波幅小于边界上的温度波幅，即温度波在物体内部是衰减的。第二，温度波是有时间延迟的，内部温度波和边界上的温度波有一个相位差。

距边界 x 处某点，相对于边界的振幅的衰减系数为：

$$V(x)=\frac{A_\omega}{A_x}=e^{x\sqrt{\frac{\pi}{aT}}} \tag{7-12}$$

x 处的温度时间延迟为：

$$\xi(x)=\frac{x}{2}\sqrt{\frac{T}{a\pi}} \tag{7-13}$$

对于本圆柱体的周期性换热测试，每一个测试点可以看成从沿着半径方向的一维换热，测点距离表面 2 mm，计算不考虑表面温降变化，2 r/min 条件下，测点位置处相对于表面的温度波幅衰减系数 $V=1.25$，圆筒壁内表面测点相对于表面的温度波衰减系数为 $V=4.3$(热扩散系数 a 取 5.0×10^{-6} m^2/s)。随着圆筒的转动频率的增大，周期 T 的减小，衰减系数会增大，温度波的衰减越快，温度波动的可察觉的透入深度越浅。从圆筒壁特征点的温度场可以看出，随着圆筒转动达到 12 r/min 时，温度波的穿透力下降，圆筒壁的内表面的温度已经不受到表面的周期性特征的换热影响了。

对于测点处的时间延迟，有：

$$\xi(0.002) = 1.38 \times 10^{-6}\ \mathrm{s}$$

如此小的延迟，可以认为，温度波在圆筒壁的厚度方向上变化是同步的，且温度波的振幅衰减得非常快。

图 7-25 为不同转速下，圆筒壁典型位置的温度变化，可以验证上述理论分析的正确性。从图中可以看出，对于连铸二冷过程，铸坯内部温度场的变化，在不考虑有内热源的情况下，铸坯内部温度受边界条件周期性的影响只产生在表层 10 mm 左右，且和拉速成反比关系，拉速越大周期性边界条件影响区越浅。对于铸坯表面周期性换热条件下的换热过程，可以用表面的平均对流换热来评估传热效果。在传统的二冷模型中，需要关注的是这种含有空气辐射，气体强制对流，喷射冷却多种传热方式的表面综合换热系数，这也是建立后续实验台的主要目的。

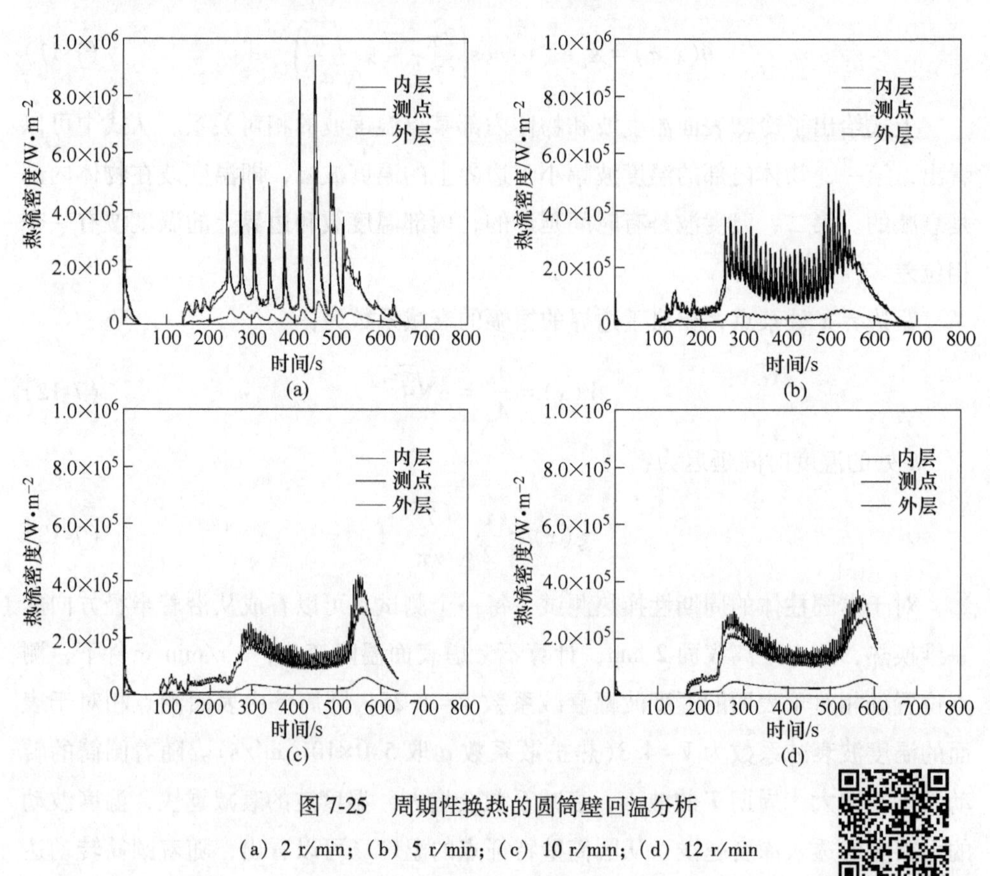

图 7-25　周期性换热的圆筒壁回温分析

(a) 2 r/min；(b) 5 r/min；(c) 10 r/min；(d) 12 r/min

图 7-25 彩图

综上，通过空心圆柱体的周期性换热实验，利用24根预埋在圆柱体内的热电偶测量圆柱体表面一定位置温度变化获取圆柱体表面热流在整个周期性换热条件下的变化情况，进而深入了解连铸二冷铸坯在周期性的边界条件下的温度变化。(1) 通过圆柱体静止下的实验研究，对比了气雾射流换热、辐射换热及强制对流存在的差异性，在连铸二冷温度区间，气雾射流换热过程中，水的相变换热带走的热量占换热总热量的82%，铸坯表面温度降低时，占比会加大。(2) 实验中没有考虑铸坯凝固过程的相变潜热，只是考虑了铸坯热容的变化，周期性换热过程会导致冷却圆柱体表面有明显的回温现象，内部传导热流大于圆柱体表面换热热流，则圆柱体回温，在一个周期内温度恢复的高低依赖表面换热和内部传导的竞争关系，由于实际连铸过程中，钢的相变潜热非常大，达到300 J/g，回温现象要比实验过程中明显且剧烈。(3) 由于圆柱体经历的周期性的边界条件，导致冷却对象内部呈现周期性的温度变化，这种周期性的温度变化随着深入冷却对象内部而减弱，理论分析表明，温度的衰减系数与所处位置、材料的热扩散系数和边界周期密切相关。对于连铸过程，交变的热流只对二冷铸坯内部表层的温度场有明显影响，其表面周期性的换热对铸坯整个温度场的影响有限。

7.3 阵列喷嘴气雾射流作用下铸坯换热实验研究

前述研究表明，实际气雾射流过程中，水流密度分布对传热的均匀性有重要影响，良好的连铸二冷传热需要喷嘴的优化配置。本实验过程主要是基于现场应用的喷嘴阵列布置形式，获取可应用于连铸二冷换热的边界条件。

7.3.1 阵列喷嘴气雾射流作用下铸坯传热实验参数

基于模拟现场连铸二冷条件下的铸坯换热实验，精确且可靠的温度测量是传热实验的关键[236]。由于设置多个喷嘴，换热能力强，因此设置较厚的冷却对象，即冷却对象具有较大的热容量，可以保证测试对象在高温区停留较长时间，获取更多的高温条件下的测量数据。本实验选取200 mm厚的常规连铸板坯作为实验对象。在垂直于200 mm铸坯方向的一侧钻直径为8 mm的孔，深180 mm。这些孔的底部是平的，以确保热电偶的尖端能够接触到孔的底部。热电偶到达冷却表面的距离越小，热电偶的反馈时间也就越短，计算的表面热流也就越准确。本次实验中，热电偶插入距离冷却表面20 mm的位置，热电偶的紧固装置焊接在铸坯的表面，通过螺纹推动热电偶的顶端与孔的底部接触，热电偶与测量孔的空隙部分用耐火棉填充。

图 7-26 为预埋 5 支 K 型热电偶的位置示意图，由于冷却表面有三排四列喷嘴加四排夹持辊，有限个热电偶的布置需要顾及整个冷却表面的散热情况。热电偶布置远离冷却铸坯的边部，保证热电偶测量位置的一维散热条件，1 号与 3 号热电偶布置在夹送辊的正下方，2 号热电偶位于中间排喷嘴的正下方，4 号热电偶的位置和 2 号热电偶的位置都在同一排喷嘴的正下方，5 号喷嘴位置在边排喷嘴列的正下方。整个铸坯倾斜 15°放置，用以模拟连铸二冷过程的非水平位置状态，同时便于二冷水的收集排放。将带有热电偶的铸坯放入加热炉中加热到 1000~1200 ℃，然后出炉，调整喷雾的喷淋架整体往复运动的线速度为 1.8 m/min，启动喷射气雾冷却，获取铸坯冷却过程曲线。

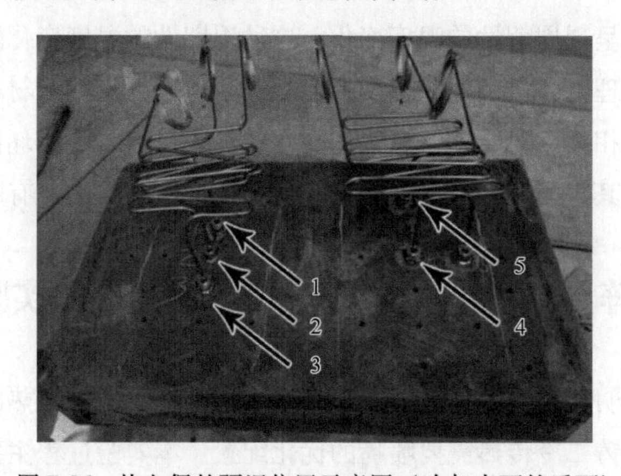

图 7-26　热电偶的预埋位置示意图（冷却表面的反面）

根据气雾射流的喷射特点，射流速度、射流液滴的粒径、射流角度、射流的水流密度等气雾射流特征都对传热有一定的影响，这些参数取决于喷嘴内部的几何条件和气水比参数，本实验的主要参数见表 7-6。本实验过程中，由于喷淋架的往复运动及横向喷嘴之间有重叠区域，保证了铸坯在冷却表面上水分布的均匀性，因此，本研究的主要因素就变成了阵列喷嘴的单位面积上的平均水流量（又称水流密度）和铸坯表面的平均对流换热系数之间的关系。平均水流量定义为喷雾系统水流量与平板冷却表面面积的比值。实验中水流密度为 0.84~3.0 L/(m^2·s)。喷嘴的布置方式为三排四列，实验所用喷嘴型号为国内某企业的 HPZ5.0-120B2。

表 7-6　阵列气雾射流作用下铸坯传热实验参数

实验条件	参数
气压/MPa	0.20
宽面水流量/L·$(m^2\cdot s)^{-1}$	2.1
喷嘴距离铸坯表面距离/mm	180
试样尺寸/mm×mm×mm	1100×600×200
试样材质	16Mn
加热目标温度/℃	1150
温度采样频率/Hz	4
冷却条件	顶部冷却
冷却水温度/℃	15.2
实验喷嘴型号	HPZ5.0-120B2
孔与表面的距离/mm	20

7.3.2　阵列喷嘴气雾射流作用下铸坯传热实验研究

图 7-27 显示了在水温为 15.2 ℃条件下，典型板坯的单面气雾射流冷却的实验过程，在冷却过程中产生了大量的蒸汽，板坯从表面开始被冷却。本实验台设置了蒸汽收集及排放装置，将产生的蒸汽导出到实验室外排放。

图 7-27 彩图

图 7-27　铸坯冷却过程

图 7-28 为通过热电偶获得的铸坯温降曲线。从图中可以看出，随着气雾冷却，铸坯温度剧烈下降，随着时间推移，铸坯的温降速率减小。无论热电偶的位置如何，时间-温度曲线都是相似的，冷却速率高，板坯温度急剧下降，铸坯和

气雾射流的热交换随时间变化。将测量点温度按照采集时间间隔输入到反传热程序中，计算获取铸坯表面温度与表面热流，通过铸坯表面温度和表面热流的函数来确定气雾射流冷却铸坯表面水的沸腾曲线。

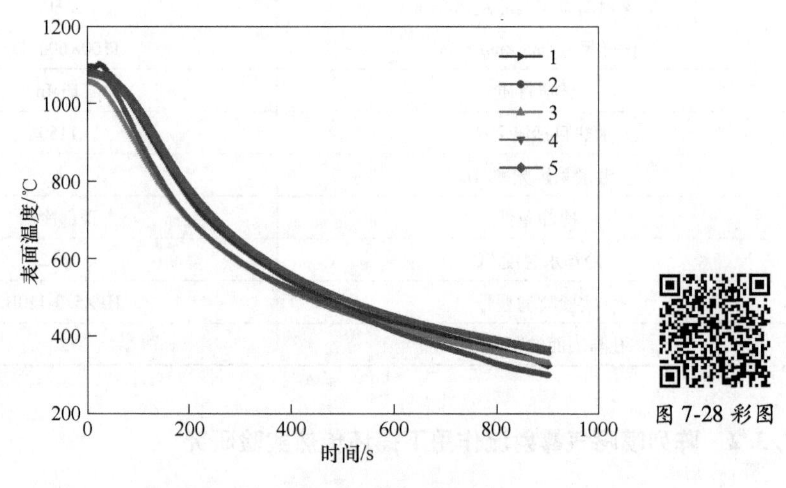

图 7-28 彩图

图 7-28　铸坯内部测温点温降曲线

图 7-29 为不同测量点获取温降曲线反算表面温度与铸坯表面热流关系。从图中可以看出，虽然各个测温点温度测量的差异较小，但是反算后获取的表面热流差异较大。总体上看，铸坯表面的热流密度与铸坯表面的温度不是线性关系的，铸坯表面的热流密度随温度的降低先增大后减小。铸坯从高温开始冷却时，铸坯表面的热流密度先是逐渐增大的，当温度降低到 574. 2 ℃时，铸坯表面的热流密度达到最大值为 5.0×10^5 W/m^2。在 1000 ℃时，平均的热流密度为 2.2×10^5 W/m^2。当温度从 1100 ℃降低到 800 ℃时，平均热流为 2.9×10^5 W/m^2。通过模拟铸坯拉速为 1.8 m/min，所有的热电偶的区域被气雾射流或者支撑辊冷却。每一个热电偶反映了表面的综合传热情况。比较不同位置的热流密度，发现较好的蒸汽排放条件可以加快冷却速度，提高热流密度。5 号热电偶位于铸坯的边部，良好的蒸汽排放条件，表面热流较大。

从图 7-29 可以看出，铸坯表面的冲击射流沸腾曲线呈现两个不同的沸腾状态。沸腾换热的实质是一个冷却界面下冷却介质的相变传热的过程，具有复杂的影响因素，而沸腾曲线可以更好地帮助理解冷却界面的状态及变化过程[237]。

曲线的第一个转折与喷雾冷却的开始时间一致，铸坯表面从辐射传热到过渡

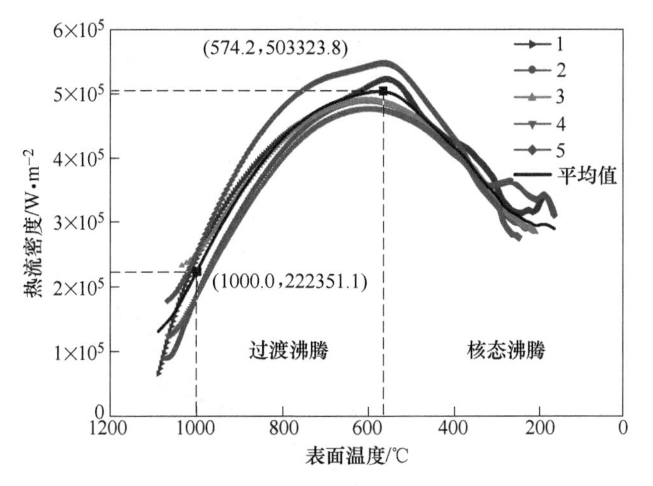

图 7-29 铸坯表面温度与表面热流关系

沸腾传热。第二个转折点是曲线的最高点，即临界热流密度（*CHF*），表面的沸腾状态从过渡沸腾到核态沸腾。当铸坯表面温度较高时，过渡沸腾中膜沸腾占比较大，固体热表面附近的蒸汽膜使液滴与表面的直接接触时间最小化，从而导致较低的传热速率。随着表面温度的降低，液滴开始渗透到气膜中，传热速率急剧增加。到达 *CHF* 后，热流密度减小，通过核沸腾状态，最终达到对流或单相冷却。

前述研究结果表明，气雾射流冷却下的沸腾传热曲线与大容池沸腾传热曲线基本一致。然而，对比平板及圆筒壁射流换热实验，本实验发现铸坯表面没有稳定的膜态沸腾状态，冷却曲线没有经历莱顿弗罗斯特点。分析可能的原因有以下四个方面：第一，测量热电偶与被冷却表面的距离为 20 mm，热电偶对铸坯表面热流变化的响应有延迟，导致实验没有展示莱顿弗罗斯特点的变化。第二，阵列喷嘴气雾射流实验条件下空气流量和水流速度较高，冷却强度大，铸坯在高温区域停留时间较短，因此，莱顿弗罗斯特的温度点不明显。第三，由于气雾射流中，气液两相流携带了大量的动量，将铸坯表面残留的液滴或蒸汽膜推开，铸坯表面上的液滴在气雾冷却下没有形成一层稳定的蒸汽膜[238]。第四，铸坯表面存在氧化层，增加了铸坯的粗糙度，表面氧化有增加气化核心数量的作用，进而难以形成稳定的蒸汽膜。

图 7-30 为表面温度和表面换热系数的关系。从图中可以看出，在铸坯从

1100~500 ℃的冷却过程中，表面换热系数随温度几乎呈线性变化。在连铸二冷过程的 1100~800 ℃区间，表面换热系数从 120.0 W/(m^2 · K) 线性增加到 542.6 W/(m^2 · K)。在温度为 574.2 ℃时，达到临界热流密度，表面换热系数为 888.9 W/(m^2 · K)。

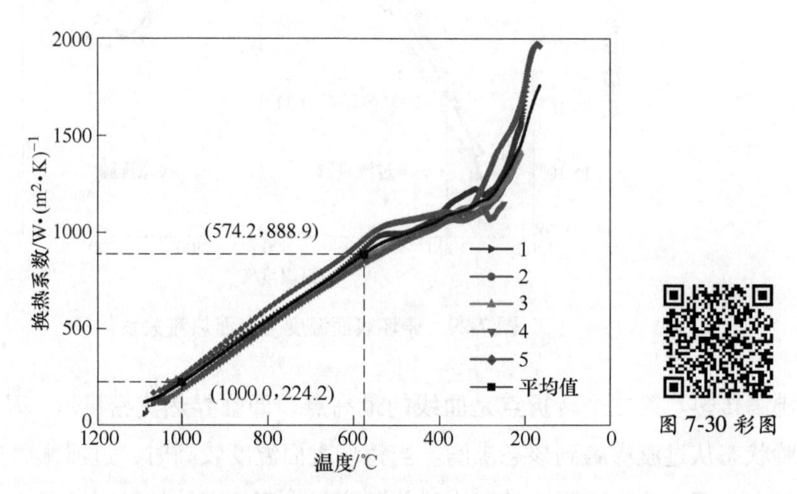

图 7-30　表面温度和表面换热系数的关系

本实验基于前期的单喷嘴射流及传热实验，展开喷雾阵列冷却的实际铸坯实验，期望建立水流密度与表面平均热流或者换热系数之间的关系，获取可以指导工程应用的实验参数。由于本次实验中直接采用连铸坯，冷却过程使用的气雾参数为生产现场用的冷却参数；同时较厚的坯料，热容大，其冷却过程在高温区域停留的时间长，较高的温度采集频率可以获取足够多的高温下的冷却数据；在相同的气雾参数下，通过不同热电偶数据互相印证，说明本实验数据的可信度很高。

连铸生产实际过程中，出结晶器铸坯表面温度在 1200 ℃左右，虽然在实验中铸坯的出加热炉温度接近 1200 ℃，但是高温铸坯从出炉到移动到冷却工位及气雾喷射系统开始工作，铸坯表面已经有约 100 ℃的温降，所以获取的数据并没有覆盖连铸二冷 1200~1100 ℃的温度区间。

从温度区间看，连铸二冷表面传热特征为水的过渡沸腾状态，虽然小于 800 ℃的区间数据对连铸的意义不大，但是对于钢铁材料的热处理与热加工过程有重要的意义。

7.4 气雾射流作用下铸坯冷却过程的换热准则方程

7.4.1 气雾射流作用下铸坯换热准则方程的提出

通过前面的气雾射流作用下铸坯热过程研究，气雾射流特性对换热过程有决定性的影响。为了更进一步研究气雾射流冷却过程的传热机理，下面针对实验过程和结果，建立气雾射流作用下铸坯换热准则方程。

基于对流换热过程，一般认为射流换热的无量纲关系式为：

$$Nu = f(Re, Pr) \tag{7-14}$$

由于气雾射流过程中，冷却介质为气雾，雾滴特征对换热起决定性作用，以雾滴粒径为特征长度，综合考虑冷却表面的换热过程，忽略冷却介质，不考虑 Pr 的变化，给出的准则关系如下：

$$Nu_{d_{32}} = f(Re_{d_{32}}) \tag{7-15}$$

努塞尔准数表达式为：

$$Nu_{d_{32}} = \frac{\bar{h} d_{32}}{\lambda} \tag{7-16}$$

式中 $\bar{h}$——表面平均换热系数，W/(m^2 · K)；

d_{32}——雾滴颗粒的平均直径，m，取为特征长度；

λ——雾滴的导热系数，W/(m^2 · K)。

雷诺数表达式为：

$$Re_{d_{32}} = \frac{V d_{32}}{\nu} \tag{7-17}$$

式中 V——气雾射流特性实验中获得的接近铸坯表面的雾滴速度，m/s；

ν——雾滴的运动黏性系数，m^2/s。

建立的回归关系式如下：

$$Nu_{d_{32}} = A Re_{d_{32}}^{B} \tag{7-18}$$

两边同时取对数可得到如下关系式：

$$\ln Nu_{d_{32}} = \ln A + B \ln Re_{d_{32}} \tag{7-19}$$

上述关系可以转变成如下的线性方程：

$$y = A + Bx \tag{7-20}$$

7.4.2　气雾射流作用下平板传热过程的换热准则方程

针对气雾射流作用下平板传热实验研究，单喷嘴气雾射流在平板的不同区域产生的雾滴粒径和射流速度不同，其换热过程也不同。本研究选取不同射流区域的射流特征值和相应位置的传热实验数据来建立换热特征方程。分析过程中，ν 取 20 ℃时水的运动黏度系数 1.0×10^{-6} Pa · s，导热系数 λ 取 20 ℃时水的导热系数 0.6 W/(m · K)。

通过前期气雾射流特性研究，获取了喷射距离 $h=285$ mm 处的射流雾滴在不同区域（A、B、C、D 和 E）的平均直径与雾滴平均速度，将五个区域中的平均粒径作为定性尺寸，雾滴平均速度作为特征速度，根据表 7-6 计算不同区域的雷诺数。连铸二冷区温度一般在 800~1100 ℃，在平板传热实验中，依据表面热流变化规律认定这一温度区间的换热处于膜态沸腾区，沿射流宽度方向的不同区域的表面热流相对稳定，但不同区域的表面热流平均值不同，对流换热系数也不同，根据图 7-29 和图 7-30 计算在 800~1000 ℃范围内表面热流和对流换热系数的平均值，获取不同区域下的射流参数及雷诺数和努塞尔准数，见表 7-7。

表 7-7　不同区域的气雾射流参数及表面换热系数和热流密度

区域编号	d_{32}/μm	雾滴速度 V/m · s^{-1}	热流 Q/W · m^{-2}	换热系数 h/W · (m^2 · K)$^{-1}$	Re	Nu
$A(-120, 0)$	100	14.36	655636.88	715.88	1420.376	1.193
$B(-60, 0)$	106	17.24	945078.93	1010.17	1807.557	1.785
$C(0, 0)$	117	18.93	980968.46	1064.10	2190.712	2.075
$D(30, 0)$	107	18.79	912783.77	965.15	1988.655	1.721
$E(90, 0)$	105	14.85	646409.92	697.01	1542.285	1.220

使用 Origin 软件对上述传热数据进行线性回归，获得了相应的回归方程：

$$y = -9.456 + 1.324x \tag{7-21}$$

从而得到了气雾射流作用下平板换热的准则方程：

$$Nu_{d_{32}} = 7.822E^{-5}Re_{d_{32}}^{1.324} \tag{7-22}$$

其中，$R^2=0.90$，R 是回归方程显著性检验的复相关系数，方程适用温度区间为 800~1000 ℃，$Re_{d_{32}}$ 范围为 1420~2190。可见，气雾射流作用下平板换热系数和雾滴雷诺数有显著的正相关性。

7.4.3 气雾射流作用下铸坯周期性传热过程的换热准则方程

前文通过开展气压 0.20 MPa、水压 0.40 MPa 下柱体旋转条件下 5 r/min 的周期性传热实验研究，获得了柱体圆周表面热流密度和对流换热系数。改变气雾射流参数，获得了气压 0.20 MPa、水压 0.30 MPa 和 0.50 MPa 下的周期性传热实验结果，获取了不同工况下柱体表面温度及表面换热系数随时间的变化。

为了表达旋转柱体内部周期性换热的综合变化规律，将 24 个测点位置的表面热流密度与对流换热系数取算数平均值。在 600～950 ℃之间的周期性换热过程中具有稳定且同样的换热特征，因此这一温度区间作为研究区间。

对于气雾射流的雾滴粒径和雾滴速度，以接近换热界面的整个射流区的平均值作为特征值，见表 7-8。

表 7-8 不同气雾射流条件下射流特征值和相应的换热系数

气压/MPa	水压/MPa	d_{32}/μm	雾滴速度 V/m · s^{-1}	平均热流 Q/W · m^{-2}	平均换热系数 h/W · (m^2 · K)$^{-1}$	*Re*	*Nu*
0.20	0.30	104	11.32	279580.01	443.647	1164.471	0.077
0.20	0.40	99	12.0	303363.43	474.0	1175.074	0.078
0.20	0.50	106	13.13	304770.95	479.80	1376.637	0.085

对上述数据进行回归，得到气雾射流作用下周期性传热的换热准则方程：

$$Nu_{d_{32}} = 1.601E^{-3}Re_{d_{32}}^{0.549} \tag{7-23}$$

其中，R^2 = 0.974，换热准则方程适用温度区间为 600～950 ℃，$Re_{d_{32}}$ 范围为 1164～1377（适用范围匹配表 7-8 内）。

这一换热准则方程表明了气雾射流作用下周期性传热的基本特征，是考虑到气雾射流区、强制对流区与辐射区三种不同换热特征下的换热准则方程，体现了三种换热方式的综合效果。

7.4.4 阵列喷嘴气雾射流作用下铸坯传热过程的换热准则方程

在连铸二冷数值模拟计算中，其表面的换热系数是计算中最重要的几个参数之一[239-240]，其传热条件的获取大多是通过水量与换热系数之间的经验公式，同时在连铸动态二冷配水控制中，主要是通过控制铸坯表面的水流密度来控制二冷传热过程的，因此本研究测量了不同的水流密度条件下的铸坯表面热流，进而评价冷却水流密度对传热的影响，期望结果为连铸机的设计、工艺的确定和模拟的验证提供可靠的数据支持[241]。

除前 7.3 节实验过程的水流量为 2.1 L/(m² · s)，另进行水流密度为 0.84 L/(m² · s)和 3.0 L/(m² · s) 冷却实验，如图 7-31 所示，图中的表面热流和表面换热系数都是多个热电偶测量计算后的平均结果。从图 7-31 可以看出，不同水流密度下，铸坯表面的沸腾情况类似，主要是都由过渡沸腾和核态沸腾两部分组成。*HTC* 曲线显示了一个典型的线性关系。随着水流密度的增加，*CHF* 有明显的增加趋势。较高的水流量导致更多的液滴击破蒸汽膜，加速蒸汽的排放，强化铸坯表面的传热。当水流密度增大时，发生 *CHF* 的铸坯表面温度较大，说明不同的界面条件会有不同的沸腾状态，水密度增大时，铸坯在较高温度达到 *CHF* 点。

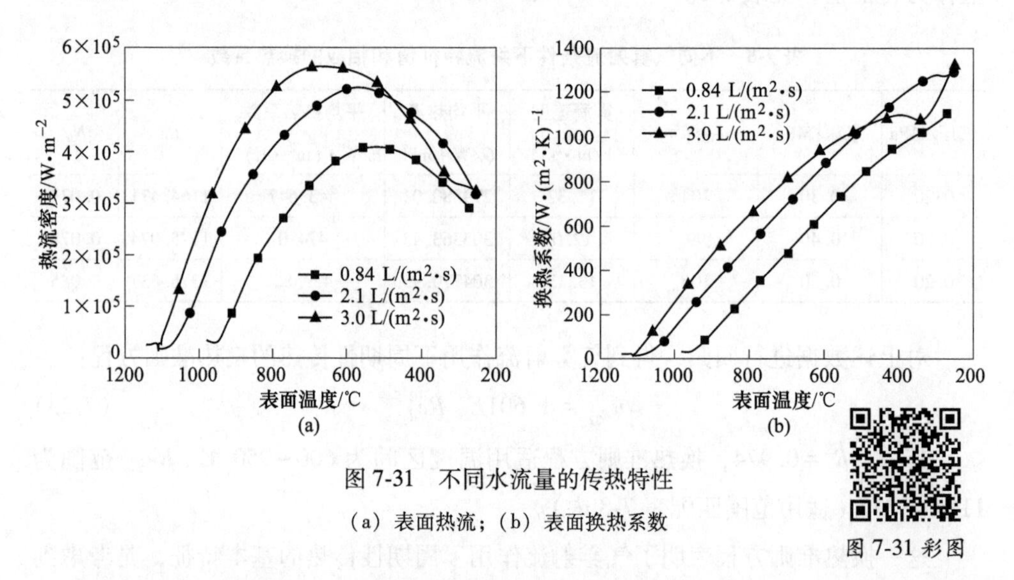

图 7-31　不同水流量的传热特性

（a）表面热流；（b）表面换热系数

如图 7-32 所示为表面换热系数与水流密度之间的函数关系，其可用于连铸二冷控制模型。结果表明，在 850~950 ℃的表面温度下，表面换热系数是水流密度的函数关系，它们之间的关系为：

$$HTC = aW^b \tag{7-24}$$

式中　a，b——实验确定的常数；

　　　W——水流密度，L/(m² · s)。

850~950 ℃表面温度下过渡膜沸腾区传热关系：

$$HTC = 152W^{1.06} \quad 0.84 \leqslant W \leqslant 3.0\ (\mathrm{L/(m^2 \cdot s)}) \tag{7-25}$$

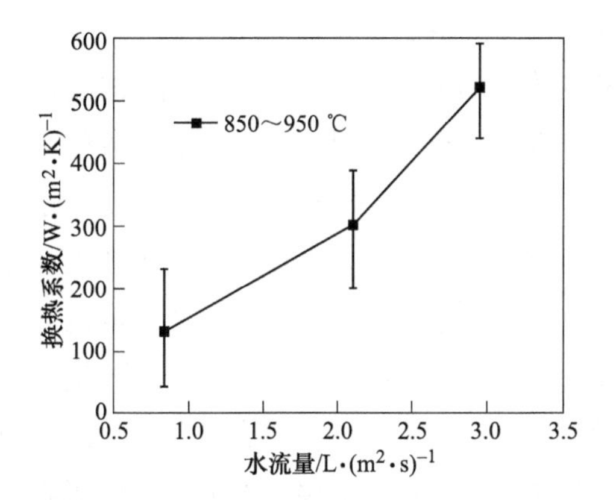

图 7-32 表面换热系数与水流量之间的关系

表面换热系数表明铸坯表面与冷却水之间的传热效率的高低，当表面换热系数较大时，传热效果较高，从式（7-25）可知，*HTC* 和水流密度接近线性关系。不同的研究人员根据实验条件给出了不同的经验公式，这些公式具有不同的形式，部分公式已经在第 2 章给出。本研究得到的关系式与前人研究得到的关系式有些不同，且在某些情况下，这种差异可能是巨大的，这主要是因为表面传热系数与水流量、喷射压力、喷射距离、喷嘴结构、铸坯表面温度、水温和表面粗糙度等因素有关，不同的实验者这些参数很难保持一致。

从不同水流密度条件下铸坯的冷却过程可以看出，铸坯表面是不稳定的过渡沸腾状态，优化铸坯表面的过渡沸腾可以帮助改善喷嘴的传热特性。虽然本实验使用的是典型的 16Mn 碳素钢，其实验结果对其他钢铁材料也适用，然而，由于喷雾冷却表面的表面特性，结果会有偏差[242-244]。

综上所述，冷却对象表面热流和 *HTC* 对于工业过程的理论热设计是至关重要的，本研究为定量研究连铸的传热现象提供了可靠的数据。

7.5 连铸二冷气雾射流冷却传热研究的应用

连铸二冷气雾射流过程，由于涉及复杂的雾化机理，大多数喷嘴厂家都根据不同喷嘴结构及射流冷却对象，设计不同气雾射流形状、水流密度等满足连铸工艺要求。如何针对固定喷嘴评价最优的应用工况，不同喷嘴参数下各个气雾射流特征值的变化规律等，本项目通过各种测量手段获取了定量的认识。在课题研究中，和斯普瑞公司建立了有效互动，加深了对不同喷嘴设计及雾化机理的认识，同时测量结果为喷嘴的设计提供了有价值的参考。

由于铸坯表面相变传热的复杂性，其受到各种因素的影响，现有的情况下，连铸传热过程很难做出准确分析，通过对实际传热现象的简化，并以现场可以接受的精度来研究连铸二冷传热过程是十分必要的，上述对于连铸二冷气雾射流喷雾特性、传热过程的研究，加深了气雾射流本身及铸坯表面相变换热的认识。在本课题的研究过程中，积极和钢铁企业、研究院所交流沟通，期待解决连铸现场技术问题，同时将研究成果推广应用。本项目的部分研究内容来源于国内某企业，在传热实验台设计时，借鉴了其连铸成套设备设计经验与板坯连铸二冷段工艺布置特点，本项目的研究成果已经提供给对方并且应用到板坯连铸设计中。

7.6 本章小结

本章通过前述建立的实验平台分别组织开展了气雾射流平板、柱体周期性换热和与现场生产匹配的阵列喷嘴平板换热三类换热实验，通过第 5 章建立的导热反问题数学模型，研究静止与运动的热金属表面上沸腾传热的基本特征，研究气雾射流参数对沸腾传热的影响，探讨了气雾射流作用下静止、周期性运动及阵列喷嘴的铸坯的传热机理。主要特征如下。

（1）在气雾射流作用下的高温平板传热实验中，气雾射流相变换热沸腾曲线和典型的池态沸腾曲线类似，呈现典型的膜态沸腾、过渡沸腾和核态沸腾三个阶段，三阶段变化的拐点分别对应莱顿弗罗斯特点和 *CHF* 点。对应气雾射流区域的不同位置，虽然沸腾曲线呈现相似形态，但是各个沸腾阶段发生的温度点和能够达到的热流值都不尽相同，这主要由气雾射流的各个局部射流特点决定。在射流正下方的典型的莱顿弗罗斯特点所在的温度区间为 921~1107 ℃，在表面温度为 660 ℃左右时 *CHF* 达到极大值，临界热流密度可达 2.25×10^6 W/m^2。对于连铸二冷区铸坯温度（800~1100 ℃）范围内，气雾射流平板主要处于膜态沸腾和过渡沸腾阶段，应该采取各种措施避免莱顿弗罗斯特现象的发生，保证连铸过程表面热流的精确可控。

（2）根据气雾射流不同区域射流特征和局部对流换热系数，以雾滴平均粒径为特征长度，以局部平均速度为特征速度，建立了气雾射流作用下平板换热的准则方程。

（3）在气雾射流作用下的周期性换热实验台中，针对静止柱体传热过程，柱体圆周的不同区域处于气雾射流冷却、强制对流冷却和空冷辐射冷却等不同冷却条件，获取了不同区域的传热特征。

（4）气雾射流作用下旋转柱体传热过程中，形成了富有规律性的周期性换热特征，周期长短依赖于转速大小，每一周期内存在两个区域，首先是表面温度迅速降低的区域，此时表面热流密度迅速增大，其次是表面温度平缓变化，后期出现回升的区域，此时表面热流密度迅速降低，前者对应着气雾射流冷却阶段，后者对应着旋转柱体表面的辐射及强制对流冷却。在周期性换热条件下，冷却对象的表面问题来源于内部温度不均匀导热和表面热流的竞争关系。由于圆柱体表面经历的周期性边界条件，导致冷却对象内部呈现周期性的温度变化，这种温度波随着深入冷却对象内部而振幅减弱，本章通过周期性换热实验与理论解析，对于连铸二冷过程，其表面的周期性换热引起的铸坯内部的周期性波动随着距离表面距离的增大而减小，铸坯表面有较大温度梯度的交替变化发生在铸坯表层 10 mm 左右范围内。

（5）气雾射流作用下旋转柱体的周期性换热过程中，不同的气雾射流特征影响着换热特性，针对周期性换热的 600~950 ℃的稳定换热期间的过渡沸腾和核态沸腾阶段，建立了气雾射流作用下周期性换热的准则方程。

（6）对于阵列喷嘴气雾射流铸坯换热过程中，过渡沸腾是连铸二冷时 800~1100 ℃范围内的主要传热特性，其水流量为 2.1 L/(m^2·s) 条件下，平均热流密度为 2.9×10^5 W/m^2。随着铸坯表面温度的降低，铸坯表面换热系数从 120.0 W/(m^2·K) 升至 542.6 W/(m^2·K)；表面温度为 850~950 ℃时，相变传热处于过渡沸腾区，表面热流密度和水流量之间的关系式为 $HTC = 152\times W^{1.06}$。

8 结论与展望

8.1 结　论

连铸技术的科学本质是揭示在特定连铸工艺装备条件下，钢水的凝固与外部传热之间的关系，传热的深入认识是连铸技术的核心。在连铸二冷区中，建立冷却系统与连铸坯表面的换热关系是研究连铸坯凝固过程质量与产量控制的最基本条件。

气雾射流冷却通过喷嘴喷出的气雾冲击冷却表面从而带走热量，由于其能够快速有效的提取连铸坯中的热量，所以这项技术在连铸二冷领域得到了广泛的应用。水雾从铸坯内去除热量通常会导致在喷雾遇到高温铸坯表面时发生沸腾现象，使得铸坯表面上气雾射流传热现象变得复杂。本书从典型气雾喷嘴气雾射流特征出发，探索利用气雾射流实验系统及 PIV、LDV 和高速摄像机等测试手段对气雾喷嘴特性曲线、喷雾角度、水流密度、雾滴粒径和雾滴喷射速度等进行研究，明确气雾射流特征。由于受限于连铸二冷表面温度几乎不可能直接测量，设计并制作了三套传热实验装置，分别进行了静止平板、周期性表面换热和阵列喷嘴气雾射流铸坯换热实验研究，以冷却实验中测量的温度历程为导热反问题算法的输入项，并结合传热模型来计算表面热通量，将计算出的热通量表示为表面温度的函数以确定铸坯表面沸腾曲线，最后将获取的气雾射流参数与界面换热系数拟合成实验关联式。主要结论如下。

（1）自主设计并搭建高效连铸气雾射流传热实验平台，该平台由气雾射流系统、流动测试系统、热过程模拟与测试系统三部分构成，具备了模拟连铸二冷的传热特点。基于气雾射流参数研究，开展连铸单喷嘴的换热研究、周期性换热研究、连铸二冷实际过程的阵列喷射冷却研究，开展三类不同实验平台的设计与组织。

（2）气雾射流特性的研究是气雾换热过程认识的先决条件。本书利用 PIV、

LDV 和高速摄像机等手段对气雾喷嘴特性、喷雾角度、雾滴粒径、水流密度和雾滴喷射速度等进行了测量，研究了射流区域内的分布特征。通过开发光学成像法测量了气雾喷嘴在不同条件下的雾滴粒径分布，气雾射流雾滴粒径主要的分布区间在 100 μm 以下。射流雾滴的雾化效果与雷诺数和韦伯数密切相关，雾化过程的准则方程如下：

$$\frac{d_{32}}{L} = 0.0394 We^{-0.069} Re^{-0.1658} \tan\theta^{-0.0485}$$

（3）应用 PIV 和 LDV 对气雾射流雾滴速度场进行了测量与研究，将气雾射流分为两部分：过渡区和主流区。速度随下游距离的增大而减小。空气喷雾射流的速度分布具有自相似性，其分布在整个流场满足高斯分布为：$\frac{v}{u_{m}} = e^{-\frac{1}{2}\left(\frac{x}{Cx_{0.5}}\right)^{2}}$，$C = 0.807$。

（4）传热实验研究表明：气雾射流作用下的高温金属表面冷却过程的换热曲线和典型的池态沸腾曲线类似，呈现典型的膜态沸腾、过渡沸腾和核态沸腾阶段。连铸二冷铸坯表面换热处于膜态沸腾和过渡沸腾阶段，连铸二冷过程需要关注莱顿弗罗斯特现象的影响。

（5）气雾射流在不同射流区间的换热特征，根据气雾射流不同区域射流特征和局部对流换热系数，以雾滴平均粒径为特征长度，以局部平均速度为特征速度，建立气雾射流作用下平面换热的准则方程为：$Nu_{d_{32}} = 7.822E^{-5} Re_{d_{32}}^{1.324}$。

（6）连铸周期性换热实验表明，铸坯在周期性边界条件下，表现出明显的周期性回温特征，其大小依赖铸坯内部温度不均匀导热和表面热流的竞争关系。铸坯表面的周期性边界对铸坯内部的温度场波动影响有限，温度波动只集中在铸坯表面附近。周期性气雾射流作用下周期性换热的准则方程为：$Nu_{d_{32}} = 1.601E^{-3} Re_{d_{32}}^{0.549}$。

（7）对于阵列喷嘴气雾射流铸坯换热过程中，过渡沸腾是连铸二冷时 800~1100 ℃范围内的主要传热特性。随着温度的降低，表面换热系数从 120.0 W/(m^2·K) 升至 542.6 W/(m^2·K)；表面温度为 850~950 ℃时，过渡沸腾区内，表面热流密度和水流量之间的关系式为 $HTC = 152 \times W^{1.06}$。

8.2 展　望

本书利用可靠的实验方法揭示了典型气雾射流特征。获得了定量的传热实验结果，更好地揭示了喷雾冷却过程的界面传热特性，得到的温度曲线、热流及传热系数可以预测连铸二冷喷雾冷却的传热效果。虽然本书做了大量相关工作，但是仍有许多工作期待更进一步的发展及完善。

（1）对于本书涉及的高温铸坯表面的相变换热，莱顿弗罗斯特现象对传热的影响显著，稳态实验可以提供一个更好认识该现象的手段。由于本书实验研究都是基于瞬态的实验方法，对于该现象的研究是不充分的，期待后续构建稳态的小型实验台来专门研究该现象对铸坯传热的影响。

（2）由于涉及铸坯界面高温表面相变换热的复杂性，虽然界面换热主要取决于铸坯表面的平均水流密度，本书研究也考虑了射流速度、雾滴粒径两个较重要的影响因素，但是诸如界面粗糙度、冲击压力、冷却对象等都还没有研究。

（3）基于热电偶测温，反传热计算表面热流的实验方法上，建议可以更多地研究热电偶时间延迟，因为在测试的初始阶段，获取的温度场结果是不能反映界面热流变化的，当然，温度测量的时间延迟对于冷却过程的其余部分来说并不太重要。

（4）对于本书涉及的界面相变换热，期待对界面沸腾物理机制进行深入研究，利用更深层机理模型来构建定量化的传热模型。

（5）本书基于雾滴粒径及速度分布探讨了扇形气雾喷嘴的最佳使用工况，但是对于其他型号喷嘴是否适用，还需要进一步研究。

参 考 文 献

[1] 中国钢铁工业协会. 中国钢铁工业改革开放 40 年 [M]. 北京: 冶金工业出版社, 2019.

[2] 世界钢铁协会. 世界钢协公布 2022 年全球主要产钢国 (地) 最新排名 [N]. 中国冶金报, 2023-02-07.

[3] MENG Y, THOMAS B G. Heat transfer and solidification model of continuous slab casting: CON1D [J]. Metallurgical and Materials Transactions B, 2003, 34 (5): 685-705.

[4] 吴亚飞. 特厚板坯连铸二冷传热特性研究 [D]. 包头: 内蒙古科技大学, 2017.

[5] 张春辉. 中厚板连铸机二冷水量分布测试与喷嘴型号优化 [J]. 连铸, 2019, 44 (3): 76-82.

[6] 2022 年我国炼钢技术发展评述 [N]. 世界金属导报, 2023-05-22.

[7] TANSI H M, TOTTEN G E. Water spray and water film cooling [C]// Proceedings of the 3rd International Conference on Quenching and Control of Distortion. Prague: Czech Republic, 1999.

[8] ITO Y, MURAI T, MIKI Y, et al. Development of hard secondary cooling by high-pressure water spray in continuous casting [J]. ISIJ International, 2011, 51 (9): 1454-1460.

[9] RAMSTORFER F, ROLAND J, CHIMANI C, et al. Investigation of spray cooling heat transfer for continuous slab casting [J]. Materials and Manufacturing Processes, 2011, 26 (1): 165-168.

[10] SENGUPTA J, THOMAS B G, WELLS M A. The use of water cooling during the continuous casting of steel and aluminum alloys [J]. Metallurgical and Materials Transactions A, 2005, 36 (1): 187-204.

[11] BURMEISTER L C. Convective heat transfer [M]. New York: John Wiley & Sons Inc, 1983.

[12] BRIMACOMBE J J K, SAMARASEKERA I V, LAIT J E. Continuous casting v2: heat flow, solidification and crack formation [M]. Warrendale: Iron and Steel Society of AIME, 1984.

[13] 干勇. 现代连续铸钢实用手册 [M]. 北京: 冶金工业出版社, 2010.

[14] THOMAS B G, BENTSMAN J, PETRUS B, et al. GOALI: Online dynamic control of cooling in continuous casting of thin steel slabs [C]// Proceedings of 2009 NSF Engineering Research and Innovation Conference, 2009.

[15] 王勇, 汪洪峰. 连铸二冷区工艺技术的发展 [J]. 连铸, 2017, 42 (3): 6-9.

[16] 王胜利, 汪洪峰. 连铸板坯内部裂纹的形成机制及控制实践 [J]. 连铸, 2019, 44 (2): 53-57.

[17] LEFEBVRE A H, MCDONELL V G. Atomization and Sprays (2nd ed.) [M]. CRC Press, 2017.

［18］杨军，董洁，张从容，等．铸坯成型理论［M］．北京：冶金工业出版社，2015.

［19］BENTHER J D，PELAEZ-RESTREPO J D，STANLEY C，et al. Heat transfer during multiple droplet impingement and spray cooling：Review and prospects for enhanced surfaces［J］. Int. J. Heat Mass Transf.，2021（178）：1-23.

［20］XIA Y，GAO X，LI R，et al. Management of surface cooling non-uniformity in spray cooling［J］. Applied Thermal Engineering，2020，180：115819.

［21］BREITENBACH J，ROISMAN I V，TROPEA C. From drop impact physics to spray cooling models：A critical review［J］. Exp. Fluids，2018，59（3）：55.

［22］HOLMAN J P，JENKINS P E，SULLIVAN F G. Experiments on individual droplet heat transfer rates［J］. International Journal of Heat and Mass Transfer，1972，15（8）：1489-1495.

［23］SAWYER M L，JETER S M，ABDEL-KHALIK S I. A critical heat flux correlation for droplet impact cooling［J］. International Journal of Heat and Mass Transfer，1997，40（9）：2123-2131.

［24］BREITENBACH J，ROISMAN I V，TROPEA C. Heat transfer in the film boiling regime：Single drop impact and spray cooling［J］. International Journal of Heat and Mass Transfer，2017，110：34-42.

［25］薛松龄，柴宝华，王泽鸣，等．均匀液滴喷射性能的实验研究［J］．核科学与工程，2021，41（5）：1042-1046.

［26］COX T. Heat transfer experiments and general correlation for sprays of very large droplets impinging on a heated surface［D］. Pittsburgh：Carnegie Mellon University，1998.

［27］CHOI K J，YAO S C. Heat transfer mechanisms of horizontally impacting spays［J］. International Journal of Heat and Mass Transfer，1987，30（2）：1291-1296.

［28］DEB S，YAO S C. Analysis on film boiling heat transfer of impacting sprays［J］. International Journal of Heat and Mass Transfer，1989，32（11）：2099-2112.

［29］邹光明，邓如应，熊建敏，等．喷雾冷却液滴换热特性研究［J］．机械设计与制造，2017（9）：38-41，45.

［30］TILTON D E. Spray cooling［D］. Lexington：University of Kentucky，1989.

［31］PAIS M R，CHOW L C，MAHEFKEY E T. Surface roughness and its effects on the heat transfer mechanism in spray cooling［J］. Journal of Heat Transfer，1992，114（1）：211-219.

［32］ESTES K A，MUDAWAR I. Comparison of two-phase electronic cooling using free jets and sprays［J］. Journal of Electron and Packag，1995，117：323-331.

［33］ESTES K A，MUDAWAR I. Correlation of sauter mean diameter and critical heat flux for spray cooling of small surfaces［J］. International Journal of Heat and Mass Transfer，1995，38（16）：2985-2996.

[34] HUDDLE J, CHOW L, LEI S, et al. Advantages of spray cooling for a diode laser module [C]// Proceedings of the SAE Aerospace Power Systems Conference, 2000.

[35] LABERGUE A, GRADECK M, LEMOINE F. Comparative study of the cooling of a hot temperature surface using sprays and liquid jets [J]. International Journal of Heat and Mass Transfer, 2015, 81: 889-900.

[36] CIOFALO M, PIAZZA I D, BRUCATO V. Investigation of the cooling of hot walls by liquid water sprays [J]. International Journal of Heat and Mass Transfer, 1999, 42 (7): 1157-1175.

[37] KLINZIN W P, ROZZI J C, MUDAWAR I. Film and transition boiling correlations for quenching of hot surfaces with water sprays [J]. Journal of Heat Treating, 1992, 9 (2): 91-103.

[38] MUDAWAR I, VALENTINE W S. Determination of the local quench curve for spray-cooled metallic surfaces [J]. Journal of Heat Treating, 1989, 7 (2): 107-121.

[39] 祝唐豪，刘妮．闪蒸及强化喷雾冷却换热的研究进展 [J]. 建模与仿真，2021，10 (2): 359-368.

[40] 杨吉春，蔡开科．连铸二冷区喷雾冷却特性研究 [J]. 钢铁，1990，25 (2): 9-12.

[41] NISHIO S, HIRATA K. Study on leidenfrost temperature: 2nd report, behavior of liquid-solid contact and its relation to leidenfrost temperature [J]. Journal of Japan Society of Mechanical Engineers, 1978, 44 (380): 1335-1346.

[42] HIROSHI KAGECHIKA. Production and Technology of Iron and Steel in Japan during 2006 [J]. ISIJ International, 2007, 47 (6): 773-794.

[43] 文光华，迟景灏．连铸机二冷喷嘴冷态和热态特性的实验研究 [J]. 钢铁研究，1997，98 (5): 3-6.

[44] 陈永．攀钢板坯连铸二冷区换热系数与水量关系的研究 [J]. 连铸，1999 (1): 19-22.

[45] AL-AHMADI H M, YAO S C. Spray cooling of high temperature metals using high mass flux industrial nozzles [J]. Experimental Heat Transfer, 2008, 21 (1): 38-54.

[46] HAMED M, AL-AHMADI H M, YAO S C. Experimental study on the spray cooling of high temperature metal using full cone industrial sprays [C]// 85th Steelmaking Conference, 2002.

[47] 梅国晖，孟红记，武荣阳，等．高温表面喷雾冷却传热系数的理论分析 [J]. 冶金能源，2004，23 (6): 18-22.

[48] 梅国晖，武荣阳，孟红记，等．气雾喷嘴最佳气水比的确定 [J]. 钢铁钒钛，2004，25 (2): 49-51.

[49] HORSKY J, RAUDENSKY M, POHANKA M, et al. Experimental study of heat transfer in hot rolling and continuous casting [J]. Materials Science Forum, 2005, 473/474: 347-354.

[50] HERNANDEZ C I, ACOSTA G F A, CASTILLEJOS E A H, et al. The fluid dynamics of

secondary cooling air-mist jets [J]. Metallurgical and Materials Transactions B, 2008, 39 (5): 746-763.

[51] MONTES R J J, CASTILLEJOS E A H, ACOSTA F A, et al. Effect of the operating conditions of air-mist nozzles on the thermal evolution of continuously cast thin slabs [J]. Canadian Metallurgical Quarterly, 2008, 47 (2): 187-204.

[52] 宋会江. 连铸喷嘴的水气性能与传热性能 [C]// 第七届中国钢铁年会, 2009.

[53] ITO Y, MURAI T, MIKI Y, et al. Development of hard secondary cooling by high-pressure water spray in continaous casting [J]. ISIJ International, 2011, 51 (9): 1454-1460.

[54] MINCHACA J I, CASTILLEJOS A H, ACOSTA F A, et al. Size and velocity characteristics of droplets generated by thin steel slab continuous casting secondary cooling air-mist nozzles [J]. Metallurgical and Materials Transactions B, 2011, 42 (3): 500-515.

[55] EL-BEALY M O. Air-water mist and homogeneity degree of spray cooling zones for improving quality in continuous casting of steel [J]. Steel Research International, 2011, 82 (10): 1187-1206.

[56] MORAVEC R, BLAZEK K, HORSKY J, et al. Coupling of solidification model and heat transfer coefficients to have valuable tool for slab surface temperatures prediction [C]// In Proceedings of in METEC 7th InSteelCon, Düsseldorf, 2011.

[57] HERNANDEZ-BOCANEGRA C A, HUMBERTO C E, ACOSTA- GONZ ALE Z F A, et al. Measurement of heat flux in dense air-mist cooling: Part Ⅰ-A novel steady-state technique [J]. Experimental Thermal and Fluid Science, 2013, 44: 147-160.

[58] HERNANDEZ-BOCANEGRA C A, MINCHACA-MOJICA J I, HUMBERTO C E, et al. Measurement of heat flux in dense air-mist cooling: Part Ⅱ-The influence of mist characteristics on steady-state heat transfer [J]. Experimental Thermal and Fluid Science, 2013, 44: 161-173.

[59] RAMSTORFER F, ROLAND J, CHIMANI C, et al. Modelling of air-mist spray cooling heat transfer for continuous slab casting [J]. Cast Metals, 2013, 22 (1/2/3/4): 39-42.

[60] TSUTSUMI K, KUBOTA J, HOSOKAWA A, et al. Effect of spray thickness and collision pressure on spray cooling capacity in a continuous casting process [J]. Steel Research International, 2018, 89: 1-9.

[61] NUKIYAMA S. Maximum and minimum values of heat q transmitted from metal to boiling water under atmospheric pressure [J]. Journal of Japan Society of Mechanical Engineers, 1934, 37 (53/54): 367-374.

[62] BERNARDIN J D, STEBBINS C J, MUDAWAR I. Mapping of impact and heat transfer regimes of water drops impinging on a polished surface [J]. International Journal of Heat & Mass

Transfer, 1997, 40 (2): 247-267.

[63] 闵敬春，吴晓敏，菊地义弘，等．加热面上液滴的冲击行为及 Leidenfrost 现象 [J]. 工程热物理学报，2000, 22 (S1): 105-108.

[64] 奉若涛，乌学东，薛群基．织构化表面轮廓与温度对液滴状态控制的研究 [J]. 科学通报，2011, 56 (1): 5.

[65] NEGEED E S, HIDAKA S, KOHNO M, et al. High speed camera investigation of the impingement of single water droplets on oxidized high temperature surfaces [J]. International Journal of Thermal Sciences, 2013, 63 (2): 1-14.

[66] NEGEED, ALBEIRUTTY, TAKATA. Dynamic behavior of micrometric single water droplets impacting onto heated surfaces with TiO_2 hydrophilic coating [J]. International Journal of Thermal Sciences, 2014, 79: 1-17.

[67] FUKUDA, KOHONO, TAGASHIRA, et al. Behavior of Small Droplet Impinging on a Hot Surface [J]. Heat Transfer Engineering, 2014, 35 (2): 204-211.

[68] MITSUTAKE, ILLIAS, TSUBAKI, et al. Measurement and Observation of Elementary Transition Boiling Process after Sudden Contact of Liquid with Hot Surface [J]. Procedia Engineering, 2015, 105: 5-21.

[69] MITRAKUSUMA, WINDY, KAMAL, et al. The dynamics of the water droplet impacting onto hot solid surfaces at medium Weber numbers [J]. Heat and Mass Transfer, 2017, 53 (10): 3085-3097.

[70] DEENDARLIANTO, TAKATA, WIDYATAMA, et al. The interfacial dynamics of the micrometric droplet diameters during the impacting onto inclined hot surfaces [J]. International Journal of Heat and Mass Transfer, 2018, 126 (Part. A): 39-51.

[71] JOWKA R S, MORAD M R. Rebounding suppression of droplet impact on hot surfaces: Effect of surface temperature and concaveness [J]. Soft Matter, 2019, 15 (5): 1017-1026.

[72] KO, CHUNG. An experiment on the breakup of impinging droplets on a hot surface [J]. Experiments in Fluids, 1996, 21 (2): 118-123.

[73] JIA, QIU. Fringe probing of an evaporating microdroplet on a hot surface [J]. International Journal of Heat & Mass Transfer, 2002, 45 (20): 4141-4150.

[74] ABU-ZAID. An experimental study of the evaporation characteristics of emulsified liquid droplets [J]. Heat & Mass Transfer, 2004, 40 (9): 737-741.

[75] CUI, CHANDRA, MCCAHAN. The effect of dissolving gases or solids in water droplets boiling on a hot surface [J]. Journal of Heat Transfer, 2001, 123 (4): 719-728.

[76] CUI, QIANG, CHANDRA, et al. The effect of dissolving salts in water sprays used for quenching a hot surface: Part 1-Boiling of single droplets [J]. Journal of Heat Transfer, 2003,

125 (2): 326-332.

[77] CUI, CHANDRA, MCCAHAN. The effect of dissolving salts in water sprays used for quenching a hot surface: Part 2-Spray cooling [J]. Journal of Heat Transfer, 2003, 125 (2): 333-338.

[78] BERTOLA. Drop impact on a hot surface: Effect of a polymer additive [J]. Experiments in Fluids, 2004, 37 (5): 653-664.

[79] TAKASHIMA, SHIOTA. Evaporation of an oil-in-water type emulsion droplet on a hot surface [J]. Heat Transfer, 2005, 34 (7): 527-537.

[80] 王晓东, 陆规, 彭晓峰, 等. 加热板上蒸发液滴动态特性的实验 [J]. 航空动力学报, 2006, 21 (6): 7.

[81] 陆规, 彭晓峰, 冯妍卉. 加热板上液滴沸腾实验研究 [J]. 热科学与技术, 2009, 8 (3): 7.

[82] RANJEET, UTIKAR, et al. Heat transfer and dynamics of impinging droplets on hot horizontal surfaces [J]. Indian Chemical Engineer, 2010, 52 (4): 281-303.

[83] TRAN, STAAT, PROSPERETTI, et al. Drop impact on superheated surfaces [J]. Physical Review Letters, 2012, 108 (3): 036101.

[84] 郭亚丽, 陈桂影, 沈胜强, 等. 盐水液滴撞击固体壁面接触特性实验研究 [J]. 工程热物理学报, 2015 (7): 1547-1552.

[85] LILY, MUNSHI, MOHAPATRA. The role of dissolved carbon dioxide in case of high mass flux spray quenching, dropwise and flow boiling on a hot steel plate [J]. International Journal of Thermal Sciences, 2019, 143: 27-36.

[86] HNIZDIL, KOMINEK, LEE, et al. Prediction of leidenfrost temperature in spray cooling for continuous casting and heat treatment processes [J]. Metals, 2020, 10 (11): 1551.

[87] FABRIS, ESCOBAR-VARGAS, GONZALEZ, et al. Monodisperse spray cooling of small surface areas at high heat flux [J]. Heat Transfer Engineering, 2012, 33 (14): 1161-1169.

[88] LU, DUBEY, CHOO, et al. Splashing of high speed droplet train impinging on a hot surface [J]. Applied Physics Letters, 2015, 107 (16): 164102.

[89] QIU, DUBEY, CHOO, et al. The transitions of time-independent spreading diameter and splashing angle when a droplet train impinging onto a hot surface [J]. RSC Advances, 2016, 6 (17): 13644-13652.

[90] WIRANATA, PRANOTO, MITRAKUSUMA. Experimental study on the effect of surface temperature and Weber number to spreading ratio of multiple droplets on a horizontal surface [J]. AIP Conference Proceedings, 2016, 1737 (1): 040003.

[91] DEENDARLIANTO, TAKATA, KOHNO, et al. The effects of the surface roughness on the dynamic behavior of the successive micrometric droplets impacting onto inclined hot surfaces

[J]. International Journal of Heat and Mass Transfer, 2016, 101: 1217-1226.

[92] HAKIM, WIBOWO, WIDYATAMA. The effect of surface roughness on dynamic behaviour of the successive multiple droplets impacting onto aluminium hot surfaces [J]. IOP Conference Series: Materials Science and Engineering, 2018, 434 (1): 012183.

[93] KARNA, PATI, PANDA, et al. The enhancement of spray cooling at very high initial temperature by using dextrose added water [J]. International Journal of Heat and Mass Transfer, 2020, 150: 119311.

[94] YASUKI NAKAYAMA. Introduction to Fluid Mechanics [M]. Second Edition. Butterworth-Heine Mann, 2018.

[95] SMITS A J, LIM T T. Flow visualization: Techniques and examples [M]. Second Edition. Imperial Couege Press, 2012.

[96] SMITS, ALEXANDER J. Flow visualization: techniques and examples [M]. Second Edition. World Scientific, 2012.

[97] SMITS A J, LIM T T. Flow Visualization: Techniques and Examples [M]. Imperial College Press, 2000.

[98] RAFFEL M, WILLERT C E, KOMPENHANS J. Particle image velocimetry: A practical guide [M]. Springer Science & Business Media, 2013.

[99] 齐彦峰，文光华，唐萍，等．二冷喷嘴类型和布置对板坯质量的影响 [J]. 特殊钢，2004，25 (6)：55-57.

[100] 靳星，陈登福，王青峡，等．板坯连铸二冷喷嘴性能测试及应用 [J]. 过程工程学报，2008，8 (1)：161-165.

[101] 幸伟．二冷喷嘴对连铸板坯质量的影响 [J]. 铸造技术，2012，33 (11)：1321-1323.

[102] ALEXA V, JOSAN A, CIOATA V G. Nozzle arrangement effects and cooling water pressure study for the improvement of the thermal transfer coefficient, in the secondary cooling of continuous steel casting [C]// IOP Conference Series Materials Science and Engineering, 2018.

[103] LEON B D E, MELECIO, CASTILLEJOS E A H. Physical and Mathematical Modeling of Thin Steel Slab Continuous Casting Secondary Cooling Zone Air-Mist Impingement [J]. Metallurgical and Materials Transactions B, 2015, 46 (5): 2028-2048.

[104] TSUTSUMI K, KUBOTA J, HOSOKAWA A, et al. Effect of spray thickness and collision pressure on spray cooling capacity in a continuous casting process [J]. Steel Research International, 2018, 89 (7): 1-9.

[105] 周立平．连铸二冷气雾射流特性的研究 [D]. 包头：内蒙古科技大学，2012.

[106] CHEN R H, CHOW L C, NAVEDO J E, et al. Effects of spray characteristics on critical heat flux in subcooled water spray cooling [J]. International Journal of Heat and Mass Transfer,

2002, 45 (9): 4033-4043.

[107] CHEN R H, CHOW L C, NAVEDO J E, et al. Optimal spray characteristic in water spray cooling [J]. International Journal of Heat and Mass Transfer, 2004, 47 (9): 5095-5099.

[108] BERNARDIN J D, MUDAWAR I. Film boiling heat transfer of droplet streams and sprays [J]. International Journal of Heat and Mass Transfer, 1997, 40 (7): 2579-2593.

[109] HSIEH C C, YAO S C. Evaporative heat transfer characteristics of a water spray on micro-structured silicon surfaces [J]. International Journal of Heat and Mass Transfer, 2006, 49 (5/6): 962-974.

[110] SILK E A, KIM J, KIGER K, et al. Spray cooling of enhanced surfaces: Impact of structured surface geometry and spray axis inclination [J]. International Journal of Heat and Mass Transfer, 2006, 49 (25/26): 4910-4920.

[111] LI B Q, CADER T, SCHWARZKOPF J, et al. Spray angle effect during spray cooling of microelectronics: Experimental measurements and comparison with inverse calculations [J]. Applied Thermal Engineering, 2006, 26 (6): 1788-1795.

[112] KABBIR A, RIFFAT A, MUHAMMAD U, et al. An investigation of the influence of surface roughness, water quality and nozzle on spray cooling of Aluminum alloy 608 [J]. Thermal Science and Engineering Progress, 2019, 10: 280-286.

[113] RONG X, LI L, ZHANG L, et al. Influence of pressure and surface roughness on the heat transfer efficiency during water spray quenching of 6082 aluminum alloy [J]. Journal of Materials Processing Technology, 2014, 214 (12): 2877-2883.

[114] YOSHIDA K, YOSHIYUKI A, TOSHIHARU O, et al. Spray cooling under reduced gravity condition [J]. ASME Journal of Heat Transfer, 2001, 123 (2): 309-318.

[115] ROISMAN G T, KYRIOPOULOS O, ROISMAN I, et al. Gravity effect on spray impact and spray cooling [J]. Microgravity Science and Technology, 2007, 19 (3/4): 151-154.

[116] QIAO Y M, CHANDRA S. Spray cooling enhancement by addition of a surfactant [J]. ASME Journal of Heat Transfer, 1998, 120 (8): 92-98.

[117] JIA W, QIU H H. Experimental investigation of droplet dynamics and heat transfer in spray cooling [J]. Experimental Thermal and Fluid Science, 2003, 27 (7): 829-838.

[118] 刘绍彦，阮琳，李振国．喷雾冷却系统中雾化特性影响因素研究 [J]．低温工程，2018 (4): 68-74.

[119] 冯立江，谢慧清．连铸喷雾冷却冷态实验研究 [J]．山西冶金，2015，38 (3): 17-19, 60.

[120] 郑忠，刘兵，罗小刚．攀钢板坯连铸二冷喷嘴性能的热态实验研究 [J]．工业加热，2008，37 (4): 11-15.

[121] 刘兵．连铸二冷喷嘴特性试验研究［J］．甘肃冶金，2007，29（6）：4-5.

[122] CHEN R H, CHOW L C, NAVEDO J E, et al. Effects of spray characteristics on critical heat flux in subcooled water spray cooling [J]. International Journal of Heat and Mass Transfer, 2002, 45 (19): 4033-4043.

[123] CHEN R H, CHOW L C, NAVEDO J E, et al. Optimal spray characteristics in water spray cooling [J]. International Journal of Heat and Mass Transfer, 2004, 47 (23): 5095-5099.

[124] CASTERILLEJOS E A H, ACOSTA G F A, GARCIA G M A, et al. Design, development and testing of a new secondary cooling system for increasing the castering velocity of thin slabs [R]. Report for HYLSA, 2006.

[125] CASTERILLEJOS E A H, ACOSTA G F A, HERRERA M A, et al. Practical productivity gains-towards a better understanding of air-mist cooling in thin slab continuous casting [C]// Proceedings of the 3rd International Congress on the Science and Technology of Steelmaking, 2005.

[126] MONTES R J J, CASTERILLEJOS E A H, ACOSTA G F A, et al. Effect of the operating conditions of air-mist nozzles on the thermal evolution of continuously cast thin slabs [J]. Canadian Metallurgical Quarterly, 2008, 47 (2): 187-204.

[127] CHENG W L, HAN F Y, LIU Q N, et al. Spray characteristics and spray cooling heat transfer in the non-boiling regime [J]. Energy, 2011, 36 (5): 3399-3405.

[128] LIANG-SHIH F, ZHU C. 气固两相流原理（上）[M]. 张学旭，译．北京：科学出版社，2018.

[129] 吴克刚，曹建明．发动机测试技术［M］．北京：人民交通出版社，2002.

[130] JONES A R. A review of drop size measurement-the application of techniques to dense fuel sprays [J]. Progress in Energy and Combustion Science, 1977, 3 (4): 225-234.

[131] CHIGIER N A. Instrumentation techniques for studying heterogeneous combustion [J]. Progress in Energy and Combustion Science, 1977, 3 (3): 175-189.

[132] CHIGIER N A. Drop size and velocity instrumentation [J]. Progress in Energy and Combustion Science, 1983, 9 (1/2): 155-177.

[133] TISHKOFF J M, INGEBO R D, KENNEDY J B. Liquid particle size measurement techniques [M]. America: American Society of Testing Materials, 1984.

[134] CARLOS J T, JAMES R F. Entrainment from spray distributors for packed columns [J]. Industrial and Engineering Chemistry Research, 2000, 39 (6): 1797-1808.

[135] 曹建明．液体喷雾学［M］．北京：北京大学出版社，2013.

[136] 陈水仔，潘元一，孙公权．连铸用气水雾化冷却喷嘴及雾滴直径的测定［J］．钢铁，1986（7）：51-56.

［137］毛靖儒，施红辉．汽（气）液两相流中雾滴尺寸的测量［J］．汽轮机技术，1990，32（3）：49-55.

［138］GLOVER A R，SKIPPON S M，BOYLE R D. Interferometric laser imaging for droplet sizing：A method for droplet-size measurement in sparse spray systems［J］. Applied Optics，1995，34（36）：8409-8430.

［139］陈永，伍兵，陈渝，等．攀钢板坯连铸机二冷区喷嘴特性测试［J］．钢铁钒钛，1999，20（3）：11-14.

［140］管鹏，周永军．水喷嘴-气、水雾化喷嘴性能测试技术［J］．机械工人，2004（3）：49-50.

［141］文光华，唐萍，韩志伟，等．连铸二冷喷嘴传热系数的实验研究［C］//中国金属学会能源与热工 2002 学术年会论文集，2002.

［142］WILLERT C. The fully digital evaluation of photographic PIV recordings［J］. Applied Scientific Research，1996，56（2/3）：79-102.

［143］WANG X S，WU X P，LIAO G G，et al. Characterization of a water mist based on digital particle images［J］. Experiments in Fluids，2002，33（4）：587-593.

［144］ZHANBO S，YUJI A，NAGISA S，et al. Effect of cross-flow on spray structure，droplet diameter and velocity of impinging spray［J］. Fuel，2018，234：592-603.

［145］RHO B J，KANG S J，OH J H. LDV measurements of turbulence characteristics in a two phase coaxial jet［J］. Engineering Turbulence Modelling and Experiments，1993，31：437-446.

［146］沈熊，刘爱林，GRANT I. 应用 LDV 和 PIV 技术测量波-流系统的粒子速度［J］．流体力学实验与测量，1992，6（2）：58-63.

［147］沈熊．激光测速技术（LDV）诞生 50 周年启示［J］．实验流体力学，2014，28（6）：51-55.

［148］NAVED E. Parametric effects of spray characteristics on spray cooling heat transfer［D］. Florida：University of Central Florida，2000.

［149］CAO Z M，NISHINO K，MIZUNO S，et al. PIV measurement of internal structure of diesel fuel spray［J］. Experiments in Fluids，2000，29（1）：211-219.

［150］SAGA T，HU H，KOBAYASHI T，et al. A comparative study of PIV and LDV measurement on a self-induced sloshing flow［J］. Journal of Visualization，2000，3（2）：145-156.

［151］RAUDENSKY M，HORSKY J. Secondary cooling in continuous casting and Leidenfrost temperature effects［J］. Ironmaking and Steelmaking，2005，32（2）：159-164.

［152］李广年，张军，陆林章，等．PIV/LDV 在螺旋桨尾流测试中的比对应用［J］．航空动力学报，2010，25（9）：2083-2090.

［153］MARX D，AUREGAN Y，BAILLIET H，et al. PIV and LDV evidence of hydrodynamic instability over a liner in a duct with flow [J]. Journal of Sound and Vibration, 2010, 329 (18): 3798-3812.

[154] JESCHAR R. Heat transfer during water and water-air spray cooling in the secondary cooling zone of continuous casting plants [C]// Steelmaking Conference Proceeding, 1982.

[155] 文光华，王水波，赵克文．攀钢板坯连铸机二冷喷嘴热态特性的测定 [J]. 钢铁钒钛，1998，19 (3): 47-50.

[156] 文光华，迟景灏，黄云飞．连铸机二冷喷嘴冷态及热态特性的实验研究 [J]. 钢铁研究，1997，9 (5): 3-6.

[157] KRISTY TANNER. Comparison of Impact, Velocity, Drop Size and Heat Flux to Redefine Nozzle Performance in the Caster [C]// American Iron and Steel Technology Conference in Nashville, 2004.

[158] HORSKY J, RAUDENSKY M, ZELA L, et al. Experimental study of heat transfer with reference to numerical simulations in hot rolling [C]// The 7th International Conference on Steel Rolling, 2004.

[159] HERNANDEZ C A, CASTILLEJOS A H, ACOSTA F A, et al. A novel steady-state technique for measuring the heat extracted by secondary cooling sprays [C]//AISTech 2010 Proceedings-Volume Ⅱ, 2010.

[160] ZHOU X, THOMAS B G, HERNANDEZ B, et al. Measuring heat transfer during spray cooling using controlled induction-heating experiments and computational models [J]. Applied Mathematical Modelling, 2013, 37 (5): 3181-3192.

[161] RAMSTORFER F, ROLAND J, CHIMANI C, et al. Investigation of spray cooling heat transfer for continuous slab casting [J]. Materials and Manufacturing Processes, 2011, 26 (1): 165-168.

[162] 刘兵，王定标，梁珍祥，等．连铸钢坯二冷喷嘴热态特性的实验研究 [J]. 中国机械工程，2012，23 (2): 114-117, 125.

[163] 陈永，伍兵，陈渝，等．攀钢板坯连铸机二冷区喷嘴特性测试 [J]. 钢铁钒钛，1999，20 (3): 11-14.

[164] 郑忠，刘兵，罗小刚．攀钢板坯连铸二冷喷嘴性能的热态实验研究 [J]. 工业加热，2008，37 (4): 11-15.

[165] KOMINEK J, LUKS T, POHANKA M, et al. Secondary cooling overlapped with bearing housing in a continuous caster [C]// Sbornik Conference Metal, 2018.

[166] FRY J C. Design of steady state test apparatus to evaluate heat transfer coefficient of spray [J]. Ironmaking and Steelmaking, 1997, 24 (1): 47-50.

[167] 张丽．连铸二冷喷嘴热态性能的研究 [J]. 连铸，2003 (1): 18-22.

[168] WILLERT C E, GHARIB M. Digital particle image velocimetry [J]. Experiments in Fluids, 1991, 10 (4): 181-193.

[169] ADRIAN R J. Particle imaging techniques for experimental fluid mechanics [J]. Annual Review of Fluid Mechanics, 1991, 23: 261-304.

[170] LOURENCO L M, KROTHOPALLI A, SMITH C A. Particle Image Velocimetry [M]. Advances in Fluid Mechanics Measurements, Heidelberg: Springer-Verlag Berlin, 1989.

[171] RAFFEL M, WILLERT M, KOMPENHANS J. Particle image velocimetry a practical guide [M]. Heidelberg: Springer-Verlag Berlin, 1998.

[172] 唐洪武. 现代流动测试技术及应用 [M]. 北京：科学出版社，2009.

[173] JENSEN K D. Flow measurements [C]// Proceedings of ENCIT2004: 10th Brazilian Congress of Thermal Sciences and Engineering, 2004.

[174] JENSEN K D. Flow measurements [J]. Journal of the Brazilian Society of Mechanical Sciences and Engineering, 2005, XXVI (4): 400-419.

[175] BENEDICT L H, GOULD R D. Understanding biases in the near-field region of LDA two-point correlation measurements [J]. Experiments in Fluids, 1999, 26 (5): 381-388.

[176] BUCHHAVE P, GEORGE W K, LUMLEY J L. The measurement of turbulence with the laser-doppler anemometer [J]. Annual Review of Fluid Mechanics, 1979, 11: 443-503.

[177] DURST F, MELLING A, WHITELAW J H. Principles and practice of laser-doppler anemometry [M]. America: Academic Press, 1976.

[178] 沈熊. 激光多普勒测速技术及应用 [M]. 北京：清华大学出版社，2004.

[179] PLATZER B, ALEXANDER J. Flow visualization-techniques and examples [J]. London: Imperial College Press, 2012.

[180] MERZKIRCH W. Flow Visualization [M]. Second Edition. WOLFGANG MERZKZRCH, Universität Essen, Federal Republic of Germany, 1987.

[181] SANTAVICCA D A, BRACCO F V, COGHE A, et al. LDV measurements of drop velocity in diesel-type sprays [J]. AIAA Journal, 1984, 22 (9): 1263-1270.

[182] 赵立峰. 连铸二冷气雾冷却静态传热实验研究 [D]. 包头：内蒙古科技大学，2013.

[183] 胡强. 连铸二冷气雾射流动态传热实验的研究 [D]. 包头：内蒙古科技大学，2014.

[184] 刘艳，李腾飞. 对张正友相机标定法的改进研究 [J]. 光学技术，2014, 40 (6): 565-570.

[185] 李晨琨. 气雾射流雾滴粒径的光学成像法研究 [D]. 包头：内蒙古科技大学，2019.

[186] 易三莉，张桂芳，贺建峰，等. 基于最大类间方差的最大熵图像分割 [J]. 计算机工程与科学，2018, 40 (10): 1874-1881.

[187] 张辉，张道勇，何最红. 灰度等级处理中的 OSTU 动态阈值法研究 [J]. 传感器世界，

2008（7）：24-27.

[188] 赵高长，张磊，武风波．改进的中值滤波算法在图像去噪中的应用［J］．应用光学，2011，32（4）：678-682.

[189] 张淑英，陈若玲，李佐勇，等．图像椒盐噪声的开关滤波算法综述［J］．福建电脑，2014，30（4）：1-9.

[190] WANG X R, WU X P, LIAO G G, et al. Characterization of a water mist based on digital particle images [J]. Experiments in Fluids, 2002, 33 (4): 587-593.

[191] PAYRI R, VIERA J P, WANG H, et al. Velocity field analysis of the high density, high pressure diesel spray [J]. International Journal of Multiphase Flow, 2015, 80: 69-78.

[192] RAFFEL M, WILLERT C, KOMPENHANS J. Particle image velocimetry [M]. Heidelberg: Springer-Verlag Berlin, 1998.

[193] ALBERTSON M L, DAI Y B, JENSEN R A, et al. Diffusion of submerged jets [J]. American Society of Civil Engineers, 1950, 115 (1): 1571-1594.

[194] HETSRONI G, SOKOLOV M. Distribution of mass, velocity, and intensity of turbulence in a two-phase turbulent jet [J]. Journal of Applied Mechanics, 1971, 38 (2): 315-327.

[195] 孟旭，杨智慧．液滴撞击液膜过程研究［J］．菏泽学院学报，2018，40（2）：57-61.

[196] NACHEVA, SCHMIDT. Micro model for the heat transfer in the spray cooling of highly heated metal surfaces [D]. Germany: University Magdeburg, 2008.

[197] ELATTAR, SPECHT, FOUDA, et al. Study of Parameters Influencing Fluid Flow and Wall Hot Spots in Rotary Kilns using CFD [J]. The Canadian Journal of Chemical Engineering, 2016, 94 (2): 355-367.

[198] MILLS. Basic heat and mass transfer [M]. New Jersey: Prentice Hall, 1999.

[199] LABEISH. Thermo-Hydrodynamic study of a drop impact against a heated surface [J]. Experimental Thermal & Fluid Science, 1994, 8 (3): 181-194.

[200] 邢改兰，苏永升，周邵萍．浸没水射流冷却过程热流密度的导热反问题计算方法［J］．华东理工大学学报，2007，33（2）：281-285.

[201] RAPPAZ M, DESBIOLLES J, DREZET J, et al. Application of inverse methods to the estimation of boundary conditions and properties [C]// In Proceedings of Ⅶ International Conference "Modeling of Castings, Welding and Advanced Solidific-ation Processes", 1995.

[202] 刘伟涛，张华，张晓峰，等．用反问题分析方法确定连铸二冷传热边界条件［J］．铸造技术，2017，38（2）：398-401，404.

[203] DU F M, WANG X D, YU L, et al. Analysis of non-uniform mechanical behavior for a continuous casting mold based on heat flux from inverse problem [J]. Journal of Iron and Steel Research International, 2016, 23 (2): 83-91.

[204] 隋大山．铸造凝固过程热传导反问题参数辨识技术研究［D］．上海：上海交通大学，2008.

[205] 杨跃标．基于热成像测温的连铸二冷传热系数反算研究［D］．沈阳：东北大学，2010.

[206] ZHANG X，WEN Z，DOU R，et al. Experimental study of the air-atomized spray cooling of high-temperature metal［J］. Applied Thermal Engineering，2014，71（1）：43-55.

[207] BECK J，BLACKWELL B，CLAIR C. Inverse heat conduction：ill-posed problems［M］. America：Wiley-Interscience，1985.

[208] MARTIN T，DULIKRAVICH G. Inverse determination of steady heat convection coefficient distributions［J］. Journal of Heat Transfer，1998，120（2）：328.

[209] ASSUNCAO C，TAVARES R，OLIVEIRA G. Improvement in secondary cooling of continuous casting of round billets through analysis of heat flux distribution［J］. Ironmaking and Steelmaking，2015，42（1）：1-8.

[210] HAJI-SHEIKH A，BUCKINGHAM F. Multidimensional inverse heat conduction using the Monte Carlo Method［J］. ASME Transactions Journal of Heat Transfer，1993，115（1）：26-33.

[211] 黄小为，吴传生，朱华平．求解不适定问题的TSVD正则化方法［J］．武汉理工大学学报，2005，27（2）：90-92.

[212] 赵宇新，赵霄，张博，等．瞬态喷雾冷却中使用导热逆问题求解热边界条件［J］．大连理工大学学报，2019，59（4）：359-365.

[213] WEBER C F. Analysis and solution of the ill-posed inverse heat conduction problem［J］. International Journal of Heat and Mass Transfer，1981，24（11）：1783-1792.

[214] CIOFALO M，PIAZZA I D，BRUCATO V. Investigation of the cooling of hot walls by liquid water sprays［J］. International Journal of Heat and Mass Transfer，1999，42（7）：1157-1175.

[215] WOODBURY K A，BECK J V，NAJAFI H. Filter solution of inverse heat conduction problem using measurement temperature history as remote boundary condition［J］. International Journal of Heat and Mass Transfer，2014，72：139-147.

[216] PETRUS B，ZHENG K，ZHOU X，et al. Real-time，model-based spray-cooling control system for steel continuous casting［J］. Metallurgical and Materials Transactions B，2011，42（1）：87-103.

[217] 许佰雁．热传导反问题的稳定求解方法［D］．哈尔滨：哈尔滨工业大学，2008.

[218] 张丽慧，王广军，陈红，等．基于最优未来时间步求解非稳态导热反问题［J］．中国电机工程学报，2012，32（2）：99-103.

[219] 顾鹂鋆，温治，刘训良．采用共轭梯度法的二维边界形状导热反问题求解［C］// 中国

工程热物理学会-传热传质，2013.

[220] BECK J V. Nonlinear estimation applied to the nonlinear inverse heat conduction problem [J]. International Journal of Heat and Mass Transfer, 1970, 13 (4): 703-716.

[221] WANG Z, YAO M, WANG X, et al. Inverse problem-coupled heat transfer model for steel continuous casting [J]. Journal of Materials Processing Technology, 2014, 214 (1): 44-49.

[222] HARDIN R A, KAI L, BECKERMANN C, et al. A transient simulation and dynamic spray cooling control model for continuous steel casting [J]. Metallurgical and Materials Transactions B, 2003, 34 (3): 297-306.

[223] 魏万洪．气雾射流冷却高温圆筒传热实验研究［D]．包头：内蒙古科技大学，2016.

[224] VOLLE F, MAILLET D, GRADECK M, et al. Practical application of inverse heat conduction for wall condition estimation on a rotating cylinder [J]. International Journal of Heat and Mass Transfer, 2009, 52 (1/2): 210-221.

[225] GRADECK M, KOUACHI A, LEBOUCHE M, et al. Boiling curves in relation to quenching of a high temperature moving surface with liquid jet impingement [J]. International Journal of Heat and Mass Transfer, 2009, 52 (5/6): 1094-1104.

[226] 余徐飞，王治云，李起耘，等．横掠周期性密集管束流动换热的数值模拟［J]．上海理工大学学报，2015，37（6）：564-576.

[227] 古新，潘国华，王珂．三叶孔板换热器周期性充分发展段界定［J]．高校化学工程学报，2016，30（3）：554-559.

[228] 耿丽萍，周静伟，郑传波．信号组合对周期性射流冲击换热的影响［J]．工程热物理学报，2015，36（12）：2674-2677.

[229] 吉洪诺夫，阿尔先宁．不适定问题的解法［M]．北京：地质出版社，1979.

[230] DUDA P. Solution of inverse heat conduction problem using the Tikhonov regularization method [J]. Journal of Thermal Science, 2017, 26 (1): 60-65.

[231] 黄光远，刘晓军．数学物理反问题［M]．济南：山东科学技术出版社，1993.

[232] HANSEN P C. Regularization tools: A matlab package for analysis and solution of discrete ill-posed problems [J]. Numerical Algorithms, 1994, 6 (1): 1-35.

[233] 傅初黎，李洪芳，熊向团，等．不适定问题的迭代 Tikhonov 正则化方法［J]．计算数学，2006，28（3）：237-246.

[234] 王登刚，刘迎曦，李守巨，等．二维稳态导热反问题的正则化解法［J]．吉林大学自然科学学报，2000（2）：56-60.

[235] 何建超．反向热传导问题的几种正则化方法［D]．郑州：河南工业大学，2016.

[236] 郑恩希．几种不适定问题的正则化方法及其数值实现［D]．长春：吉林大学，2009.

[237] 杨世铭，陶文铨．传热学［M]．4版．北京：高等教育出版社，2006.

[238] 奥奇西克 M N. 热传导 [M]. 俞昌铭，译. 北京：高等教育出版社，1984.

[239] STETINA J, MAUDER T, KLIMES L, et al. Operational Experiences with the Secondary Cooling Modification of Continuous Slab Casting [C]// Metal 2013: 22nd International Conference on Metallurgy and Materials, 2013.

[240] TIMM W, WEINZIERL K, LEIPERTZ A. Heat transfer in subcooled jet impingement boiling at high wall temperatures [J]. International Journal of Heat and Mass Transfer, 2003, 46 (8): 1385-1393.

[241] SARKAR I, BEHERA D K, JHA J M, et al. Effect of polymer additive on the cooling rate of a hot steel plate by using water jet [J]. Experimental Thermal and Fluid Science, 2016, 70: 105-114.

[242] CHAUDHURI S, SINGH R K, PATWARI K, et al. Design and implementation of an automated secondary cooling system for the continuous casting of billets [J]. ISA Transction, 2010, 49 (1): 121.

[243] FANG Q, NI H, ZHANG H, et al. Numerical study on solidification behavior and structure of continuously cast U71 Mn steel [J]. Metals, 2017, 7: 483-796.

[244] TEODORI E, PONTES P, MOITA A, et al. Sensible heat transfer during droplet cooling: Experimental and numerical analysis [J]. Energies, 2017, 10: 790-817.